U0232741

李毓佩数学科普文集

Collections of Li YuPei's Works on Popular Science in the Field of Mathematics

李毓佩●著

数学科普学

长江出版传媒 Changjiang Publishing & Media
湖北科学技术出版社 HUBEI SCIENCE & TECHNOLOGY PRESS

图书在版编目（CIP）数据

数学科普学 / 李毓佩著. -- 武汉 : 湖北科学技术出版社, 2019.1
（李毓佩数学科普文集）
ISBN 978-7-5706-0378-7

Ⅰ. ①数… Ⅱ. ①李… Ⅲ. ①数学 - 青少年读物 Ⅳ. ①O1-49

中国版本图书馆CIP数据核字(2018)第143548号

数学科普学
SHUXUE KEPUXUE

选题策划：何　龙　何少华
执行策划：彭永东　罗　萍　　特约编辑：刘健飞
责任编辑：彭永东　　封面设计：喻　杨

出版发行：湖北科学技术出版社　　电话：027－87679468
地　　址：武汉市雄楚大街268号　　邮编：430070
（湖北出版文化城B座13－14层）
网　　址：http://www.hbstp.com.cn

印　　刷：武汉市金港彩印有限公司　　邮编：430023

710×1000　1/16　　20.75印张　　4插页　　263千字
2019年1月第1版　　2019年1月第1次印刷
定价：72.00元

目录

< CONTENTS >

1. 李毓佩自传

死里逃生

我从小身体不好，虚岁六岁那年得了一场大病，胸膜炎后又转为脓胸。当时正赶上日本投降，秩序混乱，缺医少药，一间病房住着五个大人和我一个小孩，得的是同样的病。大夫给我做了手术，去掉一根肋骨，结果只有我一个小孩活过来了，五个大人全死了。

不知为什么，手术过程中我一直是清醒的，锯肋骨，往下取锯下来的肋骨，我都有感觉。最不可思议的是，我看见无影灯里趴着一只小壁虎，还不断地爬。

事后我向大人提起此事，无人相信，都说是我的幻觉。也有人说，你属虎的，小壁虎是你的元神，有元神保护你，所以只有你活了过来。幻觉？元神？真有元神的话，感谢壁虎元神看护我活过了八十个春秋，商量商量，再看护我活几年怎么样？

出院时，大夫拉着我母亲的手说："祝贺你儿子挺过来了，他长大以后，由于右胸缺少一根肋骨，他的右胸会塌陷下去，会影响他的发育和活动。"

从上小学开始，我就打乒乓球，专门锻炼右侧。后来我身高长到一米七八，行动自如，活到了今日。

开小人书铺

我虚岁三岁，父亲就死了。我上初二时，爷爷也死了，三个姐姐有上大学的，有上高中的，有参军的，家里只剩下奶奶、母亲和我。

生活没有了来源。

我正读初中，怎么办？我考虑再三，决定开一间小人书铺，出租小人书和小说。小人书在我家看，一分钱看一本；拿回家看，二分钱看一天。小人书也叫连环画。

由于我母亲和奶奶都不识字，买书、记账都由我一个人干。

买小人书要骑车去琉璃厂，为了保证不断有新书，几乎每星期天上午，都要跑一趟琉璃厂。

买来新书，我是第一读者。小人书大部分是上海画家画的，有成套的书，比如《三国演义》《水浒传》《西游记》等，小说有《蜀山剑侠传》《三侠五义》《彭公案》等。

我把这些买来的书，全都看一遍。后来，有的小读者问我，你写那么多书，你哪里弄那么多材料？我回答很简单：我从小看过上千本小人书。我在写书的时候，小人书上的情节，不自觉地出现在我的脑海里，给我提供了灵感。

也许你会问：你开小人书铺，还有时间上学吗？

有。我初中是保送到北京二中，高中考上了北京四中，都是北京顶尖的好学校。一点也没有耽误学习。初中我喜欢语文，到了高中我就喜欢理科了。从文到理的转变，只因为北京四中有三位著名的老师：教化学的刘景昆，教物理的张子锷，教数学的周成杰，他们讲课精彩、吸引人。比如刘老师讲课，课堂上学生笑声不断。举一个例子：一次刘老师讲化学实验课，他在水槽里竖起一根试管，口向上，然后向试管里倒化学试剂。倒一种，试管不满；又倒一种，还是不满。刘老师连续倒了四五种试剂，试管仍然不满。刘老师问大家，这是为什么？北京四中的同学，思维是活跃的，大家纷纷举手。有同学答：倒进去的化学试剂，发生了化学反应，部分试剂变成了气体挥发掉了。又有一位同学站起来回答：化学试剂在里面发生了反应，一部分变成了固态，沉淀到下面去了。刘老师笑着对刚刚回答完问题的同学说："你叫高明哲，你可真够高明的，你看！"刘老师把试管从水槽里拿出来，原来是一支底漏了的破试管。同学们哄堂大笑。刘老师告诉大家，由于实验仪器有问题，实验结果出错误，是常有的事。这个实验同学们记了一辈子。

我在进行写作时，常常想，刘老师不走老路，把课讲得生动活泼，学生爱听、爱学，我为什么就不能把科普作品也写得生动有趣，小读者爱看哪？我四十年写作，就是按照这条路走的。

和叶至善先生的长谈

我一直是一名踏踏实实的数学教师，从没想到过写书。"文化大革命"之后，青少年没有书读。团中央就让中国少年儿童出版社，找一部分作者，写一套各科都有的"少年百科全书"。我被选中写数学部分。一天，当时任中国少年儿童出版社社长的叶圣陶长子叶至善先生，把我叫到办公室聊天。叶先生是老作家，我要抓住这个难得的机会，向叶先生好好学习。比如我问：给青少年写书，如何掌握书的难易程度？叶先生回答：不能太浅了，否则，小读者会觉得内容太浅，没有琢磨的余地，也不能引发他继续往深了思考。我还不太明白。我问：到底写到什么程度？叶先生回答：让小读者踮起脚尖能够着。从此“踮起脚尖能够着”就成了衡量我的书，写的是深、是浅的标准。

当然叶先生也问了我许多问题，后来我琢磨，可能是叶先生在考我，看我有没有写书的能力。我出版的第一本书是《奇妙的曲线》，在当时缺少书的情况下，全国印了400多万本。

紧接着又出版了《帮你学方程》《圆面积之谜》《打开几何大门》等一系列作品。

听来的选题

记得是1979年的春天，我到清华大学去参加一个数学研讨会。会上，著名的美籍数学家项武义教授谈起了一件事：他说他刚刚见过方毅副总理（当时方毅副总理负责科学文化和教育），他向方毅副总理建议，把现行教科书中的“有理数”改为“比数”，把“无理数”改为“非比数”。理由是：有理数可以表示成两个整数之比 m/n（其中 m、n 为整数），而无理数却不能表示成两个整数之比，这是有理数和无理数的本质区别。由此可见，把“有理数”改叫“比数”，把“无理数”改叫“非比数”，更能突出问题的本质。

项武义教授说，“有理数”“无理数”这两个词是日本数学家由英文翻译过来的，由于有些日本数学家英文不过硬，放着能贴合本意的“比数”和“非比数”不用，偏偏选用了不合情理的“有理数”“无理数”。这两个数学名词我们是从日本引进的，也就沿用至今。

项教授又说，学生从初中就开始学习“有理数”和“无理数”，他们自然会想：既然“数”是无理的，为什么还让我们学？学生会不自觉地对“无理数”产生抵触情绪，对学习是不利的。

尽管项武义教授的建议十分合理，由于“有理数”“无理数”这两个词在我国使用时间太久，突然改变，谈何容易?

项教授的发言触动了我，改教材不容易，把这件事通过其他途径告诉学生还是必要和可能的。通过什么途径呢?

1979 年 7 月 25 日，《少年科学画报》的编辑郑百朋先生来我家。这是我们第一次见面，经自我介绍，知道我们都是北京四中的毕业生，他比我晚两届。既然是同学，关系一下就密切了许多。

切入主题，他说这次来是向我约稿的，要我写一篇以数学为内容的童话。什么?写数学童话?我从来没有写过!我立刻回绝了他。我说:“童话是有丰富想象力的、拟人化的作品，数学是高度抽象、有严密逻辑体系的学科，两者差距太大，很难融合。恕我无能为力。”

郑百朋一再动员，最后还是老同学的关系起了作用，我答应写写试试。

郑百朋走了之后，我却犯了难，我写什么呀?经过几天痛苦的琢磨，我突然想起了项武义教授提到的“有理数”“无理数”名字之争。我何不以这件事为内容，写一篇数学童话?

让有理数和无理数打起仗来

是故事就要有矛盾，这里的矛盾就要围绕“无理数”的名字而展开。解决矛盾的极端办法就是战争，对，让有理数和无理数打一场仗!童话的特点是拟人化，我把“有理数”和“无理数”假想为阵营分明的两支军队，是军队就要有司令，他们的司令又是谁呢?

我让有理数的司令是数 1，于是大名鼎鼎的“1 司令”就诞生了。有理数有无数个，为什么偏偏选 1 作司令呢?我想小读者肯定也会有这个问题。在文中，我让侦察兵$\frac{1}{3}$回答了这个问题："在我们有理数当中，1是最基本的、最有能力的了。只要有了1，别的有理数都可以造出来。比如2吧，$2=1+1$；我是$\frac{1}{3}$，$\frac{1}{3}=\frac{1}{1+1+1}$；再比如0，$0=1-1$。"

无理数的司令可让我费了脑筋了，后来我想，小学生最早遇到的无理数是圆周率π，好了，我就让π当无理数的司令，π司令也出现了。

两位司令有了，还需要一个把故事串联起来的人物，他不应该是数而是我们"人"，一个读者，一个小学生。那时我儿子正上小学，就选我儿子小毅吧！

文章的开头是：小毅发现山那边有人打仗，他爬上山顶一看，两军对垒，两面战旗迎风招展。一方旗帜上写着"有理数"，另一方旗帜上写着"无理数"，小毅奇怪了，怎么有理数和无理数打起仗来了？

这里我必须向小读者解释一下，什么是有理数？什么是无理数？怎么解释？我设计了一个小毅被有理数的侦察兵发现，带回到有理数司令部的情节。又设计了一个X光机模样的特殊机器，通过这台机器可以辨别一个数是什么数，是有理数呢，还是无理数？许多数排着队等待着测试。这时荧光屏上陆续出现了20502、$\frac{355}{133}$、0.35278、0.787878……这些整数、分数、有限小数、无限循环小数，这些都是有理数常见的几种形式。通过1司令之口肯定他们都是有理数。

当数3.414…和0.1010010001…这样的无限不循环小数在荧光屏上出现时，1司令厉声喝道："这是无理数，拉出去！"这里又介绍了用小数分辨有理数和无理数的另一种方法：有理数能表示为有限小数和无限循环小数，而无理数只能表示为无限不循环小数。

介绍完有理数和无理数的区分方法后，要切入主题了：小毅问1司令，为什么要和无理数打仗？1司令叹了一口气，说，都是名字惹的祸！小毅提出要去见见π司令，看看能不能和平解决？

1司令和π司令

π司令对小毅说，我们都是数，凭什么他们叫“有理数”，而我们却叫“无理数”？我们哪儿无理啦？这个名字非改不可！我们无理数要改叫“非比数”，他们有理数改叫“比数”。小毅问其道理？π司令说，凡有理数都能化成两个整数之比，而无理数，无论如何也不能化成两个整数之比，因此“比数”和“非比数”更能体现我们的本质。

这里提出改名字了，往下怎么办？这个问题都提到方毅副总理那儿了，一时还没得到解决，我能怎么办？最后，我让小毅给数学会写了一封信，提出了改名字的问题。文章到此就结束了。因为我也不知道能不能改？我只把这个问题提了出来。我把这篇童话起名“有理数无理数之战”，发表在《少年科学画报》1980年第3期上，著名漫画家沈培给童话配了插图。

无心插柳，柳成荫

《有理数无理数之战》这篇童话，是在郑百朋先生“逼迫”下写成的，纯粹是完成任务。

童话发表不久，郑百朋又一次来到我家。他说，这篇童话引起了很大的反响。不仅读者说好，连专家也说好。说能把这样一个抽象的数学问题，写成一篇生动的童话，是一种创新，是科普写作上的一个突破。

我很惊诧！我很高兴！

1987年第二届全国优秀科普作品评奖，《有理数无理数之战》获得一等奖。

我尝到了写数学童话的甜头，我也悟出了在抽象的数学和活泼的童话之间架设桥梁的一些方法。我又陆续发表了《零王国历险记》《小数点大闹整数王国》《淘气的小 3》等一系列数学童话。其中《小数点大闹整数王国》被中央电视台改编成 11 分钟的动画片，在中央电视台多次播映。

单篇的数学童话受到读者的欢迎，《我们爱科学》杂志的主编郑延慧老师让我写连载故事，每月一期。从 1981 年 9 月开始，我在《我们爱科学》上发表了第一个连载故事“铁蛋博士”，后来又发表了 3 个系列的“爱克斯探长”。从 1983 年开始，在《少年科学画报》上连续 10 年发表了如《数学司令》《爱数王子和鬼算国王》等连载故事。在江西《小猕猴》智力画刊上，连续发表数学连载故事 12 年。在南京《小学生数学报》上发表数学连载故事，断断续续有 20 年。

这些故事非常受小读者以及家长和老师的欢迎。

我写《数学西游记》

一天，突然出现一个想法：我国有四大名著，我何不借用四大名著的框架，改编成数学童话呢？一位外国书商非常赞赏我的想法。他对我说，单单《数学西游记》这个书名就十分吸引人，这本书一定会受到读者的欢迎。他说的还挺准，此书上市不到半年，连同《数学动物园》《数学智斗记》已售出三万余册。作为一套科普读物，有此销量已属不错了。

我创作《数学西游记》的初始想法是在我国古典名著《西游记》的框架中，加上数学内容。我是专为少年儿童写数学科普作品的，科普作品的一个特点是，尽量采用群众喜闻乐见的形式，向他们普及科学知识、科学思想和科学方法。我觉得对于少年儿童来说，形式是至关重要的，形式生动与否直接关系到作品能否成功。科普作家的独特之处，就在于他们能选择小读者喜欢的表现形式来写科普作品，使他们爱读、爱看。

小读者读科普作品不同于读课本。读课本有外界的压力，不读不成，而科普作品则是读者自觉地、主动地要读。他们为什么会主动去读呢?因为你的书吸引了他。一部好的科普作品，首先要引导读者进入一种境界，在这个境界中，小读者会感到愉悦、兴奋、好奇。

《西游记》是少年儿童非常喜欢的作品，他们对作品中的孙悟空、猪八戒、沙和尚了如指掌。读者一旦进入《西游记》的境界中，喜悦、神奇会立刻出现在他们的脑子里。可是我这部作品不是重复《西游记》，而是要讲数学。孙悟空也好、猪八戒也好、沙和尚也好，他们虽然能腾云驾雾，上天入地，但是他们的数学却不怎么样。怎么办呢？我引进了一位主角：数学猴。数学猴虽然不会武功，但数学水平却十分了得。我要通过数学猴把数学渗透进《西游记》中。

为了简化故事中出现的人物，我让数学猴和《西游记》中的人物一个一个地接触，书中就出现了"数学猴和猪八戒""数学猴和孙悟空""数学猴和沙和尚"。《西游记》的故事的脉络，是取经路上遇到了重重艰难险阻，和各种妖怪进行搏斗。在《数学西游记》我继续按着这个脉络去写，如"八戒除妖""智斗蜘蛛精""捉拿羚羊怪""重回花果山""大战黄袍怪"等。

我借用了《西游记》的框架，借用了《西游记》的人物，但是我必须要根据讲述数学的需要，重新编写故事的内容。比如在"八戒除妖"一节中：

猪八戒拉着数学猴往天上一指说："刚才我看见飘来一片黑云，上面站着许多小妖。黑云飘到了前面的山头，有$\frac{1}{3}$的小妖下了黑云，其中的男妖比女妖多2个。"

"下来的小妖奔哪儿去了?"数学猴有点紧张。

"你听我说呀!"猪八戒不紧不慢地讲："有下的就必然有上的，然后又上去几个小妖，上去的是在黑云上的小妖数的$\frac{1}{3}$，上去的女妖比男妖多2个。”

数学猴忙问：“这时你数过黑云上有多少小妖吗？”

“数啦！黑云上这时还有32个小妖，其中男妖、女妖各半。”

“你想知道什么？”

猪八戒说：“我想知道最初黑云上有多少小妖，其中有多少男妖，多少女妖。”

在这里猪八戒给数学猴提出了一个并不算简单的问题，我要通过数学猴之口，向小读者介绍解决这类问题的一般方法。故事接着写道：

“小妖又上又下，有男有女，真够复杂的！”

数学猴说：“不过复杂没关系，我用倒推法分两次给你算。”

倒推法是数学的重要方法，当问题不知道开始的数值，而知道最后结果，要求最初的数值时，可以从最后的结果入手，倒着去推。

介绍“倒推法”是我的真正用心，但是平铺直叙去讲“倒推法”很难引起小读者的兴趣。在故事中我营造了这样一个境界和悬念，小读者也迫切想知道问题的解法和答案，在这种境界中介绍“倒推法”，事半功倍。

也许有人会问：“通过这么一个故事，能让小读者掌握‘倒推法’吗？”

科普读物不同于教材，也不应该代替教材。科普读物主要的作用是提高小读者对科学的兴趣，启迪对科学的好奇，开阔视野，注重方法。对数学有兴趣和会多做几道题，前者更重要！对于少年儿童来讲，他们对科学的兴趣往往来源于好玩。

2002年在北京召开了第24届国际数学家大会（ICM），会议期间，世界著名的数学家陈省身先生会见了国内的青少年数学爱好者，为爱好者写下了“数学好玩”四个字。这四个字让你体会到，只有你感到了数学非常好玩、非常有趣，你才能去刻苦攻读数学，才能勇于攀登数学高峰。不喜欢数学怎么能学好数学？

我在写《数学西游记》时，把体现数学好玩作为主要目的。比如，在“魔王的宴会”中有这样的情节：

突然刮来一股狂风“呜——”，风中带有许多碎石。

“呼啦啦！”许多山羊、野兔、牛顺着风狂奔而来。

八戒忙问：“你们跑什么？出什么事啦？”

一只山羊告诉八戒：“熊魔王要宴请虎魔王、狼魔王、豹魔王……一大堆魔王。我们都要被魔王吃了！你长得这么胖，还不快逃！”

悟空问一头奔跑的老牛：“你知道熊魔王要宴请多少魔王？”

老牛回头一指：“洞口贴着告示哪！你自己去看吧！”

只见告示上写着：

山里的所有动物：

我熊魔王要请各方魔王来赴宴。当然，你们都是做菜的原料。我们要吃谁，谁就赶紧来，让我们吃饱、吃好为止。这次我请的魔王数就在下面的算式中，其中不同的字代表不同的数

魔魔×王王＝好好吃吃

读者要从这个算式中算出“魔”代表哪个数，“王”代表哪个数，从而知道魔王有多少。可是这个算式中连一个数都没有，想算出魔王数谈何容易？遇到了问题，也就好玩了。数学中的好玩，往往出现在悬而未决的问题中。许多数学家，他们研究的问题在常人看来枯燥无味，他们却研究得津津有味，原因之一就是这些问题没有解决，攻克未知的堡垒，是他们研究的动力。

在《西游记》原著中也有许多数学问题，如“金箍棒有多重？”“如

来佛的手心有多大?”等，在写《数学西游记》时，我也把它们提出来，分别给予解决。

写《数学西游记》，是我把古典文学名著和数学相结合的尝试。我相信这种形式会得到小读者认可的。

总结

过了六十，就是七十；过了七十，就是八十，写不动了。写作了四十年，出版了一百多本书。这些书是几十家出版社出版的。到老了总要把它们归拢一下吧！但是我没有能力完成这项不小的工程。

我正发愁，二十一世纪出版社的林云社长和邹源编辑找到我，他们愿意帮我整理，并挑选其中一部分书，在二十一世纪出版社出版。我高兴极了！

经过他们的努力，2013 年出版了一套 23 本的“李毓佩数学童话总动员”。

2018 年长江少年儿童出版社，又整理出版了一套 20 本的“李毓佩数学故事”。

此次，湖北科学技术出版社更是用心，将我在数学科普工作领域的所有原创图书，整理为十卷本的《李毓佩数学科普文集》。这么厚重的十卷本丛书，不仅是对我几十年数学科普创作的总结，更能为后继者留下一份精神财富。若能为社会贡献更多的福祉，那也了却我的一份心愿。

感谢这三家出版社，使得我年过八十，有了这三套书。

谢谢啦！

2. 数学科普的概念、类型和要求

数学科普的概念和任务

数学科普是科普学的一个分支。“科普”是科学技术普及的简称，因此，数学科普不仅要普及数学的基本知识和理论、介绍数学的最新成果，还要重视数学在实践中的应用。

数学科普的主要任务是把人类已经掌握的数学知识和技能，其中包括数学各个分支的概念、基本理论、计算方法、发展历史、实际应用、最新成果、发展趋势等，通过各种方式和途径，广泛地传播到社会的有关方面，为广大群众所了解，用以提高学识，增长才干。

数学科普按年龄结构和知识的深浅不同，可划分为以下层次。

一、儿童数学科普

儿童数学科普要求以生动活泼的形式、浅显易懂的语言，向儿童介绍数学的基本知识。童话、图画、动画片、木偶剧等都是儿童非常喜爱的形式。比如苏联弗·格·日托米尔斯基和勒·恩·舍夫林合写的《幼儿几何启蒙》，它借助童话形式向儿童介绍了点、线、角、三角形、四边形等最基本的几何概念，教他们如何观察周围环境里的几何形式，学会判定最简单的几何位置。

近几年，我国也出版了一批儿童数学科普读物。比如鲁克写的《骄傲的0》在1980—1981年全国少年儿童读物评奖中获优秀奖。这篇作品以童话形式向儿童介绍了0的主要性质。

二、青少年数学科普

这是数学科普的主要对象。这一层次的数学科普，一方面要帮助青少年学好课堂上的数学知识，另一方面要向青少年介绍一些新的数学思想和数学史料，启迪他们的智慧，增强他们对学习数学的兴趣。比如刘后一写的《算得快》、臧龙光写的《帮你学几何》、张景中写的《帮你学集合》等都属于帮助读者加深理解课堂知识的较好读物。马希文写的《数学花园漫游记》是向青少年读者介绍近几十年兴起的模糊数学、拓扑学、图论、组合数学、对策论等的基本知识；张景中写的《数学传奇》则着重介绍了变换、群、同余等新的数学思想。

三、成人数学科普

成人数学科普侧重介绍数学进展、数学应用、生活中经常遇到的数学问题。比如美国著名科普作家阿西莫夫写的《数的趣谈》、曹希斌写的《六和塔数学导游》、华罗庚写的《统筹方法平话》等都可归为成人数学科普。在成人数学科普中，还有一部分是为科学工作者知识更新而写的，如楼世博编写的《模糊数学》等，以大量生动的事例介绍了这些数学分支的新情况，为推广使用这些新的观点和方法做出了贡献。

总之，数学科普要成为数学的启蒙教育形式，达到培养青少年热爱数学，向广大群众介绍和推广数学的新成果、新方法以及科技人员更新数学知识的目的。

数学科普作品的概念和类型

数学科普创作是为了普及数学知识和技能而进行的创作活动。它有两个特点：一是具有普及性；二是具有创造性。数学科普创作的成果即是数学科普作品。

与文学艺术作品相似，数学科普作品也是一种创造。一部好的数学科普作品，绝不是材料的堆砌，而是作者要通过自己对题材和形式的选择，主题思想的提炼，内容和素材的取舍，文章结构的安排，生动活泼的叙述，通俗浅显的讲解，深入浅出的剖析，形象感人的描绘，或表现出作者对某个数学问题有独到的见解，或在表现方法上有新颖的构思，或有与众不同的手笔和通俗化的艺术。

基于以上的认识，数学科普作品可以分成以下几种类型。

(1) 作者把自己亲身研究所得的第一手科学素材，经过选择、加工、提炼而写成的科普作品。如王元写的《谈谈素数》，柯召、孙琦写的《谈谈不定方程》，张远达写的《运动群》等，由于这些作者都是研究所述问题的专家，因此这类作品观点高，能反映出该分支学科的最新成果。

(2) 作者把从科学文献中获得的素材，经过自己的消化吸收、提炼加工，用自己所喜爱的表现形式，撰写成数学科普作品。如尹斌庸编写的《古今数学趣话》中李心灿写的《墓碑上的数学》是采用史话形式；彭塞之写的《轰动全球的四色问题》是采用故事形式；谈祥柏写的《皇帝、总统和几何》是采用趣谈形式；由之写的《古树新花——趣话不定方程》则是采用小品文形式，形式的多种多样，由题材和作者的喜好而定。

（3）作者根据读者在学习数学时所产生的带有普遍性的问题，切中要害地进行分析，指出问题的症结，使读者对问题有新的认识。如复兴写的《a 和 $-a$ 到底哪个大?》，赵宪初写的《0.1 和 0.10 是一样的吗?》就是这样的作品。

（4）作者把某篇学术著作、情报资料等科技文献改写成数学科普作品。这样的作品不一定有作者自己的新见解、新材料，但是经过作者的消化吸收和提炼加工，用新的结构和通俗的语言把它表达出来，容易被广大读者所接受，这也是一种创造性的劳动。如美国科普作家阿西莫夫写的《数的趣谈》、梅向明写的《三角形内角和等于 180° 吗?》，等等。

（5）数学科普的翻译工作，这属于再创作。我国著名翻译家符其珣在 20 世纪 50 年代翻译的苏联优秀数学科普作品《趣味几何学》、丁寿田翻译的《趣味代数学》影响很大。近年来翻译外国科普作品的数量还在不断增多。

数学科普作品的基本要求

数学科普作品的内容广泛，形式多样。在表现方法上，作者又可以根据自己的风格，形成自己的流派。但是，社会主义国家的数学科普作品，应该有一个基本要求，这就是：必须保证科学性，自觉加强思想性，努力做到通俗化。

一、保证科学性

如果一部科普作品中有科学性错误，那么这部作品不但起不到向群众普及数学知识的作用，相反会在社会上造成恶劣的影响。比如有人从数学角度写文章，分析美国前总统肯尼迪遇刺一事时讲道，肯尼迪是11月22日遇刺的，这些数字之和是6。那天正好是星期五（Friday），而Friday有6个字母，凶手又是在6层楼开枪，这三个数666，它是《圣经》中那个可怕的野兽数，看来肯尼迪之死是命里注定的！在这里作者为数666披上迷信的外衣，蒙骗读者，兜售伪科学，这是非常荒谬的。

要把好科学性这一关，就要准确地表现数学内容。对数学科普作品中概念、定理、数据的表述都要准确无误。一般地，应注意以下几点。

1. 概念一定要准确

概念是反映客观对象的一般的、本质的属性的思维形式。概念是认识的高级产物，是人脑的高级产物。在数学科普作品中，如何通俗而准确地阐明数学概念，恰当地使用和解释这些名词术语是一个重大难题。要求作者必须对这些数学概念的形式、发展、内涵有充分的了解，并融会贯通，才能力求表达准确。一知半解，望词生义，妄加解释，势必造成谬误。比如“函数”“幂”“对数”等概念，只从字面上去看，看不出与它所表达的内容有什么必然联系。只有充分了解了它们的形成过程，才能对其做出准确的解释。

实际上，“函数”是转译词，我国清代数学家李善兰在翻译《代微积拾级》一书时，创用了“函数”这个中文名词。中国古代“函”字与“含”字通用，都有着“包含”的意思。李善兰的定义是“凡式中含天，为天之函数”。中国古代用天、地、人、物四个字来表示四种不同的未知数或变量。这个定义的含义是“凡是公式中含有变量x的，则该式子叫作x的函数”。所以“函数”是指公式里含有变量的意思。

现在有些科普作品，包括翻译作品，就有一些概念不清的问题存在，如对“数列”和“级数”的概念区分不开，常把数列错叫成级数。现代数学上规定：数列是按一定次序排列的一列数。如自然数列1，2，3，4，…；由前5个正偶数组成的数列2，4，6，8，10等。数列可以是无穷数列，也可以是有穷数列。数列各项之间并没有任何运算关系。而级数的定义是：设给定一个数列或函数数列 u_1，u_2，u_3，…，则式子

$$u_1+u_2+u_3+\cdots$$

叫作无穷级数，简称级数。如著名的调和级数 $1+\frac{1}{2}+\frac{1}{3}+\frac{1}{4}+\cdots+\frac{1}{n}+\cdots$。因此，级数是无穷项的和，是与数列完全不同的两个概念。新中国成立初期曾有一段时间把“级数”和“数列”混同使用，由于造成许多误解，在20世纪50年代就统一改成现在的定义了。我们要严格区分这两个概念，不能混淆。

2. 公式和数据要准确

数学科普作品离不开公式和数据。假如公式或数据出现错误，这篇作品的科学性要遭到极大的损坏。历史上有这样一个著名的问题：18世纪巴黎科学院院士、瑞士数学家克尼格计算出蜂巢底部菱形的两个邻角分别为109°26′和70°34′，这两个角与法国学者马拉尔第实际测量的角度109°28′和70°32′相差2′。究竟谁对？后来发现是克尼格用的对数表印错了！不能否认，数学科普作品出现的错误中，排版错误是占有一定比重。比如将费马数 $F_n=2^{2^n}+1$（$n=0$，1，2，…），排成为 $F_n=2^{2n}+1$ 等。但也有作者的传抄错误，比如笛卡儿找到的第三对亲和数应该是9363584和9437056，有的书上错写成9363548和9437506，如果不及时纠正，就会以讹传讹。所以，数学科普作品中的数字，作者在抄写或校对时要反复核对，做到准确无误，做到对读者负责。

3. 语言要准确

数学科普作品要以通俗而生动的语言来表达其内容。作品中允许比喻、夸张，但是语言文字的运用，要服从科学性，不能以词害意。

4. 要有发展的观点

由于数学的理论在不断发展，有些历史上曾一度认为是正确的规律，后来发现它是错误的。比如，17世纪在欧洲，有人认为炮弹是沿折线

飞行的，是伽利略纠正了这种错误的观点，指出炮弹在真空中是按抛物线飞行的。还是这个伽利略，他认为物体自高处无摩擦下滑，以沿过这两点的圆弧下滑时间为最短。是瑞士数学家约翰·伯努利指出了伽利略的结论是错误的，提出摆线为最速降线。又比如，历史上曾一度把1算作质数，但是为了保证"算术基本定理"的成立，后来又把1从质数中排除掉，1规定为既非质数，又非合数的特殊数。如果在现代的科普作品中仍坚持把1算作质数，显然是错误的。

随着新的计算工具——电子计算机的出现，一些传统的观念也应该改变。比如，过去一提到证明，认为必然是人去证明。由于著名的"四色问题"的解决，数学家开始使用电子计算机代替人来进行证明已经是可能的了。"机器证明"改变了人们对于数学证明的传统观念。

有的人提出了数学思想的四次重大转折：从算术到代数；从常量数学到变量数学；从必然数学到或然数学；从明晰数学到模糊数学。每一次转折，不论是在数学思想上，在对数学的认识上，还是在数学的方法上，在数学的实际应用上都有一个大的飞跃。这就要求数学工作者、从事自然科学乃至社会科学研究的人员、工程技术人员对这些转折都要有所认识。因此，保证数学科普作品的科学性，已不仅仅是避免发生错误，更深的意义是要跟上数学的发展、更新观念，在科普作品中以新的观点和理论去提高科学性，增强作品的时代感。

二、自觉加强思想性

数学科普作品的思想性，不是在数学内容之外加上一些政治词汇，而是靠作品本身来体现的。一篇科普作品从主题、题材内容到表现形式都有它的思想意义，具体表现在如下几个方面。

1. 运用唯物辩证法去分析问题

比如关于"三等分任意角问题"，这本来是一个已经解决了的"尺规作图”不可能的问题。可是，目前国内外仍有少数青年人热衷于研究它，企图给予“解决”。李文汉在《六大数学难题的故事》一书中，详细分析了这种奇怪现象。他说：“你听说过吗？当环球旅行已经成为常事以后，还有人不承认地球是球形的哩！”这说明与“三等分角”相类似的问题还存在，还带有普遍性。李文汉说：“他们多半是在对尺规作图和它的历史一无所知的情况下，盲目上阵的。要是他们多少了解一下有关的历史，可能就不会搞了。”这里指出了产生这种现象的原因是对历史缺乏了解。接着李文汉又分析道：“有的青少年对搞数学研究有一种误解，以为不必学习，关起门来在纸上算算、画画就叫科研。”这里指明了这些人的研究方法不对。他运用唯物辩证法，对“三等分角”问题的性质、产生原因、方法的使用等做了全面的分析，有较强的说服力。

2. 要进行爱国主义教育

从历史上看，我国在数学发展史上曾做出过很大贡献。蒋术亮为此曾编写了《中国在数学上的贡献》一书（山西人民出版社，1984 年版）。该书从公元前 2500 年的上古时代到近代，对我国数学家在算术、代数、几何、高等数学以及现代数学诸方面所做出的贡献，做了比较详细的介绍。我国历代在数学上可以说人才辈出，刘徽、祖冲之父子、一行、沈括、秦九韶、李善兰、华罗庚等一大批数学家都有过突出贡献。我国古代对数学还形成了一套独创的研究方法，如负数的引进、十进小数的使用、割圆术、纵横图、天元术等对世界都有很大影响。

从明末开始，我国的封建制度影响了科学技术和生产的发展，清朝末年我国又沦为半封建半殖民地社会，一些资本主义国家看不起中国，也不承认中国在数学上的巨大贡献。有些外国学者写的数学史，就很少谈及中国在数学上的成就，甚至只字不提。比如 M.克莱因写的《古今数学思想》，被誉为“就数学史而论，这是迄今为止最好的一本”。这本最好的数学史对中国古代数学如何评介呢？正如该书的中文译者所说：

“本书也有不足之处。例如忽视了我国的数学成就及其对数学发展的影响，这对于论述数学的发展来说，无疑是有片面性的。”我国著名数学家关肇直在为D.J.斯特洛伊克写的《数学简史》（关娴译，科学出版社，1956年版）序言中说：“著者对封建时代中国数学家们的成就未予足够的估计。”

针对以上情况，数学科普的一项重要任务，是大力宣扬我国数学家的成就，使广大群众特别是青少年对我国古代数学有个正确的认识。近年来，我国陆续出版了一些介绍我国古代数学家及其成就的书。比如，夏树人、孙道杠合编的《中国古代数学的世界冠军》（重庆出版社，1984年版），傅钟鹏写的《勾股先师商高》（新蕾出版社，1983年版），李继学写的《为中华数学崛起而献身》（四川少年儿童出版社，1984年版）等。

3. 要培养严谨的治学态度和为科学献身的精神

科学研究是一项艰苦的劳动，任何科研成果的取得都是人类千百年前赴后继共同劳动创造的结晶。其中个人的作用当然是不容忽视的。进行数学知识的普及，特别是数学史的教育，将有助于培养青少年的探索精神、求实精神，有助于培养团结协作、互帮互学的优秀风尚。比如，瑞士数学家欧拉，28岁右眼失明，59岁左眼也失明了。他64岁时彼得堡的大火，差点把他烧死，他的书籍和手稿均付之一炬。尽管如此，欧拉仍然以惊人的毅力，凭着记忆和心算继续进行数学研究，时间长达17年之久。这种为数学而献身的精神，欧拉堪称楷模。

对待科学需要严肃认真的治学态度，一丝不苟的工作作风。比如，18世纪被誉为“欧洲数学王子”的高斯，治学作风严谨。他于1799年向赫尔姆什塔特大学提交了一篇博士论文。在这篇论文中高斯第一次给出了代数基本定理的严格证明。对于这个重要定理，许多著名数学家，如达朗贝尔等都试图证明未能成功，而被高斯解决了，高斯为此也获得了博士学位。但是，高斯不满足自己的证明，后来又给出了这个定理更好的第二个、第三个证明。

高斯生前发表了155篇论文，这些论文都有很深远的影响，他自己认为不是尽善尽美的论文，决不拿出来发表。他的格言是“宁肯少些，但要好些”。

三、努力做到通俗化

通俗化是对数学科普作品最基本的要求。实际上，数学科普作品的创作过程，就是使抽象的数学知识通俗化的过程。

什么是通俗化？通俗化就是要使被普及的读者对象能接受作品中所讲述的数学知识，理解作品中所提倡的数学思想，掌握所传授的数学方法。从这个意义上讲，教师的讲课也是一种通俗化，所以科普创作和教学有许多共同之处。

要使数学科普作品通俗化，就要借助于文学艺术作品的表现形式，比如小品文、童话、传记、图画，等等。数学是一门抽象思维的科学，但是，为了向广大群众普及数学知识和技能，数学科普创作中还必须较多地使用形象思维。在引入数学概念时，要注意从感性到理性，从个别到一般，从具体到抽象。要善于使用图和表，使所讲述的内容生动、直观、一目了然。单纯运用定义—定理—证明—例题的模式去创作数学科普作品，是很难成功的，这样的写法与教科书无异，不能称为科普作品。

通俗化要努力挖掘数学内在的趣味性。数学中包含有许多生动有趣的内容，从古希腊毕达哥拉斯学派研究的“亲和数”“完全数”，到至今仍未解决的“回数猜想”，可以说是处处有趣味，处处有故事。一篇数学科普作品有了趣味性，就能大大增加吸引读者的魅力。

由于被普及的读者对象的年龄和知识水平不同，通俗化只是一个相对概念。科普作品的起点要适应读者的数学知识水平，作品的内容则既要符合读者的接受能力，又要略高于读者原有的知识水平，也就是说要让“读者踮起脚尖能够得着”。许多数学科普作品采取“起点低而落点高”的写法。这样就可以使数学水平不同的人都能阅读该作品，而不同水平的人所得的体会也不同。当然，数学科普作品还要有丰富的内涵，要经得起读者的咀嚼。

通俗化不等于庸俗化。列宁说：“庸俗化和浅薄同通俗化相差很远。通俗作家应该引导读者去了解深刻的思想、深刻的学说，他们从最简单的、众所周知的材料出发，用简单易懂的推论或恰当的例子来说明从这些材料得出的主要结论，启发肯动脑筋的读者不断地去思考更深一层的问题。”

由于通俗化是数学科普作品的主要课题，也是数学科普创作的困难所在，要求作者对这个问题要足够重视，要花大力气去研究。关于如何深入浅出、生动有趣，又不“失真”地向读者介绍数学知识，许多数学科普作家做了有益的尝试。比如，他们编数学故事，写数学童话、数学谜语和相声等，借助一些群众喜闻乐见的形式来普及数学，收到了较好的效果。

因此好的科普作品首先必须坚持科学性与文艺作品的具体形式相结合，同时还应做到四个字：准、新、浅、趣。

准，内容选择精当，有意义，阐述正确，史实无误。

新，有新意，采用新颖的材料或用新的观点来处理熟悉的问题，令人有耳目一新之感。

浅，通俗易懂但不肤浅，能跳出为“尖子”“天才”写的小圈子；写得生动活泼，使多数人愿意看。浅，表明作者对问题看得透彻，就像未受污染的水潭，澄澈见底。

趣，幽默风趣而不流于油滑，使人能轻松愉快地学到一些知识。

数学科普创作与数学教学

我国老一辈科普作家、编辑家叶至善先生说："好的科普作者应该来自教师。"原因有两个，其一是教师了解学生，写出的作品符合青少年读者的口味，适合他们的实际水平；其二是数学教学和数学科普创作有许多相似之处，掌握了教学规律对科普创作很有帮助。实践证明，许多优秀的数学科普作者确实来自教师队伍。老一辈的如刘薰宇、王峻岑、许莼舫、叶至善等，稍晚一些的中青年科普作家如谈祥柏、刘后一、张景中、吴振奎（南北）、马明、顾忠德、陈永明、单墫等或是大学教师，或是有多年教学经验的中学教师，至少也从事过较长一段时间的数学教学。

数学教学和数学科普创作是相互促进的。数学教学的经验能够帮助数学科普创作，反之，数学科普创作也有助于数学教学水平的提高。在数学科普创作的过程中，必然要翻阅大量的材料，这些材料丰富了教学的内容，使数学教学的内容更充实；数学科普创作要力求通俗化，而通俗化必然使数学教学更易于学生理解；数学科普创作要求深入浅出，而高水平的数学教学也必须做到深入浅出；数学科普创作要求语言生动、有趣，而数学教学也很讲求语言的艺术性。因此，来自教师的数学科普作者，往往是位深受学生欢迎的优秀教师。由此可见，数学教学与数学科普创作，是有一些共同的特点值得探讨。

一、从感性经验出发

教学要从学生的感性经验出发，科普创作也要从读者的感性经验出发。比如在丁耀仁和张祖椿合写的《生活中的数学》一书中，谈到了最短线问题。文章开头说："走和跑是有区别的。跑允许两脚同时腾空，走不准两脚同时离地。人一步能走多大，不好说，可各人都有一个限度。

这个限度是腿长加脚背长的两倍。因为在跨步的时候，可以把两条伸直的腿，看成三角形的两条边，这第三条边——跨步长度，必须小于另两边的和。要是有人说他一步能走两米，你千万别相信。因为这是违反几何定理的。”作者从人的走路谈起，逐步引出几何学中的最短线问题。这种由感性经验出发，上升到理性认识是符合认识论的。16世纪英国哲学家培根也说过：“从感觉与特殊事物把公理引申出来，然后不断地逐渐上升，最后才达到最普遍的公理。这是真正的道路。”

数学概念的引入要注意贴近读者的生活，使读者熟悉，感到亲切。如可用小板凳的三条腿来讲述不在同一直线上的三点决定一个平面的道理；又如，可用抄近道来说明三角形中两边之和大于第三边的道理。由于数学来源于生活，因此在生活中可以找到大量实际例子，甚至连一些很抽象的数学概念，如“群”“环”“域”等，也可以找到它们在生活中的模型。

如果读者在作品的一开始，就接受了一个他熟悉的生活模型，从感情上就易于接受作品所讲的数学内容，也比较容易理解抽象概念的实质。

二、观察是思考和识记知识之母

在教育学中是很注重观察的。苏联教育学家苏霍姆林斯基说：“从观察中不仅可以汲取知识，而且知识在观察中可以活跃起来，知识借助观察而‘进入周转’，像工具在劳动中得到运用一样。如果说复习是学习之母，那么观察就是思考和识记知识之母。”他又说：“观察是智慧的最重要的能源。”

数学科普写作也常常从观察入手，重视观察的作用。数学家李学数在《数学和数学家的故事》一书中，介绍了斐波那契数列。他从“兔子生兔子问题”入手，画出图、列出表，让读者去观察其中的规律，最后得出一般的递推公式。这种从观察入手的写法常常能够吸引读者的注意力，使读者的思维活跃起来。

三、唤起兴趣

19 世纪德国教育家第斯多惠说：“教学的艺术不在于传授本领，而在于激励、唤醒、鼓舞。”瑞士心理学家皮亚杰说：“所有智力方面的工作都要依赖于兴趣。”教学要有趣味，要能吸引学生。照本宣科、枯燥无味的教学既不符合教育理论，也不可能受学生的欢迎。

通俗化是数学科普学的主要课题，它也要求作品有趣味，吸引读者爱读、读得明白。要求作品能唤起读者对数学的兴趣。在这点上，教学和科普创作也具有共性。

四、授以方法，引导自学

我国教育家、作家叶圣陶说：“凡为教者必期于达到不须教。教师所务唯在启发导引，俾学生逐步增益其知能，展卷而能通解，执笔而自能合度。”

教师的教学重在启发诱导，而数学科普学更重视引导。叶至善曾说：“不要把小读者当作口袋。”其含意是告诫科普作者不能一味地向读者“灌输”知识，而应当通过作品去引导读者理解数学思想，教授数学方法，使其能自行掌握。

需要强调的是，不仅要看到数学教学和科普创作之间的联系，而且要看到它们的区别。比如，把数学讲稿当作科普作品去发表，一般是不行的。教学是语言艺术，它可以充分利用语言艺术的特点来增强讲课效果，而科普作品是通过文字来阐述科学知识的。

数学教学一般是老师和学生面对面的讲授。教师可以通过学生的面部表情、学生的回答问题、学生的课堂练习等，及时了解学生对知识掌握的情况，并针对学生存在的问题，及时加以指导。课后，学生有什么问题还可以向教师请教。科普作品则通过文字来讲授知识，因此，科普作者必须事先了解读者容易产生哪些问题，把这些问题融进文章里面去，以充分发挥文章的效果。

数学教学是以教学大纲为准绳，使用统一教材，它是一种全面的、系统的数学教育，做习题占有重要地位。数学科普作品则不能求全，通常只抓住一个重要的数学概念，比如算术根、绝对值、积分等，从不同角度、不同侧面给予阐述，力求讲得通俗易懂、深入浅出。一般来说，数学科普作品是不留习题让读者去做。

数学科普创作与数学教学最大的区别还在于趣味性。如果科普作品没有趣味，不吸引读者，必然是一部失败的作品，而对数学教学就不能这样来要求。这就是为什么不能把教案稍加修改，当作科普作品来发表的原因之一。因此，一名教师要想成为科普作者，还要进一步学习和掌握科普创作的规律。

3. 我国数学科普创作概况

我国古代的数学科普作品

我国是一个文明古国，古代的数学曾名列世界前茅。我国数学科普很早就出现了，虽然没有“科普”之名，却有“科普”之实。

一直流传到现在的《周髀算经》，成书大约在公元前 1 世纪，有 2000 多年的历史了。这本书采用对话形式，介绍了天文上的“盖天”说，周朝人在其都城用测量日影的方法进行测量，等等。书的前一部分是假托周公向商高学习算术时的对话写成的。从数学角度来看，这一部分主要讲解了勾股定理和地面上的勾股测量。书的后一部分是假托荣方向陈子请教时的对话写出的，主要是讲“盖天”说理论。这部书应该说是我国最早的一部数学、天文科普作品。

我国古代数学科普作家要首推程大位。程大位，字汝思，号宾渠，生于 1533 年，卒于 1606 年，是明代著名数学家，他于 1592 年写成巨著《直指算法统宗》(简称《算法统宗》)，共17卷。

程大位在普及和推广珠算上做了大量工作。当时我国的计算工具，正从落后的筹算向先进的珠算转变。但是，一种计算工具代替另一种计算工具，必须有系统完整的理论，并为群众所采用、欢迎，才能取而代之。《算法统宗》是一部学习珠算的指导书，为了便于普及和推广珠算的算法，他把各种法则都写成歌诀形式，集我国珠算之大成，便于各种程度的人学习。程大位由此被誉为“珠算的一代宗师”。

程大位为普及我国古代数学成就，他还结合当时的实际情况，将我国最古老的数学经典著作《九章算术》向群众普及。《算法统宗》文字通俗，明白易懂，由浅入深，饶有风趣。

程大位很注重写作形式，他利用歌谣写了大量的算法口诀和题目，很富有民族特色，能激发学习兴趣，开发智力，直到今天也值得借鉴。比如在解算我国古代名题“韩信点兵”时，程大位就编出一首歌谣：

“三人同行七十稀，五树梅花廿一枝，

七子团圆月正半，除百零五便得知。”

解算这道题原来的算式是：

$$N=70\times2+21\times3+15\times2-105\times2=23。$$

其中70、21、15和105四个数是需要记住的。程大位巧妙地把这四个数编进一首歌谣中，便于记忆。

程大位的《算法统宗》流传很广。程大位的族孙程世绥在该书新刻本的序言中说：这本书出版以后，风行国内一百几十年。凡是研究算法的人几乎人手一册，就像考科举的人对待《四书》《五经》一样，奉之为经典。《算法统宗》一书是我国早期的数学科普著作，后来又传到了日本、朝鲜等国。

我国古代有些算题，十分生动有趣，启迪智力，很受群众喜爱，在民间广为流传。比如《张丘建算经》中提出的“百鸡问题”：

“今有鸡翁一，直钱五；鸡母一，直钱三；鸡雏三，直钱一。九百钱买鸡百只。问鸡翁、母、雏各几何？”

《张丘建算经》是南北朝时期的作品，距今已有1500多年历史，但是“百鸡问题”一直流传至今，而且在民间又仿造编出“一百个和尚分一百个馍”“一百匹马拉一百块砖”等类似的题目。

有些古代算题，题目本身就十分有趣。比如，公元400年前后成书的《孙子算经》，书中有这样一道题：“有一妇人在河上洗碗，津吏问她：碗为什么这样多？那妇人回答：家有客人。津吏又问：有多少客人？那妇人回答说：2人共一碗饭，3人共一碗羹，4人共一碗肉，一共用了65只碗，不知客人有多少？”通过津吏和洗碗妇的问答，特别是洗碗妇的巧妙回答，使人感到很有意思。

我国南宋大数学家秦九韶编著的《数书九章》中竟有一道“小偷偷米问题”。题目是这样的：“3个小偷从3个箩筐中各偷走一些米。3个箩筐原来装米量相等，事后发现，第一箩中余米1合（古代的容量单位，1合＝0.1升），第二箩中余米1升4合，第三箩中余米1合。据3个小偷供认：甲用木勺从第一箩里舀米，每次都舀满装入口袋；乙用木盒从第二箩里舀米装袋每次都舀满；丙用大碗从第三箩里舀米，每次也都舀满。经测量，木勺容量为1升9合，木盒容量为1升7合，大碗容量为1升2合。问：每个小偷各偷米多少？”实际这是一道不定方程问题，有一定的难度。用小偷来编题目，出人意料之外，也引起了读者对题目的好奇。

谈到我国古代数学成就时，还要提到在民间广泛流传的，用民歌、民谣写成的数学问题。这些民歌或民谣是谁编的？产生于什么时代？经过了多少次修改？都无从考证。但是，它们像绿草的种子一样到处扎根发芽。比如，有这样一首民谣：

“牧童王小良，放牧一群羊。

问他羊几只，请你细细想。

头数加只数，只数减头数。

只数乘头数，只数除头数。

四数连加起，正好一百数。”

再比如，民间流传着这样一首打油诗：

“李白提壶去买酒。

遇店加一倍，见花喝一斗。

三遇店和花，喝光壶中酒。

试问壶中原有多少酒。”

这些民谣、民歌、打油诗等，丰富了我国数学科普创作的内容，是宝贵的文化遗产。

1949年前的数学科普作品

1949 年前，特别是从 20 世纪 30 年代开始，我国陆续出现了几位数学科普作家，比较有影响的有刘薰宇、王峻岑和许莼舫。

1934 年，陈望道创办了《太白》杂志，第一次开辟了“科学小品”专栏，数学方面的主要撰稿人是刘薰宇，开明书店曾经出版过他的几本数学小品文专集，如《数学的园地》(1933 年)、《数学趣味》(1963 年)、《马先生谈算学》(1942 年)等。刘薰宇的文章，语言幽默，情节动人，是 1949 年前的优秀数学科普作品。比如在《数学的园地》中，刘薰宇讲了函数和变数。他写道：“科学上所使用的名词，各自都有它的死板板的定义，不过只是板了面孔来说，真是太乏味了，什么叫函数，我们且来举个不大合适的例。”

刘薰宇所举的“不大合适的例”，在旧社会却是实际情况。他写道：

现在的社会中，“女子就是男子的函数”。但你不要误会，以为我是在说女子应当是男子的奴隶，奴隶不奴隶，这是另外的问题。我所想说的只是女子的地位是随男子的地位变的。

在讲了一个幽默的故事之后，他又写道：

说女人是男人的函数……在家从父，出嫁从夫、夫死从子，这已经有点像函数的样子了，但还嫌粗些，我们无妨再精细点说。女子一生下地来，父亲是知识阶级，或官僚政客，她就是千金小姐；若父亲是挑粪担水的，她就是丫头；这个地位一直到了她嫁人以后才得改变。这时改变也很大，嫁的是大官僚，她便是夫人；嫁的是小官僚，她便是太太；嫁的是教书匠，她便是师母；嫁的是生意人，她便是老板娘；嫁的是 x，她就是 y；y 总是赶了 x 变的，自己全做不来主；这种情形，和“水涨船高”是一样的，所以我说，女子是男子的函数，y 是 x 的函数。

刘薰宇又以用嘴吹蜡烛为例，进一步从数量关系上讲了什么是函数，接着又讲了水银柱的高度是水的温度的函数。在大量生活中的例子的基础上，才总结出函数的定义。

函数是比较抽象的概念。首先要使初学者懂得它是用来刻画两个变量之间的相依关系。要明白一个变量变化，另一个变量也跟着变化的从属关系。刘薰宇以旧社会妇女没有地位，处处要服从男人这个事实，作为从属关系的例子，把“一个变化另一个也跟着变”的道理说得幽默生动。

王峻岑生前是山东大学教授。从 20 世纪 30 年代起，他就在叶圣陶主编的《新少年》上发表数学小品。抗日战争开始，《新少年》被迫停刊，直到 1945 年 7 月才恢复，改名《开明少年》。王峻岑又继续为其撰写数学作品，直到 1951 年《开明少年》停刊，一共发表了近 40 篇数学小品。后经叶至善先生编辑整理，出版了《大大小小》（1948 年）、《数的惊异》（1950 年）、《数学列车》（1950 年）和《图片展览》（1952 年）等。其中《数学列车》是介绍微积分的，对象是高中学生。

王峻岑的文章语言生动，能抓住读者，针对性较强。王峻岑于1950年在开明书店出版了《比一比》一书，是专门讲比例的。书中讲道：

整个世界上，无论什么都是变的。而且往往是一个跟着一个变。但是变化的情况却不一定一模一样。有的时候，这个变大了，那个也变大；这个变小了，那个也变小。变大的时候，一块儿变大；变小的时候，一块儿变小。这叫作同变。有的时候，这个变大了，那个反而变小；这个变小，那个反而变大。它们两个的变化恰好相反，这叫作异变。人吃食粮，人越多吃得越多，是同变。人做工作，人越多用的天数越少，这是异变。

同变或者异变，变化的快慢未必一致。假如快慢一致的话——例如人增加一倍，吃的食粮也增加一倍；人增加两倍，吃的食粮也增加两倍；这时候，同变就变成正比例了。反过来说，人增加一倍的时候，天数减少一半；人再增加一倍的时候，天数又要减少一半。这时候，异变就变成反比例了。

在这篇文章里，王峻岑还用分数翻跟斗这一形象的比喻，详尽地分析了比、倒数，接着又谈到了“同变”和“异变”，最后归纳出正比例和反比例。用“翻一翻”的比喻，讲解了正比例和反比例的关系，比喻贴切、生动，文章由浅入深，分析透彻。

尽管王峻岑的文章中有些提法，如“同变”“异变”现在已经不再使用，但是，他分析问题的方法是值得借鉴的。另外，他作品中简单的例子、明白的语言、生动的比喻都是很成功的。

比刘薰宇稍晚一点的数学科普作家，应该是许莼舫了。许莼舫是无锡市的一名中学教师，1949年前后发表了大量的数学科普读物，在青少年中很有影响。许莼舫写的书，仅开明书店和中国青年出版社所出的已有不少。计有：《古算趣味》（1948年）、《数学漫谈》（1952年）、《几何定理和证题》《轨迹》《中算家的代数学研究》《实用珠算》《中算家的几何学研究》《中国算术故事》（以上均为1953年版），《几何计算》《几何作图》《古算趣味》(以上均为 1954 年版)。

许莼舫还为中学数学教师和中学生写了一套学习指导书，包括《平面几何学习指导》(1953 年)、《代数和初等函数学习指导》(上、下)(1963 年)，此套书曾重印多次，影响很大。

由于许莼舫在中学教学多年，有丰富的教学经验。因此，他的作品针对性强，能从学生的实际入手，生动地讲述数学问题，行文严谨，环环入扣，深受师生欢迎。

在《数学漫谈》一书中，有一节叫“认清对象”。许莼舫在这节的开头部分写道：

着手研究问题，应该先要认清研究的对象。假使你把对象认错了，就像做文章做得“文不对题”，不免要闹大笑话。譬如：“一只羊有两只角，一锤敲下了一只角，问还有几只角?”这问题研究的对象是羊的角，敲下了一只，当然剩 $2-1=1$（只），是毫无疑问的。再问：一张三角形的纸，一剪刀剪一只角，还有几只角？这个问题研究的对象好像仍旧是角，只要仍用减法一算就得了，其实却是不对的，它的对象不是羊的角而是纸的角，答案应该是 $3+1=4$（只）角。又问：“一块方木，共有八只角，用锯锯掉一只角，还有几只角?”这里的对象又换成方木的角，其答案既非 $8-1=7$，又非 $8+1=9$，却应该是 $8+2=10$（只）角了。(方木是指正立方体)

许莼舫先以羊角、纸角、方木角为例，生动地讲述了由于研究对象不同，结果也不一样的道理。接着他又提出一个更难一点的问题：“在地球的赤道上，假定有人筑起了一条环球大铁道。我们乘了火车，从这铁道上某一地点出发，一直向西开行。若铁道的全身——即赤道长——是八万里，火车每一昼夜的速度是四千里，出发时恰当正午，在火车里的日历上看到是一月一日。试问环行地球一周后仍到原处，那时再去看日历，应该是哪一日?”

许莼舫由浅入深地引出问题，接着又详尽地分析了其中的道理，使读者深刻地体会到“认清对象”的重要性。

1949年后到20世纪60年代中期的数学科普作品

1949年以后，我国的数学科普创作进入了一个新的发展时期。20世纪50年代，首先引进了苏联的优秀数学科普作品。从1953年到1958年，在短短的6年间，仅中国青年出版社就翻译出版了21种苏联数学科普作品。20世纪60年代初期，我国许多著名数学家编写了一批高水平的数学科普作品，把我国数学科普创作推向了一个高潮。

1962年，由北京市数学学会组织编写、中国青年出版社出版的一套“青年数学小丛书”，是由在京的许多著名数学家编著而成。比如，华罗庚的《从杨辉三角谈起》和《从祖冲之的圆周率谈起》，段学复的《对称》与《归纳和递推》，吴文俊的《力学在几何中的一些应用》，闵嗣鹤的《格点和面积》，史济怀的《平均》，姜伯驹的《一笔画和邮递路线问题》，曾肯成的《100个数学问题》，常庚哲和伍润生的《复数和几何》，龚昇的《从刘徽割圆谈起》等。此套丛书后来转由人民教育出版社出版，又陆续增加了范会国写的《几种类型的极值问题》，江泽涵写的《多面形的欧拉定理和闭曲面的拓扑分类》，等等。

1964年，上海“中学生数学课外读物编审委员会”邀请在上海的著名数学家，编写了一套“中学生数学课外读物”，由上海教育出版社出版。其中有谷超豪写的《最大值和最小值》，夏道行写的《π和e》，等等。

这些著名数学家深入浅出地介绍了数学各个分支的基本概念和方法，向青少年普及数学知识，影响颇大。特别是对我国20世纪60年代的青年学生，影响更为深远。当时爱好数学的中学生，几乎都读过这两套丛书中的若干本。当年的中学生，现在有的已成为数学家了，当他们回忆自己的学生生活时，还念念不忘这两套数学丛书对他们的影响和启迪。

这些著名数学家所写的科普作品风格各异。有的很富有文采，读起来犹如一首优美的散文诗；有的文章朴实无华，寥寥数笔就把问题讲得非常透辟。

我国已故著名数学家华罗庚教授，生前非常重视数学的普及工作。特别是对青少年的数学科普工作更是以身作则，带头去抓。1962 年，他为“青年数学小丛书”写了著名的三个“谈起”，即《从杨辉三角谈起》、《从祖冲之的圆周率谈起》和《从孙子的“神奇妙算”谈起》。此外，他还经常给青少年作数学科普报告。1963 年、1964 年和 1978 年华罗庚分别给中学数学爱好者做过专题讲演。1978 年北京出版社出版了“北京市中学生数学竞赛辅导报告汇集”，其中收有华罗庚的《谈谈与蜂房结构有关的数学问题》，这是一本较能反映华罗庚数学科普写作风格的作品。在本书的“小引”中，他以我国的旧体诗词的形式填了一首词：

人类识自然，
探索穷研，
花明柳暗别有天。
谲诡神奇比目是，
气象万千。

往事几百年，
祖述前贤，
瑕疵讹谬犹盈篇。
蜂房秘奥未全揭，
待咱向前。

在“小引”后面，作者又写出一段“楔子”，向读者讲述了写这个问题的起因和想法。他写道：

先谈谈我接触到和思考这个问题的过程。始之以“有趣”。在看到了通俗读物上所描述的自然界的奇迹之一——蜂房结构的时候，觉得趣味盎然，引人入胜。但继之而来的却是“困惑”。中学程度的读物上所提出的数学问题我竟不会，或说得更确切些，我竟不能在脑海中想象出一个几何模型来，当然我更不能列出所对应的数学问题来了，更不要说用数学方法来解决这个问题了！

华罗庚写的前三节，是全书最精彩的部分：第一节有趣；第二节困惑；第三节访实。作者在这里不是急于向读者讲解与蜂房结构有关的数学问题，而是先简述作者本人对这个问题的认识过程。这对于读者，特别是青少年很有启发。

华罗庚首先谈“有趣”。他从通俗读物中，摘引几条有关蜂房的材料：

如果把蜜蜂大小放大为人体的大小，蜂箱就会成为一个悬挂在几乎达 20 公顷的天顶上的密集的立体市镇。

一道微弱的光线从市镇的一边射来，人们看到由高到低悬挂着一排排一列列 50 层的建筑物。

耸立在左右两条街中间的高楼上，排列着薄墙围成的既深又矮的、成千上万个六角形巢房。

为什么是六角形？这到底有什么好处？

接着作者引用了法国学者马拉尔琪、法国物理学家列奥缪拉、瑞士数学家克尼格、苏格兰数学家马克劳林对蜂房计算、测量的结果。

作者提出：“小小蜜蜂在人类有史以前所已经解决的问题，竟要 18 世纪的数学家用高等数学才能解决呢！”

在这一小节作者并没有外加什么有趣的情节，而趣味就藏于数学问题本身。如果一部科普作品能从一开始就吸引读者，使读者感到十分有趣，急于把全篇读完，这部科普作品的第一步无疑是成功的。17世纪，捷克著名教育家夸美纽斯说过：“求知与求学的欲望应该采用一切可能的方式在孩子们身上激发起来。”作者第一节的“有趣”，实际是对读者求知欲的激发。

第二小节华罗庚讲到了“困惑”。这里所谓的困惑，是作者本人对问题弄不懂。华罗庚写道：

这到底是个什么数学问题？什么样的六角形窝洞的钝角等于109°28′，锐角等于70°32′？不懂！

既说“蜂窝是六角形的”，又说“它是菱形容器”，所描述的到底是个什么样子？六角形和菱形都是平面图形的术语，怎样用来刻画一个立体结构？不懂！

作者提出两个“不懂”之后，紧接着写出：“困惑！不要说解问题了，连个蜂窝模型都摸不清。问题钉在心上了！”

读者读到这里立刻会想：怎么？连华罗庚这样的大数学家也弄不懂！读者会感到很惊奇。但是读者细看这一节，会觉得作者的困惑是有道理的。实际上，作者是借自己的困惑、不懂，向读者提出了问题，引导读者自己设问，明确目标，以便把问题讲解得更清楚。

第三小节华罗庚讲了“访实”。这一节告诉读者，如果有了搞不清楚的实际问题，应该做实地调查，这才是解决问题的正确途径。华罗庚教授去请教我国昆虫学家刘崇乐教授，刘教授给了华教授一个蜂房，使华教授摆脱了困境。

通过前面所述可以看到，作者是在指点读者如何去思考和研究数学问题，这种思维方法的培养，是数学科普作品的重要任务。

华罗庚的数学科普作品，是数学科普作品的楷模，是留给后人的一份宝贵遗产。上海教育出版社整理出版了《华罗庚科普著作选集》，并于1987年获“第二届全国优秀科普作品荣誉奖”。

数学家闵嗣鹤的文章朴实无华、简单明了，代表了另一部分老数学家的写作风格。闵嗣鹤在《格点与面积》（中国青年出版社，1962 年版）中谈到了“我们的中心问题”。他说：

在数学里面，我们有两个很基本的问题，那就是：第一，怎样用连续的量去概括零散的量；第二，怎样用零散的量去逼近连续的量。这两个问题其实是一个问题的两个方面。不过，第一个问题着重在利用连续的量去研究或估计零散的量。这是古老的物理和数学上的问题。著名的圆内格点问题就属于这一类型。这个问题是：知道了以原点作中心的圆的面积，要估计圆内格点的个数。近年来，由于电子计算机的长足发展，对于许多零散的量都有了计算的办法，因此，又产生了大量的用零散的量去逼近连续的量的问题。一个简单的例子就是：怎样用一个区域内的格点数去逼近区域的面积，这也就是本书所要讨论的一个问题。

作者仅用了 200 多字，就把这本书的中心问题讲得一清二楚。

我国老一辈的数学家没有把读者当作知识的口袋，而是不断启迪读者，使读者感到作者是在和你谈心。作者总是和你一起去想，去做，这里有读者的困惑，有作者的启示。我国著名数学教育家赵慈庚教授在《谈谈解答数学问题》（北京出版社，1979 年版）中，关于什么是难题进行了分析。他说：

大家知道，问题有难有易。难易之分，还在于问题的结构。数学问题都是由假设产生结论。从假设到结论有一段路程。路上障碍多，疑问多，问题就难；一路平坦，问题就容易。通常所谓难题，主要有三种情形（这里只就极普通的情形说的）：第一是假设条件不明显，我们不能一下子抓住它，让它起作用；第二是假设条件与结论相距很远，要进行许多步论证才能达到结论；第三是已知条件太多，难于记忆，而这些条件都能产生什么结果，又头绪纷繁，更不知道在什么关节上应该利用哪个条件，于是不免使我们感到眼花缭乱，甚至一时不知从何着手，这种情形最麻烦，大家知道几何题多半难解。几何题之所以难，大致可以说是因为几乎多数几何题里都包含有这三种情形的缘故。

读了这一段话，你会觉得赵慈庚教授正和你面对面地侃侃而谈，感到十分亲切。

20世纪60年代中期到80年代的数学科普作品

从1966年到1976年，是我国“文化大革命”时期。这10年，我国的教育、出版、科研都处于停滞状态。以我国的少年儿童科普图书为例，在20世纪50年代曾有过较大的发展，从1949年出版6种到1956年出版198种，增长了32倍。1966年“文化大革命”一开始，立刻降为13种，而1967—1969年连续3年，少年儿童科普读物出版数字是0！一本也没出！1970年只出版了1种。从1970年到打倒“四人帮”的1976年，出版数字从7种到了26种。

毫不夸张地说，从20世纪60年代中期到70年代中期，我国的数学科普作品的创作和出版是一片空白，结束10年的“文化大革命”之后，数学科普作品如雨后春笋大量涌现，许多家出版社陆续出版了一批优秀的数学科普作品。

首先要提及的是，中国少年儿童出版社从1978年开始编辑出版了一套“少年百科丛书”，其中数学科普读物有20多本，主要面对初中和小学高年级学生。该社邀请了国内部分知名的中青年数学家和有经验的中学数学教师来撰写，如马希文教授、张景中研究员、谈祥柏教授、李文汉副教授、我国培养的第一批数学博士之一——单墫副教授、特级教师马明等。这套书发行量很大，好几本书发行量在100万册以上。

这套丛书中的数学科普读物包括几方面内容：有的是帮助读者学好

课本上的知识，如《帮你学方程》（李毓佩）、《帮你学集合》（张景中）、《帮你学几何》（臧龙光）；有的是为了开阔读者的眼界，向读者普及现代数学思想的，如《数学花园漫游记》（马希文）、《数学传奇》（张景中）；有的是介绍数学史的，如《数学的童年》（王利公）、《六大数学难题的故事》（李文汉）；有的讲生活中的数学，如《生活中的数学》（丁耀仁、张祖椿）、《节约的数学》（马明）；有的讲数学游戏，如《数学万花筒》（张润青等）、《数学游戏故事》（谈祥柏等）。这套书包括的品种比较齐全，其中不乏优秀的数学科普作品。

张景中研究员是这套丛书的主要作者之一。他文笔生动，幽默有趣，一些很深的数学道理，他寥寥数笔就讲得非常透辟，富有启发性。如张景中在《数学传奇》中讲到了现代数学中的“变换”。

他是这样讲的：

同一件事，用不同的看法和办法去对待，往往有不同的结果或者收获。要是我们分别用0、1、2、3来代表立正、向左转、向后转和向右转，那么，把

向左转＋向后转＝向右转；

向右转＋立正＝向右转。

表示成

$$1+2=3;$$

$$3+0=3。$$

这都是说得通的。

可是，把两个口令连起来，为什么非得叫作相加不可呢？不叫相加，偏偏叫相乘，又有什么不可以呢？

他又进一步分析，如何把上述活动用乘法来表示：

0在加法中所扮演的角色，和1在乘法里所扮演的角色十分相像。任何数加0不变，乘1也不变。把两个口令连起来叫作相乘，立正便可

以叫作 1。

最后作者得到一系列式子：

立正$=1$；

向后转$=-1$；

向左转$=\sqrt{-1}$；

向右转$=-\sqrt{-1}$。

作者写道：

真是妙得很。在这种算术里，-1 可以开方了。$\sqrt{-1}$，并不是不可捉摸的“虚数”。它的含义，不过是“向左转”罢了。

许多日常生活里的事情，都可以设法转化成算术问题来运算处理。用考试得的分数计算学习成绩，就是一个例子。

虚数是数学中比较抽象的概念，说它抽象，有一个重要原因是它距离人们的生活太远。日常生活中，什么地方出现虚数？张景中借用乘法运算给“算出来”了！向左转$=\sqrt{-1}$，使人感到在日常生活中也可以遇到虚数。张景中的科普文章构思巧妙，起点低而落点高，从简单的生活小事引出深奥的数学道理。

上海教育出版社也出版了几套丛书：《中学生文库》《中学生课外读物》《小学生课外读物》等，其中数学科普读物占了很大的比重。

《中学生文库》中有 13 本数学读物，包括《抽屉原则及其他》（常庚哲）、《几何变换》（蒋声）、《凸函数》（吴利生、庄亚栋）等。

《中学生课外读物》中有 19 本数学读物，如《集合论与连续统假设浅说》（张锦文）、《代数方程与置换群》（李世雄）、《矩阵对策初步》（张盛开）等。

由于这两套书的读者对象是中学生，特别是高中学生，所以起点比较高，有一定的深度和难度。下面由《计数》（黄国勋、李炯生）中摘选一段“切饼问题”：

一张圆薄饼，切一百刀，最多能切成多少块？为了得到最多块数，任意两刀都要在饼上有交点，而任意三刀都不能切在同一点上。当然，可以按这个要求去切一百刀，然后数数看。但是这是笨办法。要是切一千刀，一万刀，能切完再点数？当然不能这样去做，应想个好办法。

怎样计算？切一百刀，太多了。先把复杂问题简单化，从切一刀开始。切一刀，得2块；切两刀，得4块，切三刀，得7块；切四刀，得11块。好啦，先别切，看一看这中间有什么规律？一张饼，切第一刀，增加了1块；切第二刀，又增加了2块；切第三刀，又增加了3块，切第4刀，又增加了4块。这时候，规律性的东西显现出来了；切第n刀，增加了n块！是不是这样呢？如果是，那么，如何应用这个规律求出一百刀最多能切成的块数呢？

用a_n记切n刀最多能切成的块数。上面的题解思路是：

第一步，把复杂问题简单化。切一刀，两刀，看看能切成多少块。显然有$a_1=1$，$a_2=4$。

第二步，把具体问题一般化。切第n刀，看看又增加了多少块。可以证明又增加了n块，即有关系式

$$a_n=a_{n-1}+n \text{（这里 } n\geqslant 2\text{）} \qquad (1)$$

第三步，根据前两步的结果，计算切一百刀最多能切的块数，即求出a_{100}。

（1）式叫作数列a_1，a_2，…，a_n，…的递推关系式或递推公式。

在这里，作者用非常浅显的切饼问题，讲述了如何使用经验归纳法得出递推公式，更一般地解决这类问题，讲述深入浅出，思路清晰。

《小学生课外读物》则针对小学生和初中生的心理特征写得富有情趣，其中，数学部分共22种。比如《漫谈近似分数》（陈永明）、《1，2，3，……》（谈祥柏、许广湘）、《漫游勾股世界》（吴深德）、《数学游戏》（唐世兴）等。

各地的出版社不仅出版以介绍知识为主的数学科普读物，还注重出版一些研究数学思想的科普书籍。如1978年上海人民出版社出版的《科学发现纵横谈》（王梓坤）、1987年科学出版社出版的《数学思想方法纵横论》（解恩泽、赵树智）等。

数学家，北京师范大学王梓坤教授写了一本影响很大的科学小品集——《科学发现纵横谈》。全书文字清新，笔调流畅，观点鲜明。在这本书中，“王梓坤纵览古今，横观中外，从自然科学发展的历史长河中，挑选出不少有意义的发现和事实，努力用辩证唯物主义和历史唯物主义的观点加以分析总结，阐明有关科学发现的一些基本规律，并探求作为一个自然科学工作者，应该力求具备一些怎样的品质”（苏步青语）。比如，该书有一节为“物体下落、素数与哥德巴赫问题——再谈演绎法”。作者在文章开头就提出：“严密、准确、透彻的演绎思维往往可以导致惊人的结果。”接着作者举出两个例子来说明演绎法的重要性，一个是伽利略用十分简单的推理法，揭露出亚里士多德论断的矛盾性；另一个是欧几里得证明素数有无穷多个。关于后一个问题，王梓坤写道：

问题：一共有多少个素数？

欧几里得回答说：有无穷多个。他的证明很简单：如果说只有有限个，那么，就可把它们统统写出来，记为p_1，p_2，…，p_n，此外，再没有更大的素数了。然而

$$p_1 \times p_2 \times \cdots \times p_n + 1$$

或者是一个素数，它显然比一切p_1，p_2，…，p_n都大；或者它包含比它们都大的素数因子。不论哪种情况，总有更大的素数存在。这样便发生了矛盾。因此，只有有限多个素数的假设是错误的。这个证明再简单也没有了，在数学中叫作构造性证明。欧几里得的证法真是出奇制胜，一针见血，闪耀着智慧的光辉。你不是说素数全都在此，再也没有了吗？他却立即给你找出一个，使你张口结舌，无言以对。

此外，在一大批科普杂志和报纸上也经常登载一些数学科普文章。在全国比较有影响的有：《少年科学画报》（北京少年儿童出版社）、《我们爱科学》（中国少年儿童出版社）、《少年科学》（少年儿童出版社）以及《科学画报》等。

总结从20世纪70年代中期到80年代，这十几年我国数学科普创作，可以说无论是从品种上、质量上还是数量上都是空前繁荣兴旺的。1980年仅少年儿童科普作品就出版了276种，以后的几年中年出书量也保持在200种以上。

从20世纪70年代中期到80年代我国数学科普创作的几个特点

从20世纪70年代中期到80年代是我国数学科普创作繁荣兴旺的时期，表现出如下三个特点。

一、重视学龄前儿童的数学启蒙教育

现在，世界各个工业发达国家都很重视0～6岁儿童的智力开发。实践证明注重儿童早期智力开发，对他们将来的成长起着重要作用。由于教育学和心理学上不断有新的理论出现，因而对学龄前儿童的数学启蒙教育也有一些新的方法。

瑞士著名心理学家皮亚杰针对0～6岁的儿童，考察他们对数学的印象和直觉，通过大量的实验发现：许多孩子对“一根木棍的长度与这根棍摆放的位置无关”这一事实不易理解，他们总是认为横放着的木棍长，竖放着的木棍短。孩子们还认为三个大苹果比三个小红枣多。因此，对学龄前儿童只限于教他们数数是不够的，应该注意对孩子抽象能力的培养。

心理学家通过研究发现，人的大脑存在的潜力还远远没有得到开发。美国心理学家布鲁姆认为，一个人智力发展最迅速的时期是在5岁之前。如果以一个人在17岁达到的智力水平为标准的话，那么他在4岁时的智力发展已达到50%，7岁达到80%。可见，对学龄前儿童进行早期数学教育，培养儿童的抽象能力和计算能力以及对几何形体的识别能力都是非常有益的。

基于上述认识，我国多家少年儿童出版社出版了大批数学启蒙读物。这些读物面对学龄前儿童，大多以画为主，画面漂亮，颜色鲜艳，很适合儿童的情趣。如获1988年“金钥匙奖”的《娃娃智力开发童话》，是由中国科普创作协会少儿专业委员会主编，北京少年儿童出版社出版。这套丛书中的数学部分，是以生动有趣的童话形式，向孩子讲述了数的组合、相邻数、长和短等数学概念。比如，它以“搬新居”来介绍相邻数：山羊分到了7号房子，小熊分到的房子在山羊的隔壁。小熊心想，我住山羊的隔壁，山羊住7号我一定住在8号。谁想到，小熊一推开8号房门，大老虎从里面跑了出来。老虎大叫：“我住在这儿，你来捣什么乱！”原来6号、8号都和7号相邻，小熊应该住在6号房子。这套书在如何利用童话、向学龄前儿童讲解数学概念方面做了有益的尝试。

二、数学科普读物形式的多样化

过去我国数学科普作品以小品文为主，侧重于说理。进入20世纪80年代，数学科普作品的形式有了较大的变化，出现了多样化的趋势。

有关智力测验、数学游戏的书很受欢迎，如尹明等编的《智力测验大全》（北京少年儿童出版社，1984年版）、李毓佩等编的《数学游艺会》（北京少年儿童出版社，1985年版）、裘宗沪编的《趣味数学三百题》（中国少年儿童出版社，1981年版）等。通过游戏、智力测验这种形式，把数学和娱乐、比赛融为一体，便于读者接受，对于少年儿童，这种形式更为重要。17 世纪英国教育家洛克说："教导儿童的主要技巧是把儿童应做的事也都变成一种游戏似的。"少年儿童通过做数学游戏，可以培养对数学的兴趣，启发他们掌握数学的学习方法。当然，迷恋数学游戏的还不仅仅是少年儿童，许多成年人也喜爱它。比如，世界著名的科普杂志《科学美国人》每期都有一道有一定难度的数学游戏，它吸引了世界各国许多数学爱好者。此外，许多著名的数学难题也常带有数学游戏的性质，比如"四色问题""七桥问题""三十六军官问题"等都可以编成数学游戏来做。

过去，童话一向被视为数学的禁区。因为数学的一大特点是抽象性，而童话是情节离奇的文艺作品，二者相距较远，不好结合。但是，这个界限被突破了，陆续出现了一批受欢迎的数学童话。比如，获"第二届全国优秀科普作品奖"一等奖的《有理数无理数之战》等。

数学图画的出现，是进入 20 世纪 80 年代以来数学科普创作的一个新品种。以《少年科学画报》所刊载的数学连载故事为例，它们连续 8 年，每年都推出一个新的故事，如《小眼镜历险记》《数学洞探奇》《孙悟空学数学》《数学王子和鬼算国王》，等等。《少年科学画报》在两年一次的读者评奖中，数学图画故事每次都名列前茅。为什么数学图画如此受欢迎呢？现在人们学习和工作都很紧张，他们只能利用茶余饭后的闲暇时间进行课外阅读，而图画是一种受欢迎的形式。看图画，既可作消遣，又可以学到一些知识。日本每年出版的连环画品种多，数量大，从成人到小孩都可利用等车或坐车的时间看连环画。数学图画正好突出了这个特点。

数学图画是数学科普工作者与画家共同合作的产物。数学科普作者先把一些数学原理、数学方法编成故事或童话，再经画家精心绘制，就成为一组数学图画。数学图画的读者面很宽，大一点的读者可以看图学数学，小一点的读者如果看不懂数学内容可以看故事。

数学谜语、数学相声、数学动画片等也都是近年来很受欢迎的科普形式。

三、重视对科技人员知识的更新

随着科学技术的发展，科技人员面临着知识更新的问题。在知识更新问题上，科普读物可以起一定作用。张景中研究员说："我在学习一门新的数学分支之前，总愿意找一本介绍这个新分支的数学科普读物看看，使我对这个新的数学分支先有个全面的了解，再学习时目的就明确多了。"

现代科学技术的发展是非常迅速的。据统计，从 1976 年到 1986 年这 10 年间，科学技术的发明和发现，比过去 2000 年的总和还要多，而从 1987 年到 1997 年这 10 年的新成就，预计要比前 10 年翻一番。另一方面，新技术从发明到实际应用的周期已大为缩短，知识的老化和新旧知识更换的速度加快。

随着科学技术的迅速发展，数学学科也有了长足的进步，出现了许多所谓边缘学科。如模糊数学、人工智能、突变理论，等等，这些理论被广泛应用于现代科学技术当中。由于研究手段的现代化，数学已深入到文学和社会科学领域之中，如使用电子计算机来研究我国古典名著《红楼梦》，等等。工程技术人员和研究人员都有必要进行再学习，他们迫切需要有关新知识、新技术的科普读物，这就是高级技术性科普读物。

对于高级技术性科普读物，除了保证其科学性、思想性和通俗化外，还要在"新""精""博""活"四个方面下功夫。"新"就是科学内容要新。"精"就是精心选材和精心设计。据统计，现在每年发表的数学论文以 10 万篇计，要在这浩如烟海的论文中精选出有代表性的加以介绍。"博"就是指这类科普读物知识面要广一些，要注意和其他学科的相互渗透。"活"是指作品中要有精辟的见解，要站得高一些，不要就事论事。

1980年之后，我国陆续出版了一些这类数学科普读物，如楼世博等写的《模糊数学》（科学出版社，1983年版），等等。其中谭浩强等人写的《BASIC语言》（科学普及出版社出版）印数超过500万册，可见社会需求量之大。

台湾和香港的数学科普作品

台湾是我国神圣领土不可分割的一部分。由于政治原因台湾和大陆长期分离，对台湾情况了解甚少。进入20世纪80年代，海峡两岸关系不断改善，文化交流日渐增多，科普书籍和杂志的交换比较频繁，加强了相互的了解。

台湾的科普书刊，20世纪70年代以前多以文字为主，黑白插图，印刷装订比较一般。进入80年代以后，在品种和印刷方面向高档次发展，相继推出几部成套的科普丛书。就目前情况来看，台湾科普读物还是翻译书较多，特别是美国和日本的科普作品得以大量翻译出版。

1966年7月台湾出版家王云五编辑出版了袖珍版本的《人人文库》，接着由台湾商务印书馆出版了《新科学文库》。从20世纪50年代开始台湾徐氏基金会出版了《科学图书文库》，现已出版千种以上，其中科普译作占相当比重。从1986年起台湾牛顿出版社推出了《牛顿文库》，现已出60多种，大多是翻译作品。

1982年和1983年，科学普及出版社先后出版了《台湾科普文选》上下集，共收62篇文章。其中数学科普文章选了5篇：

《世界上已知的最大质数》（林克瀛），

《代数学的故事》（李白飞），

《虚数的经历》（李大仁），

《方形的月亮》(曹亮吉),

《浅介线性规划》(刘佳明)。

这五篇所写的主要内容分别是:最新找到的最大质数;探讨近代代数的来源;从虚数到四元数的发展;弯月形及其他几何形化方问题;线性规划在实践中的用途。

李白飞的文章幽默有趣。比如,他把口吃的数学家塔尔塔里亚叫作“大舌头”,他把卡尔达诺的学生、数学家费拉里叫作“肥了你”。使你读起来妙趣横生,忍俊不禁。请看“卡尔达诺公式来历曲折”中的一段:

以后的几百年间,数学家一直在寻求一个公式,希望能像解二次方程一样来解三次方程。除了某些特殊的例子以外,一般的三次方程都使数学家们束手无策。在1494年,甚至有人宣称一般的三次方程是不可能有解的。幸好,有人不以为然,仍努力不懈,终于在1500年左右,意大利波隆纳地方的一位数学教授“飞了”解出了$x^3+mx=n$形态的三次方程。他并没有马上发表他的方法,因为依照中世纪的风尚,任何发现都秘而不宣,而是保留起来向对手挑战或等待悬赏以领取奖金。(我们现在来看,他这领奖金的梦想,果真如同煮熟的鸭子——飞了。)大约在1510年,他还是私下将解法告诉他的朋友Fior以及他的女婿“对他奈何”。1535年,Fior提出30个方程式向布雷沙市的一位叫“大舌头”(Tartaglia)的数学家挑战,其中包含$x^3+mx=n$形态的方程式。“大舌头”全部解出来了,并且宣称他也能解出

$$x^3+mx^2=n$$

形态的三次方程。1539年,一位当时知名的数学家卡尔达诺力促“大舌头”透露他的方法,在卡尔达诺答应守密的保证之下,“大舌头”勉强告诉他一个晦涩的口诀。1542年卡尔达诺及其学生“肥了你”在一次会晤“对他奈何”的场合,认定“飞了”的解法和“大舌头”的如出一辙,于是卡尔达诺不顾自己当初的保证(谁又能奈何他呢?),也没有

经过“大舌头”的允许，便将这个解法整理发表在他的书 *Ars Magna* 里面，这便是一般所习称的卡尔达诺公式的来历。

李大仁改写的《虚数的经历》，文字优美，擅长比喻。例如，他开始一节的小标题是“从一个弃婴谈起”。题目就很吸引人，他写道：

像许多其他数学定义一样，“虚数”的诞生也曾使得它的接生婆——数学家着实费了一番功夫才艰辛地落地。但是很不幸地，它刚下地时，并不被人家承认，就像是弃婴般的踽踽独行于数学王国里。直到后来茁壮了，逐渐表现出它的独特性质后，才执近代物理和抽象代数的中耳。从一个弃婴迁升到科学领域的祭酒，其中的历史是美丽而又动人的。

李大仁的文章善于抓住问题的要害。比如他讲述哈密顿发现四元数的过程：

“在丹辛克家中，哈密顿的双亲对他的工作感到失望，不过孩子们的关怀却很真挚。两个儿子常在早餐时问他：‘爸！你能乘三元吗?’面对着这两个小毛头的殷切厚望，他只能沮丧地摇摇头说：‘不能，我仅会加减而已。’在1843年的某个黄昏，他和妻子沿着都柏林的皇家运河散步时，突然悟道：‘三度空间内的几何运算，所要叙述的不是三元而是四元，若详述此运算，则必须将空间中的一向量转换成另一向量。同时，还需要知道四项条件：一、此向量与另一向量长度比；二、其间夹角；三、交点；四、所在平面的斜度。’”

这一段描述，指出了多元数的关键，也是最难解的乘法。这个问题是通过哈密顿的两个儿子向他提出的。接着作者通过哈密顿自己悟出的道理，讲明四元数作为三度空间内的几何运算，应该具备哪些条件。文章交代得简单明确，切中要害。

在国内比较知名的香港数学科普作家是李学数博士，他经常在香港《广角镜》杂志上发表数学科普文章。如《数学和数学家的故事》，作者以介绍数学家为主线，用散文的形式，极富感情地讲述了几位数学家的动人事迹。在“挪威天才数学家阿贝尔”一节的开头他写道：

挪威首都奥斯陆的皇家公园中有“阿贝尔丘”，园里树立着挪威著名雕塑家古斯达夫·维克朗（Gustav Vigeland，1869—1943）的著名作品——阿贝尔纪念像。

在写到阿贝尔被贫困折磨而死的情景时，作者用饱蘸感情的笔调写道：

他不止胸痛而且还吐血，他常常咳嗽而且极度衰弱，要一直躺在床上。有时他想做点数学，可是却不能提笔写东西。有时他昏迷，也像在过去的日子里生活，他谈到贫穷，谈到汉斯廷夫人对他善意的关怀。

在4月5日的晚上他感到非常痛苦，到第二天清晨和中午才稍微好转。到了下午他的未婚妻克里斯汀守候在他的床边，阿贝尔正和死神挣扎，他的神智是有些不清了：“……我要活下去！我还有许多工作没有做完。要照顾妈妈、弟弟、妹妹……克勒帮我找工作，为什么这样久没有消息？……可怜的克里斯汀，我亲爱的，我们的家是多么的远。……我美丽的姑娘，你像是春天，迎春的雏菊，你是高贵和纯洁。……我去了怎么办？……不！我会好的，春天来了，我们的日子会变好的……”

阿贝尔紧握着克里斯汀的手突然松弛了，他的张大的眼睛还含着泪水，克里斯汀伏在他身上号啕大哭，她最心爱的人已去世了。

克勒的消息来得太迟，这个世上少有的奇才就这样怀着沉重的心情离开人世间。阿贝尔埋在Froland的公墓。

读了这段文字，催人泪下，一位仅仅活了27岁的代数奇才，就这样离开了人世。李学数的文章真挚动人，别具一格。

在台湾出版的科普杂志中，登载数学科普文章比较多的有《牛顿》和《科学眼》。《牛顿》杂志主要根据日本*Newton*杂志编译出版，从1983年到1990年已出版50多期。《科学眼》是以*Quark*月刊为主编辑而成。数学杂志有《数学传播》等。

4. 外国数学科普作品的引入

我国是一个发展中国家，许多科学技术与一些工业发达国家相比，还存在不小的差距，在数学科普读物方面也是如此。像苏联、美国、日本等国出版的数学科普读物品种多、数量大、内容新、写作方法多样化，其中不少作品具有较高的水平。有的作品还被译成多种文字，在世界各国广泛流传。比如，波兰数学家施坦因豪斯写的《数学万花镜》是一部流传很广的优秀数学科普作品。

引进外国优秀科普作品是一项十分重要的工作，其意义表现在以下几方面。

一、能及时传播新的数学成就

当前，由于新的数学分支、新理论不断建立，数学工作者、科技人员及广大群众迫切需要了解新成就、新动态。国外科普书刊对新的信息能比较快地反映。我们如能做好这部分作品的引进就能取得及时传播的效果，这比起由我国科普作家消化大量有关专著后写成科普作品，在时效上往往要更快些。

二、提供科普创作的资料

外国科普作品往往使用资料十分丰富，照片、数据、表格、插图等用得很多，这些资料都是原作者从大量文献资料中收集来的。由于在 20 世纪 80 年代一些工业先进国家、电脑的普遍使用，使外国科普作者有更大的选择资料的余地。这些资料是十分可贵的，有些可以被我国科普作家有选择地加以使用，以利于提高我国科普作品的质量。

三、有利于借鉴外国科普作家的写作技巧

外国的一些著名科普作家，如苏联的别莱利曼，美国的阿西莫夫，他们不仅有扎实的基本功，吸引人的题材，还有很高的写作技巧。通过引进外国的优秀科普作品，使我们了解他们的写作技巧、风格，给我们提供了学习机会。事实证明，我国 1949 年以后成长起来的一代中青年数学科普作家，都读过大量的外国数学科普读物，有些作家还亲自动手翻译外国优秀作品。这对于我国科普作家的成长起了推动作用。

20世纪50年代引入的苏联数学科普作品

20 世纪 50 年代初期，我国首先引入的是苏联的数学科普作品。从 1953 年到 1958 年，在短短的 6 年时间，仅中国青年出版社就翻译出版了 21 种苏联数学科普作品。影响比较大的有别莱利曼的《趣味几何学》(上、下)、《趣味代数学》，别尔曼的《摆线》，马库希维奇的《奇妙的曲线》，柳斯提尔尼克的《最短线》等。

苏联十分重视科普读物的写作和出版，许多第一流的数学家、科学院院士都亲自动手撰写数学科普读物，因此，苏联的数学科普作品具有很高的水平。我国20世纪50年代和60年代初的大学生和中学生，不少人都读过苏联的数学科普作品，对这一代人数学思想的形成起了一定的作用。

提到苏联的数学科普作品，一定要提到当时苏联著名的科普作家别莱利曼。他写的《趣味几何学》《趣味代数学》《趣味物理学》《趣味力学》《趣味天文学》《趣味思考题》等作品，在苏联一版再版，中译本也受到我国读者的欢迎。

别莱利曼在《趣味代数学》第3版序言中对自己写数学科普读物的目的讲得很清楚。他说：

《趣味代数学》的目标一方面就是要搞清、重温并且巩固这些不连贯的和不踏实的知识，但是主要目标还是培养读者对代数课的兴趣。

关于写作方法，别莱利曼写道：

为了使本书的内容更富于吸引力和更有趣味，我在书里采用了各式各样的方法：取材别致而能激起好奇心的数学问题，数学史领域里有趣的涉猎，代数在实际生活上意料不到的应用，等等。

别莱利曼的作品简单明确，逻辑性很强，常以各种别出心裁的数学问题取胜。比如，在《趣味代数学》中的“迷信的骑车人”就有一定的代表性。

【题】有个人买了一辆自行车，想学着骑。这人有个毛病，就是特别迷信。他听说自行车最忌讳8字，他就唯恐自己的车牌上出现这个倒霉的8字。走在取车牌的路上，他这样盘算：不管写什么数，总跑不了0，1，2，…，9这十个数字。而十个之中只有一个8是“倒霉”数。可见碰上倒霉号的机会只有十分之一。

他的这个判断对吗？

【解】自行车车牌的号码是6位，一共有999999号：从000001，000002，……直到999999。我们来算一下，有几个“幸运”号。在第一位数字上可能出现9个“幸运”数中的任何一个：0，1，2，3，4，5，6，7，9；在第二位数字上也可能出现这9个数中的任何一个。对于两位数来说，存在着$9\times9=9^2$个“幸运”数组合。

最后他总结出：自行车车牌的“幸运”号有$9^6-1=531440$（个），只占所有号码的53%稍多一些，而不是那位骑车人所想的90%。

20世纪60—80年代引入的外国数学科普作品

从1966年到1976年，我国正进行“文化大革命”。与其他书籍出版一样，外国数学科普作品的翻译出版也是一片空白，处于停滞状态。

进入20世纪80年代以后，随着我国的改革开放，与国外的科学文化交流的增多，我国的一些出版社翻译出版了一批国外优秀的数学科普读物，取得很好的效果。与20世纪50年代、60年代引入的外国数学科普读物相比，这一时期引入的数学科普读物有如下几个特点。

（1）由单一引入苏联的数学科普作品，转为引入世界各国的数学科普作品。比如，美国、英国、法国、联邦德国、日本等国的优秀的数学科普作品都有引入。由于引入的范围扩大，使引入数学科普作品的品种、内容、写作风格以及装帧插图等都多样化，极大地丰富了我国数学科普作品的图书市场。

（2）引入外国数学科普作品的数量大幅度增加。从20世纪50年代到60年代，我国引入的中外数学科普作品只有30种左右。进入20世纪80年代，引入外国数学科普作品的数量剧增，有的数学丛书一套就是20多种，在不到10年的时间翻译出版的外国数学科普读物超过100种。

（3）引入的各类“数学丛书”明显增多。有关数学游戏的书引入的也比较多。进入 20 世纪 80 年代，一些出版社十分重视翻译出版在国外比较有影响的数学科普丛书。如美国的“新数学丛书”，英国的“自修数学小丛书”，日本的“数学智力丛书”等。由于数学游戏一类的书，很受青少年读者的欢迎，80 年代之后引进国外数学游戏的书也普遍增多。

归纳一下 1976 年以后引入的外国数学科普作品，主要有以下三种类型。

一、在国际上享有盛誉的数学科普丛书

1980 年，科学出版社翻译了英国出版的“自修数学小丛书”。该丛书是给具有中等文化程度的读者编写的一套近代数学通俗读物。该丛书自 1964 年在英国出版后又多次再版。

这套丛书共翻译出版了 10 多本，计有:《大家学数学》《测量世界》《数型》《勾股定理》《统计世界》《集合、命题与运算》《数学逻辑与推理》《曲线》《拓扑学：橡皮膜上的几何学》《概率与几率》《向量基本概念》《有限数学系统》《无限数》《矩阵》等。

这套丛书在每一本书的前面都有一段“在你开始读本书之前”，写得很有趣。比如，在《勾股定理》的前面写道:

我们这本小册子是为了让你可以分享别人在研究时曾享受到的一种快乐。学习数学，就像听一个神秘的故事，又像进一个洞穴去探险，可以获得一种奇异的感受。这里，有许多数学中的奇境、难题、技巧和有趣的概念。我们希望你用这本书在数学方面进行一些探索的时候，将会为发现一些新颖的思想而兴高采烈。

你不能像看小说那样来读这本书。首先，应慢慢地读。要养成随时预备着纸和铅笔的习惯，该用就用，毫不迟疑，以便帮助你去弄清一些含糊的概念。

如果你读第一遍时并不完全理解每一句或每一段，不必沮丧，要有耐心。再做点练习，画画图，完成书中的作业，你就能比较容易地弄清书中概念的脉络了。

这套丛书很注意可读性和趣味性，语言浅显易懂。比如，《勾股定理》中“发现一个奇妙的新数”一节写道：

毕达哥拉斯数的讨论可能会使你认为希腊人所关心的主要是整数间的关系。事实上并非如此，虽然毕达哥拉斯和他的学生们被整数间的关系迷住了，他们还认为世界上的一切事物都可以用整数来描述，以至于人们称他们是“整数”，但是当找不到符合一个整数的平方等于另一个整数的平方的2倍这种关系的两个数时，他们承认受到了挫折。

传说，毕达哥拉斯学派对于存在一个不能用两个整数相除来表示的数，很不安，以至于他们想对此保密。据说，毕达哥拉斯学派中的一个人（希帕斯），因为将这个秘密告诉了外人，他就被同伙扔在水里淹死了。

1982年，科学普及出版社翻译出版了日本千叶大学教授多湖辉编写的一套数学智力丛书。该丛书在日本已出版6集，各集都再版了1000次以上。我国翻译出版了其中4集：《思维的训练》、《天才的智慧》、《打通思路》和《环球旅行》。

关于这套丛书的写作目的和特点，多湖辉说：“最近一些人，尤其是青年，好像是患了脑动脉硬化症似的，脑子迷迷糊糊，很不灵活。不论是入学考试，还是就业考试，只追求记忆力发达，而忽视想象力、创造力，这是一个严重的问题！”他又说：“本书是为了激活人的思想而编的。是较好的一套谜语或难题。”“希望您在规定的时间内，认真思考，继续读下去。读完它，可能有助于您解除一些思想束缚，脑子逐渐活跃起来。”

这套书的写法很新颖。比如《天才的智慧》一书，作者在书中假设了许多名人的房间，有帕斯卡的房间、牛顿的房间、卓别林的房间、福尔摩斯的房间，等等。在每个房间里有若干道名人出的题目，限定时间回答。比如在牛顿房间里，画家达·芬奇出了一道题：

“人们都知道我是一个美术家，可我曾经也是一个科学迷。有一次我曾设想：用几个砝码在天平上能不能称出从 1 克到 40 克的全部整克数的质量呢？我再三考虑，用 4 个砝码就可以了。请问我该用 4 个多少克的砝码呢？（时间限制：8 分钟）”

这套丛书编得生动有趣，许多趣味题目对培养读者的想象力和创造力都有很好的作用。

1983 年，北京大学出版社组织北京大学数学系部分教师，翻译出版了美国的“新数学丛书”。这套丛书的编写始于 1961 年，已陆续出版了近 30 种。北京大学出版社翻译了其中的 16 种。计有：《拓扑学的首要概念》《从毕达哥拉斯到爱因斯坦》《科学中的数学方法》《数学中的智巧》《有趣的数论》《连分数》《不等式入门》《几何不等式》《几何学的新探索》《几何变换》（Ⅰ、Ⅱ、Ⅲ、Ⅳ）《选择的数学》《早期数学史选篇》等。

这套丛书的作者大多数是该领域中的著名学者，他们学术造诣精深，热心普及数学教育，因此能高瞻远瞩、深入浅出。这套书的选题既不是介绍某些有趣的数学问题，也不是传授专门的解题技巧，而是向一般读者系统地介绍一些与近代数学有关的专题。涉及的数学分支很多，如代数、几何、分析、拓扑、概率、计算机，等等。

这套书在“致读者”中提醒说：“各书的难易程度不同，甚至在同一本书里，有些部分就比其他部分更需要全神贯注才能读懂。虽然读者要懂得这套丛书中的大多数书，并不需要多少专门知识，但是他必须动一番脑筋。”

可见，这套书并不像数学课本那样，知识内容是循序渐进的，要求读者把每一部分内容都学懂。由于数学科普读物的读者面宽，知识的容量大，读者可以先读懂其中的一部分，另一部分留待今后仔细研究，或找数学水平比较高的人指导学习，这有利于提高读者的数学水平。

“新数学丛书”还强调“做”数学。每一本书都包含一定数量的数学问题，其中有些需要较深入的思考。一边读书、一边做题会越来越体会到数学的趣味性。

《有趣的数论》代表了这套丛书的写作风格。该书有一节叫“日期的星期数”。文章写道：

天文学和年代学中与周期性有关的许多问题可以用数论的概念来陈述。我们这里将只给出一个例子：确定一个给定的日期的星期数。这些星期数本身是以周期7重复，所以代替常用的名称我们可以给每一个星期数以一个数目：

星期日＝0，星期一＝1，

星期二＝2，星期三＝3，

星期四＝4，星期五＝5，

星期六＝6。

当我们这样做以后，每一个整数就对应一个星期数，即它的全数所确定的那一个星期数。

假若我们有这样一个可喜的情况：一年中的天数可被7整除，那么，所有的日期（不计年份）在每一年中总有同样的星期数，这样，日历的编制将变得简单，而日历出版商的生意就将大大减少。然而，一年的天数是

$$365\equiv 1 \pmod 7。$$

而闰年的天数为

$$366\equiv 2 \pmod 7。$$

这表明对非闰年来说，一个给定日期（不计年份）的星期数 W 将在下一年增加1。例如，某一年的1月1日星期日（$W\equiv 0$），那么在下

一年将是星期一（$W\equiv1$）。这并不复杂。但是，这种简单的规律当遇到闰年时就被破坏了。

文章给出了求星期数 W 的公式：

现在假定我们有一个给定的日期：第 N 年 m 月 d 日，这里，年份数

$$N=C\cdot100+Y$$

C 是世纪数，Y 是在这一个世纪中的年份数，月份数 m 按上面的规定计算。那么可以证明：这一日期的星期数可由同余式

$$W\equiv d+\left[\frac{1}{5}(13m-1)\right]+Y+\left[\frac{1}{4}y\right]+\left[\frac{1}{4}C\right]-2C(\bmod 7)$$

来确定。公式中出现的方括号表示不超过这个数的最大整数。

例　珍珠港日，1941 年 12 月 7 日。这里

$$C=19,\ Y=41,\ m=12,\ d=7,$$

所以　$W\equiv7+31+41+10+4-38\equiv0(\bmod 7)$。

即这一天是星期日。

1984 年，四川教育出版社编辑出版了一套《数学小品译丛》，这套丛书译自美国数学协会“多尔恰尼数学介绍性著作”丛书。主要有《数学瑰宝》(一、二、三、四)、《数学探索》(苏格兰咖啡馆数学问题集)、《极大极小》《数学史菁华》。

关于这套丛书的特点，在该书的前言中说：“本丛书的选题既要求清新的口语风格，也要求引人入胜的教学内容。预期，各卷都有丰富的习题，很多卷还附有解答。”

与前面几套丛书相比，这套丛书的内容比较新，难度也比较大。比如，著名的“果园问题”“⊿曲线”“组合分析的重要性”等都有一定难度。尽管数学知识讲得还比较通俗、有趣，也要“有数学才能的中学生”才可以看懂。

1976 年以来，由于翻译出版了美国、日本、英国等一些工业发达

国家的科普读物，给我国的读者和数学科普作者以学习的机会。开阔了眼界，了解了信息，对繁荣我国的数学科普创作帮助很大。

二、翻译了一批世界著名科普作家的作品

我国除了注意引进外国优秀数学科普丛书外，还翻译出版了一批世界著名的科普作家的作品。如I.阿西莫夫写的《数的趣谈》(上海科学技术出版社，1980年版)、G.盖莫夫写的《从一到无穷大》(科学出版社，1978年版)、马丁·加德纳写的《啊哈！灵机一动》(上海科学技术文献出版社，1981年版)、乔治·波利亚写的《数学的发现》(内蒙古人民出版社，1980年版)。

艾萨克·阿西莫夫是美国科学文艺和科学普及大师，他的作品深受美国和世界人民的欢迎，人们称他为“整个时代的作家”。截至1988年上半年，他已出版了375本书，这些书放在一起比他本人还高出一截。阿西莫夫的作品对我国读者也有很大影响，他的巨著《科学导游》已在我国广泛流传。

阿西莫夫20世纪初出生在俄国的一个小城镇，3岁时随父母迁居美国纽约市的布鲁克林。他的父亲是三家糖果店的老板。父母整天忙忙碌碌，根本没有时间照顾他，使他几乎变成了孤儿。但是，聪明好学的阿西莫夫自幼就有很强的自信心。他的学习成绩远远超过同班同学。

阿西莫夫的父亲不准他看淫盗恐怖的书，他就专心致志地阅读科学幻想小说。正像他自己后来说的：“年轻时读科学幻想小说，长大以后，比较有可能从事科学工作。”阿西莫夫19岁获理学学士，21岁获文学硕士，28岁获哲学博士学位；到了35岁，他就任于波士顿大学医学院的生物化学教授。

阿西莫夫15岁时，已进入哥伦比亚大学学习。那时他就对文学产生了浓厚的兴趣，很快学会了写短小故事。18岁在一家名叫《惊奇故事》

的科学幻想杂志上发表了他的第一篇科学幻想小说。以后，随着岁月的流逝、知识积累和兴趣扩展，他的作品内容丰富多彩，包罗万象，如数学、心理学、文艺评论、侦探小说、诗歌、幽默、美国历史、科学幻想、圣经、天文学、教科书……正当许多青年人为毕业后寻找职业而四处奔忙时，他出版了自己的科学幻想故事集《黄昏》，并且成为畅销书。那时他刚 21 岁。

阿西莫夫凭借自己的聪明才智，自己设计了自己。当他还在波士顿大学任教时，他就断言："自己的前途是在打字机上，而不是在显微镜下。"他回忆道："我明白，我决不会成为一个第一流的科学家，但是我可能成为一个第一流的作家。做出选择是很容易的，我决定做自己能够做得最好的事情。"他以惊人的速度进行创作。在他的脑海里，同时酝酿着的创作题材至少有三四个。他每星期要写出一本书，如《注视宇宙的眼睛》《一部望远镜史》《原子核的秘密》《原子内幕》《坍缩中的宇宙》，等等。他的科幻小说《基础三部曲》，多年来备受公众推崇，1966 年获特别雨果奖。他的作品可以称为现代百科全书。

1980 年上海科学技术出版社出版了由洪丕柱、周昌忠翻译的阿西莫夫数学科普读物《数的趣谈》（原书名为《阿西莫夫论数》）。从 1959 年起，阿西莫夫就每月给《幻想和科学小说杂志》撰写一篇科学专栏文章，他以不拘形式的笔法涉及了各门学科，内容深入浅出，文笔情趣横溢，许多深奥的科学道理经过他的表述，就获得了引人入胜的效果。每次当他为杂志写完 17 篇文章时，美国双日出版公司就将这些文章汇编成单行本出版，已经出版了 10 多册，共收集了 200 多篇文章。《数的趣谈》就是从这些单行本中收集的数学文章。阿西莫夫有很深的数学造诣，文章潇洒飘逸，擅长比喻，自成一家。他在《感叹号!》中写道：

我可以告诉你，爱情中的单相思可真是件令人痛苦的事。事情是这样的：我爱数学，而数学却对我完全是冷酷无情的。

我自信数学的基础知识倒还掌握得不错，但一到需要敏锐的洞察力的时候，她就去另觅新欢，对我不感兴趣。

我对这一点很明白，因为间或我有兴致操起纸笔探究一些伟大的数学发现，但我所取得的结果迄今只有两种：①完全正确的发现，但却已陈旧过时；②完全是创新的发现，但却是谬误百出。

比如说（就举所得第一种结果的例子来说吧），当我还在很年轻的时候，我就发现，连续的奇数之和是连续的平方数，即：1=1，1+3=4，1+3+5=9，1+3+5+7=16，等等。但不幸的是，毕达哥拉斯早在公元前500年就得出了这个结论；我想，某一个巴比伦人早在公元前1500年就知道这一点了。

第二种发现的例子可举费马大定理。两三个月以前，我正好在思考这个问题，突然有一丝灵感闯进我的天灵盖，使我豁然开朗。我能够以极简单的方法来证明费马大定理！

当然，这里我们不要以为阿西莫夫在胡言乱语，他对数学史很有研究，他完全了解费马大定理的难度。他这样是和读者开个小小玩笑，作为文章的开头。阿西莫夫写这篇文章的主要目的，是讲数e形成和介绍阶乘。关于阶乘，阿西莫夫写得也十分有趣，他说：

你们都读过多洛锡·塞尔斯的小说《九个裁缝》吗？我在很多年前曾读过这本书，这是一部谋杀小说，但书中所讲的谋杀、人物、情节以及其他内容我都已忘得一干二净，只记得其中的一件事，这件事与“打钟游戏”有关。

显然（我是在读那本书的时候慢慢地得出的），在打钟游戏中，我们从一组可以打出不同音调的钟着手，每人拉着其中一口钟的绳子，依次打响这些钟：do，re，mi，fa，等等。接着，大家再以不同的次序打响这些钟。

他接着写道：

让我们用感叹号来作为钟的符号，（!）表示钟舌，这样我们就可以把一口钟写成 1 !，把两口钟写成 2 !，余者类推。

若钟数为零，则只有一种打法——不打，因此 0 ! = 1。钟数 1（假定有钟的话，则此钟必打），也只有一种打法——"当"，因此 1 ! = 1。若钟数为二，即 a 和 b，则有两种打法：ab 和 ba，故 2 ! = 2。

尽管阿西莫夫年近 70 岁，写作热情不减当年。最后他说：

目前，我正在写一本名叫《复仇女神》的小说，一部名为《科学轨迹》的科学史，其篇幅比出版商预定的要大得多，一本关于亚原子物理学的书。我每周为《洛杉矶时报》一个专栏写一次科学方面的文章。每月为科学幻想小说专栏供一次稿，并为我自己的《艾萨克·阿西莫夫的科学幻想》杂志写社论和各种各样的小说及杂文。哦，还有一个数学史图表。

马丁·加德纳是美国当代著名趣味数学家，是《科学美国人》杂志的编辑和"数学游戏"栏目的主要撰稿人之一。他编的数学游戏，有较强的科学性和浓厚的趣味性。

《啊哈！灵机一动》是马丁·加德纳的代表作，这本书 1978 年在美国出版。全书分为组合、几何、数字、逻辑、过程和文字六个方面，共计 65 个问题。该书涉及的范围很广、横跨现代科学的一些重要分支，如拓扑学、运筹学、数论、图论、概率论、人工智能，等等。该书特别重视计算机科学的许多基本概念和原理，如二进制记数法、奇偶校验、斯坦纳树、数据分类处理，等等。

为什么叫《啊哈！灵机一动》这个古怪的名字呢？马丁·加德纳在前言中说："起初，某一定理的证明是一篇长达 50 多页的论文，密密麻麻全是专门的推理，但数年后，另一个不出名的数学家忽然灵机一动，发人之所未见，只用寥寥数行就做出了简洁优美的题解，现在心理学家称之为'啊哈'反应。"这真是一旦领悟，由不得"啊哈"一声，书名由此而来。

《啊哈！灵机一动》中的问题都很有趣。下面摘选“奎贝尔的动物”这一小段：

这是久违的奎贝尔教授。

奎贝尔教授：我又为你们想出了一个问题。在我饲养的动物中，除两只以外所有都是狗，除两只以外所有都是猫，除两只以外所有都是鹦鹉，我总共养了多少只动物？

你想出了吗？

奎贝尔教授只养了三只动物：一只狗、一只猫和一只鹦鹉。除两只以外所有都是狗，除两只以外所有都是猫，除两只以外所有都是鹦鹉。

《从一到无穷大》一书的作者乔治·盖莫夫并不是一位数学家，而是俄国血统的卓越的理论物理学家、著名的天体物理学家，“宇宙大爆炸”学说的创始人之一。这里所以要提到他，是因为乔治·盖莫夫还是一位优秀的科普作家，他写过20多本科普读物，被翻译成多种文字在各国的群众、科学工作者中广为流传。

乔治·盖莫夫写的科普读物有一个特点：敢于使用数学工具。许多科普读物，往往害怕数学的“枯燥”和“艰深”而不敢使用它，只局限于做定性的概念描述。《从一到无穷大》恰恰相反，全书都用数学贯穿起来，并讲述了许多新兴的数学分支的内容。比如，在第一章大数中有如下一段：

来，让我们算算看，为了得到所有字母和印刷符号的组合，该印出多少行来。

英语中有26个字母、10个数码（0，1，2，…，9），还有14个常用符号（空白、句号、逗号、冒号、分号、问号、叹号、破折号、连字符、引号、省略号、小括号、中括号、大括号），共50个字符。再假设这台机器有65个轮盘，以对应每一印刷行的平均字数。印出的每一行中，排头的那个字符可以是50种可能性当中的任何一个，因此有50种可能性。对这50种可能性当中的每一种，第二个字符又有50种可能性，因此共有50×50=2500（种）。对于这前两个字符的每一种可能性，第三个字符仍有50种选择。这样下去，整行进行安排的可能性的总数等于

$$\overbrace{50\times50\times50\times\cdots\times50}^{65\text{个}}$$

或者50^{65}，即等于10^{110}。

要想知道这个数字有多么巨大，你可以设想宇宙间的每个原子都变成一台独立的印刷机，这样就有3×10^{74}部机器同时工作。再假定所有这些机器从地球诞生以来就一直在工作，即它们已经工作了30亿年或10^{17}秒。你还可以假定这些机器都以原子振动的频率进行工作，也就是说，一秒钟可以印1015行。那么，到目前为止，这些机器印出的总行数大约是

$$3\times10^{74}\times10^{17}\times10^{15}=3\times10^{106}。$$

这只不过是上述可能性总数的$\frac{1}{3000}$左右而已。

看来，想要在这些自动印出的东西里面挑选点什么，那确实得花费非常非常长的时间了！

三、翻译出版了国外的数学游戏书籍和著名数学家传略

许多人都喜欢数学游戏，1980年以后我国翻译和编译了一批国外的数学游戏书籍。翻译的《数学万花镜》，这本书是波兰数学家施坦因豪斯写的。该书曾于1951年由开明书店根据1949年的俄文版由裘光明翻译付印。后来，施坦因豪斯在1950年和1960年的两次英文版中又做了大量的增补，内容也重新做了安排。裘光明根据1960年的英文版重新译出。

《数学万花镜》是一本以独特的方式介绍数学知识的书。它以图形、图片和模型（照片）等为主，辅以必要的说明，生动地讲述了数学各个

领域里的事实和问题。该书是一本高级数学科普读物，读者对象是大学数学系学生和高级专门人员。

施坦因豪斯在“增订版序”中说：“作者想用本书证明些什么？这有两点：①数学是和现实世界而不是和纯属人为的疑难问题相联系的；②数学是广泛的普遍的，不管如何遥远，在现实世界中都不存在这样的角落，真正的数学会拒绝把人们引向那个地方。”

施坦因豪斯书中有许多生动而又深刻的见解。比如用粘补矩形的方法证明$\sqrt{2}$是无理数；从蜂房的结构谈到镶嵌图案等。

1982年，科学技术文献出版社出版了由《科学美国人》编辑部编著的《从惊讶到思考——数学悖论奇景》（李思一、白葆林译）。该书是一本妙趣横生的悖论专集。全书分逻辑学悖论、概率论悖论、关于数的悖论、几何学悖论、统计学悖论和关于时间的悖论六章。

所谓悖论，就是说如果一个命题由它的真可以推出它的假，而由它的假又可以推出它的真，这个命题就构成了一个悖论。自古以来，悖论就和数学的发展紧密相连，比如公元前500年古希腊的诡辩大师芝诺提出的“阿基里斯追不上乌龟”“飞矢不动”等悖论，尖锐地向人们提出了如何认识“连续”？著名的“伽利略悖论”向人们提出了无穷集合中部分和全体的关系；以至到近代的“罗素悖论”提出了集合论定义的内在矛盾，等等。悖论揭露数学中的矛盾，逼迫数学家去思考和解决这些矛盾，在某种意义上讲，悖论促进了数学的完备和发展。

该书的每一章通过十几个生活中经常遇到的小故事，以非常浅显的语言和方式提出各种不同的悖论，用近400幅图画和风趣的文字加以说明，使该书有很强的趣味性和游戏色彩。下面摘录其中的“鳄鱼和小孩”一节：

M：希腊哲学家喜欢讲一个鳄鱼的故事。一条鳄鱼从母亲手中抢走了一个小孩。

鳄鱼：我会不会吃掉你的小孩？答对了，我就把孩子不加伤害地还给你。

母亲：呵、呵！你是要吃掉我的孩子的。

鳄鱼：唔……我怎么办呢？如果我把孩子交还你，你就说错了。我应该吃掉他。

M：鳄鱼碰到了难题。它既要把孩子吃掉，同时又得将孩子交还给母亲。

鳄鱼：好了，这样我就不把孩子交给你了。

母亲：可是你必须交给我。如果你吃了我的孩子，我就说对了，你就得把他交回给我。

M：拙劣的鳄鱼懵了，结果把孩子交还给母亲，母亲一把抱住孩子，跑掉了。

鳄鱼：奶奶的！要是她说我要还回她孩子，我就可美餐一顿了。

1983 年，凌启渝编译了一本《数学游戏》(天津科学技术出版社，1983 年版)。该书选自美国著名科普杂志《科学美国人》中《数学游戏》专栏的有趣题目。这本书中的题目往往看起来很简单，但是想正确解答却要费一番周折。比如，该书的第 36 题“好莱坞传闻”：

“据说好莱坞有一个奇特的明星团体，共有六个成员。每个明星和其他五位中的某个人不是亲得火热，就是很有成见，而且，在这个六人团体中，找不到三个人，相互之间是极其友好的。

“请你证明，在这个六人团体中，至少可以找出三个人，他们相互之间都有成见。”

1984 年，湖南科学技术出版社出版了由芮嘉诰等翻译的《200 个趣味数学故事》。该书的作者是英国人亨利·E. 杜登尼，他在西方被誉为近代趣味数学的开山祖之一，最伟大的趣味数家作家。《200 个趣味数学故事》原名叫《坎特伯雷难题集》，这个名字与《坎特伯雷故事集》

有关，而后一本是世界文学名著。作者是借用故事体裁来介绍以趣味数学为主的各种智力难题，意图是编写一木“智力世界的今古奇观”。

杜登尼擅长把趣题、典故、传说、故事揉在一起，编出的题目生动有趣，十分引人。比如，“柏拉图和九”这个问题。他写道：

无论是古代还是现代都把9描述成具有神秘的性质。例如：我们知道9个缪斯（掌管文艺、音乐、天文等的九位女神）、哈迪斯（冥神）9条河和伏尔甘（火神）历时9天从天上落下。其次存在神秘的迷信，人人都做9件成衣；如众所知，有9大行星，猫有9条生命（有时也说9条尾巴）。

大多数的人在普通算术中碰见过数9的某些奇怪的性质。例如，你写下一个包含你想要的数目的任意数，把这个数的数字加起来，并且用这个数减去所得的总和。在这新的数中数字之和总是9的倍数。

从前某一个时候在雅典住着一位富人，他是位算术能手且信神。

作者接着讲了这位算术能手访问柏拉图的故事，在故事中柏拉图给他出了一道难题：用三个9表示20。这道题可难倒了这位算术能手。他接着写道：

……这一位高龄的数学爱好者致力于这个问题已达9年之久，而且有一次在9月9日的这一天早上9点钟从9级台阶掉下来，磕掉了自己9个牙齿，这以后经过9分钟就死去了。值得回忆，9是他的幸运数。

1976年以来，我国还翻译出版了几位著名数学家的传略。如《牛顿传》(伯幼、任荣译，科学普及出版社，1979年版)、《希尔伯特》(袁向东等译，上海科学技术出版社，1982年版)、《莱布尼茨》(张传友译，中国社会科学出版社，1987年版)。

这些传略注意对数学家性格的刻画，注意对重大事情的描述。比如，《希尔伯特》中描写1900年8月8日希尔伯特在第二次国际数学家代表大会作《数学问题》报告的神态，这是数学发展史上重要的时刻。书中写道：

这天上午，一位不到四十岁模样的人登上了讲坛。此人中等身材，矫健敏捷，宽广的前额引人注目。已经光秃的头顶，疏朗地余留着淡红色的发丝。高高的鼻梁上架着一副眼镜。不大的连鬓胡。略显散乱的唇髭下，一张丰满的大嘴，同细巧的下巴形成对照。明亮的蓝眼睛，透过闪亮的镜片射出纯真而又坚定的目光。这位讲演者，虽然外表朴素无华，他那刚强的品格和卓越的才智所酿成的气氛，却吸引着每一个听众的心。

由于由我国作家编写的外国数学家传略很少，所以翻译一批外国数学家传略是十分必要的，这对于我们了解和研究外国著名数学家的生平、性格，从事数学研究的情况，对数学的贡献等都有很大的帮助。

5. 数学科普作品的创作

要写出好的科普作品，关键在于作者的学习和实践，靠作者自己的探索和创造。

数学论文常有一定的格式，而科普文章则是“文无定法”，如果按照数学论文的形式去写科普文章，必然是形式呆板，内容难有新意，更难做到生动活泼。

科普文章也不同于教案。教案也有一定的格式，它主要是讲授、分析数学概念和方法，可读性不强。

科普文章写的是科学的内容，采用的是文学手法。因此，科普作者既要有坚实的数学基础，又要有较高的写作水平，二者相辅相成，缺一不可。

创作的基础

科普写作是一种创造性劳动，只有具备一定的创作基础，才能写出好的科普文章。特别是对于初学者，更要注意打好基础。

刚开始从事科普创作，一般要从模仿、习作入手。我国老一辈的科普作家、教育家董纯才在《从模仿到创作——我写科普读物所走过的道路》一文中，谈到自己的创作道路。董纯才是从翻译法布尔、伊林的科普作品开始的。后来模仿法布尔、伊林的写法来写科普作品。文章写多了，逐渐形成了自己的写作风格，步入了独立创作的道路。

大量阅读古今中外的优秀数学科普作品是必不可少的。通过阅读才能了解这些科普作家不同的写作风格及特点，才能了解数学科普作品的写作规律。阅读中要认真思考，设想如果自己来写这部作品，应该怎样构思，怎样表达。比如，阅读华罗庚写的《谈谈与蜂房结构有关的数学问题》，中外科普文章中讲蜂房结构的已经为数不少了，华罗庚又谈这个老问题会有哪些新见解呢？华罗庚所写的这篇文章从一开始就与众不同，他不是急于讲解蜂房的具体结构，而是写了“有趣”“困惑”“访实”三节。在“有趣”一节中，他摘引了数学科普读物中有关蜂房结构的材料，也就是说，谈了一些别人的看法。接着作者以自己的感受提出了一系列问题，作者感到“困惑”！一位大名鼎鼎的数学家都感到“困惑”，这个问题该多么有吸引力！作者并没有因为蜂房问题是个不起眼的小问题而置之不理，而去向昆虫学家虚心求教。这种开头是所有写蜂房问题的文章所没有的，使读者感到有趣、吸引人、亲切。

鲁迅说得好，他说：“文章应该怎样做，我说不出来，因为自己的作文是由于多看和练习，此外并无心得和方法的。”

模仿不等于照抄照搬，而是吸收别人的优点为我所用，是向优秀作品学习的过程。

在多看的同时还要多练。数学科普创作的主要任务，是把抽象的、符号化的数学变成广大群众乐于接受的、生动的文章。科普创作的练习可采取以下办法：

可以把一篇数学家的学术报告，或一篇写给大学师生看的高级科普作品，改写成具有初中文化水平就能看懂的初级科普作品；

把内容相关的几篇科普作品加工改写成一篇科普作品；

把一篇外国数学科普作品改写成中文作品，等等。

在阅读和练习的基础上，可以动手试着进行创作。创作前要准备好材料，根据自己的构思去组织材料。刚开始创作时不要贪大求全，要提倡写千字以内的短文。要力争篇幅不大，把问题说清楚。

材料的准备

材料是创作的基石。创作的构思来源于材料，构思形成之后，根据创作的需要有目的地去搜集材料，在搜集材料的过程中不断丰富和完善你的构思。因此，积累丰富的材料，是创作科普作品必不可少的条件。

一、材料的来源

数学科普创作的材料来源是多方面的。数学史就是很重要的材料，向读者介绍某一个数学分支也好，讲清某个数学概念和方法也好，都离不开产生它们的历史背景。比如勾股定理，在我国史书上都提到是我国首先发现的。可是，国外的许多书上则认为这个定理是古希腊数学家毕达哥拉斯最早发现的，把它叫作毕达哥拉斯定理，简称毕氏定理。要想把这个问题在科普文章中说清楚，必须占有大量的、可靠的数学史料。数学史料不仅可以帮助我们弄清许多历史事实，还为我们提供了大量的创作素材，比如“古代三大几何难题”“幂字的来历”“函数的演变”“数学的三次危机”，等等。

要注意搜集数学家的传记和数学故事。数学科普创作少不了要提到各个历史时期的数学家，比如阿基米德、牛顿、高斯等。对一些著名数学家的生平、工作、贡献以及轶闻趣事等都要掌握。对一些重要定理发表的时间、地点，以及发表在什么杂志上，都要搞得一清二楚，这样才能保证科普作品准确无误。数学故事本身就很吸引读者，比如“七桥问题”“36 军官问题”“希尔伯特旅馆”，等等。搜集大量的数学故事，除了提供创作素材，还可以学习各种民间数学故事的写法。

在搜集史料时，要注意鉴别真伪，注意比较各种不同的说法。比如，牛顿出生的年代，有的书上写的是 1642 年，有的书上写的是 1643 年，究竟哪个对呢？必须要搞清楚。原来牛顿所处的时代英国采用旧历即古罗马皇帝恺撒制定的历法，直到 1725 年英国才改用新历即罗马教皇格列高利十三世制定的历法。旧历较新历迟 12 天，牛顿的生日按旧历计为 1642 年 12 月 25 日，按新历计则为 1643 年 1 月 4 日。再比如，数学家高斯早慧。他念小学时就会用求等差数列前 n 项和的方法，计算从 1 一直加到 100 的和。高斯晚年也幽默地说：“在我会说话之前，就会计算了。”关于高斯的早慧有这样一个传说：据说高斯在不满周岁时，有一次母亲抱着他去买菜。卖菜人算错了账，多收了他母亲的钱，结果高斯在他母亲怀里大哭不止。直到卖菜的人把多收的钱还给了他母亲，高斯才破涕为笑。有的人以此传说来证明高斯在不满周岁时，已经会计算。这个传说就值得研究，高斯当时为什么哭？后来又为什么笑？这些都搞不清楚，缺乏应有的证据。这类缺少根据的传说不能用在科普作品中。

如果你是一名数学教师，你要注意搜集学生在数学学习中容易产生的问题，以这些问题为素材写成的科普作品，是很受学生欢迎的。比如，《$-a$ 是负数吗?》《a 和 $-a$ 哪个大?》《零只是表示没有吗?》，等等，都是以学习中经常出现的问题为素材写成的。

要注意搜集数学最新成果和最新进展。现代的数学科普作品要求材料新、观点新，不能局限于古老的几何、代数、算术的范围内。比如，关于“费马问题”研究的最新进展；用电子计算机算出的最大素数；π的求值等。近几十年，数学进展十分迅速，许多遗留了几百年的数学难题被解决了。比如，著名的“四色问题”是1878年正式提出的，经过了差不多1个世纪的努力问题也没有得到解决。1976年，美国数学家阿佩尔和哈肯使用高速电子计算机才得到了肯定的答复。这些数学上的最新进展，也是数学科普创作的宝贵素材。

除了数学本身的材料需要积累，还要注意搜集非数学专业的知识和数据。由于数学科普作品涉及的面很宽，天文、地理、生物、物理等学科的有关材料有时也需用，因此，数学科普作家应该是个杂家，应该具备各方面的知识，这样，写出来的作品才能丰富多彩。

二、材料的整理

搜集的材料越多，就有一个分类和整理的问题。整理的目的是为了使用，以保证材料的可靠性。

每一份材料都应抄录原文，对该材料的作者、发表于何种杂志或书籍、发表的时间。抄录之后还要和原文核对，防止抄错。对一些图像、照片可以复印保存，也要注明出处。

材料分类方法很多，比如，可分为数学史、数学家传略、数学家的话、算术、代数、几何、现代数学、数学最新进展、趣话和轶事，等等。

有的人强调自己的记忆力好，不肯花时间和力气去搜集材料。单凭记忆是不行的。记忆只能提供线索，只有文字或图像的记载才能提供可靠的依据。生物学家达尔文说：“一点也不要去相信自己的记忆，因为在某一个有趣的对象以后，又会有一个更加有趣的对象紧接着跟来的时候，记忆就会变成不可靠的保藏者了。”

保存材料的手段很多，比如，抄录在卡片上，抄录在分类本上，剪贴，等等。总之，以自己使用方便为原则。

创作的过程

创作一篇科普作品，一般要经过选题、构思、取材、写作、校改等步骤。虽然在实际创作时不一定能清楚地划分出这些步骤，但是，它确实是科普创作的必经之路。

一、选题

选题就是把准备写什么内容确定下来。选题是创作的第一步，也是最重要的一步。选题是否恰当，将直接影响后面的创作过程。

选题首先要考虑到社会的需要。比如中、小学生在数学学习中容易产生哪些问题？他们哪些知识还需要深化和扩展？又比如，计算机正在普及，关于计算机的原理、功能、使用方法应该向群众介绍什么？这些都可以作为选题。

其次，选题要考虑自己的主观条件，不要去从事自己力所不及的创作。作者所写的题材，一定是自己所熟悉的，应该从自己知识和生活的积累中产生。比如，你想介绍一个新的数学分支，如果你对这个分支的内容还不很熟悉，就不要选择这样的题材。

最后一点是，选题一定要严肃。一些伪科学的题材，虽然表面看起来十分“有趣”“吸引人”，也不能去写。比如，有一套所谓“星座法”卡片。这套卡片把一年的时间分成12份，每份分别与一个星座相联系，然后说明什么月日出生的人，属于什么星座，就可以知道他的个性、吉利、幸运等，如，吉利星期：星期六；吉利数字：4、8；吉利日子：4、

8、13、17；幸运颜色：蓝色，等等。这些都是带有迷信色彩、哗众取宠、迎合一部分人的不正当的需要。

二、构思

构思就是对“怎样写”进行总体设计。长篇科普作品或一本书的构思，要制订写作提纲。构思的好坏是影响全篇的大问题，关系到作品的优劣成败。如果构思不好，即使在写作技巧上花再大的功夫，也难写出好作品。

在构思时，要注意以下几点：

1. 主题思想明确

主题思想是科普作品的主干，作品的内容要围绕着主题思想来展开。材料的取舍，也要服从主题思想的需要。一篇成功的数学科普作品，必然要从不同的侧面去阐明主题思想，这样才显得内容丰满、充实，有较强的说服力。如果只从一个方面去讨论主题，文章往往显得片面、单薄，力度不够。华罗庚写的《从杨辉三角谈起》，在“写在前面”中谈到了这篇科普作品的主题思想，他说：“我们既不钻进考证的领域，为这一图形的历史多费笔墨，也不只是限于古代的有关杨辉三角的知识，而是从我国古代的这一优秀创造谈起，讲一些和这图形有关的数学知识。”围绕这个主题，华罗庚介绍了二项式定理、开方、高阶等差级数、差分多项式、逐差法、堆垛术、混合级数等数学知识。好像以杨辉三角为线索，串联起由13颗明珠组成的一条“数学项链”，内容丰富，多而不乱。

科普创作中要防止背离主题的写法。有时作者对某一问题有偏好，就不顾主题思想而一味向这个问题扩展下去，结果离题太远，这是科普写作中的一大忌。

2. 贵在创新

数学科普作品，是向群众普及在数学上已经成熟了的知识，而不是去进行数学研究，如果仅从数学内容上去求新，很不容易。数学科普作品的求新，主要靠构思新颖来达到。

数学上的很多问题过去都有人写过。比如，“古代三大几何难题”“七桥问题”“费马大定理”，等等。如果想再写这些问题就不能走别人的老路，要构思出新的写法。比如“集合”这个概念，很多人都写过了。但是，在《帮你学集合》中，作者张景中首先提出了一个问题“你的脸在哪里?”，接着通过一个6岁小孩和他姑姑的对话，研究这个小孩的脸在哪里? 尽管小孩一会儿指指自己的鼻子、一会儿指指自己的腮帮子、一会儿指指自己的眼睛，但是始终没有找到自己的脸在哪儿。最后姑姑告诉他说：“把我的鼻子、腮帮子、嘴巴、眼睛、前额、下巴颏儿……放在一起，就是我的脸。”在这个讨论的基础上，作者引出了“在数学里，当我们把一些事物放在一起考虑时，便说它们组成了一个‘集合’!”张景中这种写法，构思新颖，前人没有这样写过，是作者在构思上的创新。

3. 引人入胜

“文似看山不喜平。”有的科普作品不能引人入胜的主要原因，是缺少情节、缺乏情趣。数学的一个特点是抽象。高度抽象化的数学语言，符号化的语言，给一般人的印象是数学非常枯燥、难懂。但是，数学最初的面貌并不是这样的，它来源于生活，来源于科学研究和生产实践，它是具体的、丰富的、活生生的，只是随着数学本身的发展，经过高度的抽象变成了现在的样子。许多数学概念、数学定理的产生都是几经周折的，有许多有趣的故事。比如，在讲著名的“费马大定理”时，可以介绍一下“费马大定理”产生的过程：费马有个习惯，他读书时喜欢把读书心得、灵感，随手写在书的空白边上。一次，费马在读古希腊数学家丢番图的《算术》时，看到了丢番图对方程 $x^2+y^2=z^2$ 多少组正整数解的讨论。他灵机一动，在书底页的空白处写了几行旁注：“另一方面，不可能把一个立方数表示为两个三次方数之和。一般来说，一个次数大于2的方幂不可能是两个同次方幂之和。我确实发现了这个奇妙的证明，但是书的页边太窄了，写不下。”多么可惜！仅仅因为空白处太窄，写不下，而使这个由费马于1621年提出的问题至今没有解决（1994年，数学家的努力终于获得了成功，英国数学家安德鲁·怀尔斯成功地证明了费马大定理，并于1998年获得了菲尔兹奖。——编辑注）。如果能由此引出著名的“费马大定理”，就把这个问题写活了，就能写得生动有趣。“七桥问题”“36军官问题”也都有很生动的故事可写。

如果把一篇数学科普作品，写成像教科书那样，从定义到定理，从定理到例题，没有情节、没有故事，就失去了科普作品的特点，作品很难成功。

4. 逻辑严谨

一篇数学科普作品，从具体写法上看，具备形象思维的特点，便于广大读者接受；从文章总体结构来看，则要充分发挥逻辑思维的作用，使读者看到的不是材料的堆砌，而是一个前后紧密相连的统一整体。读者通过阅读科普作品，得到的不仅是一大堆材料，而能在思想上有所提高。2000多年前，古希腊的数学家欧几里得就是使用了逻辑的锁链，把当时数量众多的几何定理串联起来，写出了传世名著《几何原本》。

一篇数学科普作品总是要提出问题、分析问题和解决问题。表现在写文章上就是怎样起头，怎样展开，怎样结尾。成功的科普作品，开头要能够一下子抓住读者，引起读者的兴趣和好奇。有的作者在文章的开头部分，先来个“安民告示”，把要讲的内容先预告给读者，使读者往下读时心中有底。华罗庚在《从孙子的“神奇妙算”谈起》的开始部分写道：“我准备先讲一个笨办法——‘笨’字可能用得不妥当，但这个方法是朴素原始的方法，算起来费时间的方法。其次讲解我国古代原有的巧方法。然后讲这巧方法所引申出来的中学生所看得懂的东西——面目全非，原则则一。这样发现同一性，正是数学训练的重要部分之一。

最后谈谈这个问题所启发出来的一支学问——同余式理论的简明介绍。”作者给了读者一根线，顺着这根线读者就能主动地读下去。“好的开头是成功的一半”，说明写好科普文章的开始部分是很重要的。

文章如何展开，如何结尾，在构思时同样要做全面的考虑。

元代文人乔梦符说：“作乐府亦有法，曰：凤头、猪肚、豹尾六字也。”意思是说，文章开头要像凤凰那样，引人爱看；文章中间部分要像猪肚子那样丰满结实；文章结尾要像豹子尾巴那样有力。从启迪读者思维角度看，凤头是引思，猪肚子是深思，豹尾是再思。三者是一个整体。

古人李渔说：“在开卷之初，当以奇句夺目，使之一见面惊，不敢弃去。”充分说明文章开头部分的重要性，但是，文章的中间部分才是文章的主体部分。中间部分可以从四个方面入手来写是什么（说明事物）、为什么（说明道理）、为了什么（说明目的）、用途或怎么办（说明方法、手段）。使读者不仅知其然，也知其所以然。结尾部分或做到画龙点睛、或激发读者探索数学奥秘的热情、或“言有尽而意无穷，余言尽在不言中”，给读者留下思考或咀嚼的余地。

5. 文好题一半

有人把标题比喻为文章的眼睛。一篇文章最先映入读者眼帘的就是标题。一个好标题会吸引读者去读文章的全篇，如果标题不好，尽管文章写得很好，也容易失去读者。

设计标题时，可采用以下几种方法：

用提问的方式，激起读者的阅读欲望。如《为什么要规定算术根?》《a和$-a$究竟哪个大?》。有时读者没有产生这个问题，但是通过提问式的标题，可以引起读者对这个问题进一步去思索。

用警告的方式提出标题。如《留神算术根》《无理数的谋杀案》。这类标题容易引起读者的注意。

开门见山，直笔点题。如《古代三大几何难题》《指数概念的扩充》。

这种标题使读者很容易了解文章要讲述的内容。

用辑录的方法列出题目。如《古代名题集》《数学之最》《中国古代数学的世界冠军》。

用幽默的语言作为标题。如《啊哈！灵机一动》《从惊讶到思考》《阿基里斯追不上乌龟》。

采用比喻的方法写出标题。如《数学天方夜谭》《打开几何的大门》。

采用拟人的方法给出标题。如《孪生兄弟——正数和负数》《小数点大闹整数王国》。

用排比的方法列出标题。如《分数·比·比例》。从标题就可以清楚地看出，这篇文章是讲分数、比、比例三者的区别和联系。

三、取材

构思好比是文章的骨架，而材料才是文章的血肉。作者必须占有大量的材料，才有可能写出好的数学科普作品。

在材料的选取上，要注意以下几点。

材料一定要可靠。不可靠的材料，尽管新奇引人，也不能选用。一些数学史上有争议的材料，选用时要谨慎。

材料要具体。一般化的描述，抽象的形容，很难建立起准确的数学概念。文章必须通过具体的公式、图表、数字才能把事物的质和量表达出来。只有具体才可能形象生动。

材料的使用，要裁剪得当。有些初学写作的人，容易犯一种毛病，就是把搜集来的材料硬往作品中塞。认为材料越多，作品的内容越丰富；材料越多，给读者的东西也越多。这样做的结果，往往适得其反，过多的材料会冲淡主题，使作品的重心偏移。大量的、相近的材料，或者与主题关系不大的材料，会使读者弄不清楚作者究竟要说明什么。

取材要考虑读者的实际水平。一篇数学科普作品总是写给某个文化层次的人看的，作者所选用的材料一定要适合读者的数学水平。如果是一篇写给小学生读的科普作品，那么在作品中出现负数、无理数等名词和概念就不合适。小学生都看不懂，不管作者自认为写得多好，也不是一篇成功的作品。

四、写作

对作品进行了构思、取材之后，就可以动手写作了。数学科普作品讲的是数学内容，采用的却是文学的表现手法，这就要求作者既具备数学基本功，又具有语言基本功。

数学科普写作，是以准确无误地表达需要普及的数学知识为目的的。但是，作为科普作品，要求有一定的写作技巧，文字要通顺、优美，情节要生动引人。不能认为具备了数学专业知识，就能写出数学科普作品。有的数学工作者也想进行科普创作，终因语言不过关未能如愿以偿。

数学科普读物的写作技巧，主要是通俗化和形象化的技巧，大致有以下几个方面：

1. 由浅入深，由个别到一般

人们对数学规律的认识，总是从个别到一般，由浅入深的，数学科普写作一定要遵循这个认识规律。比如，华罗庚在《从杨辉三角谈起》一书中，讲到了开方。他先讲开平方，引出等式$(a+b)^2=a^2+2ab+b^2=a^2+(2a+b)b$，接着讲到开立方，引出等式$(a+b)^3=a^3+3a^2b+3ab^2+b^3=a^3+(3a^2+3ab+b^2)b$。接着华罗庚讲道：“从理论上说，有了杨辉三角，就可以求任何数的任意高次方根，只不过是次数愈高，计算就愈加繁复罢了。”最后又举了一个开 5 次方的例子。这种从个别到一般，从浅入深的写法非常成功。

数学科普读物不能一味求浅，“浅”的目的是由浅入深。如果一部作品只在浅处徘徊，就不能引导读者深刻理解数学的实质，也不能使读者的认识达到一定的高度和深度，从而失去了数学科普读物的价值。“入深”要到什么程度呢？一般来说，要使读者“踮着脚尖能够得着”。如果作品内容太深，会使读者感到高不可攀，读者对该篇作品失去兴趣；如果作品内容太浅，会使读者感到智力负荷不足，也诱发不出读者的兴趣。那么，“深”“浅”如何搭配？“深”的部分占作品的比例多大才比较合适呢？有人根据有关资料，运用模糊数学的原理进行分析，认为“深”的部分占15%为宜。当然，每人的写作风格不同，文章写法各异，不能千篇一律地按这个百分比去作要求。

2. 从多方面诱发读者的兴趣

17世纪法国著名数学家帕斯卡说：“数学这一学科是如此的严肃，最好不要失去机会把它弄成略为趣味化。”数学科普文章写作时可以从以下诸方面去诱发读者的兴趣：

以满足读者的需要来引起读者的兴趣。由于读者正需要这方面的知识，而该部科普作品正是谈这个问题的，读者就有兴趣把这部作品读完。

以读者有所得来引起兴趣。“兴趣产生于知，只有知之深，才能爱之切。”读者通过科普作品对数学知识、数学方法有所得，就会产生兴趣，所得愈多，兴趣愈大。比如，谭浩强等人写的《BASIC语言》一书发行量达500万册，这一方面反映出由于计算机的普及，人们对计算机语言的需要；另一方面也说明了读者读了这本书之后，可以立即应用到电子计算机上去。由于读者需要，读后有所得，因此得到广大读者的欢迎。

以新成果和新信息来引起兴趣。读者往往对数学的新分支、新进展感兴趣。比如，模糊数学究竟是一种什么数学？以精确闻名的数学怎么还允许“模糊”？又比如，数学家没完没了地计算π值，其目的何在？数学家又算出哪个更大的素数？等等。抓住读者对这些新东西的好奇，以诱发读者的兴趣。

以文中提出的问题和疑点来引起兴趣。思考问题、探索真理是读者的乐趣。作者在文章中善于提问，巧设疑点，可以激发读者为解开疑点而积极思维的兴趣。比如，《从惊讶到思考》一书中提出了一个“蠕虫和橡皮绳悖论”：

“一条蠕虫在橡皮绳的一端，橡皮绳长 1 千米。蠕虫以每秒 1 厘米的稳定速度沿橡皮绳爬行。在 1 秒钟之后，橡皮绳就像橡皮筋一样拉长为 2 千米。再过 1 秒钟后，它又拉长为 3 千米，如此下去。蠕虫最后究竟会不会到达终点呢？ 10 个读者大概有 10 个人会回答：不会到达终点。可是作者十分肯定地说，可以爬到终点！”

作者的回答让读者意外了，先是不信，接着就产生疑问，非要把这个问题弄清楚不可，这里作者就十分巧妙地设置了一个疑问。

3. 恰当运用比喻，揭示数学本质

有人说：“比喻是思想的翅膀。”也有人说：“巧妙的比喻可以传神。”事实上，比喻是帮助读者接近数学概念的好方法，贴切的比喻可以浅显生动地揭示事物的本质。

科学巨匠爱因斯坦是一个善于运用比喻的艺术大师，他谈到代数时说：“代数嘛，就像打猎一样有趣。那藏在树林里的野兽，你叫它作 x，然后一步步地逼近它，直到把它逮住！”阿西莫夫在《数的趣谈》中，用打钟来比喻阶乘，也使读者感到很亲切。

运用比喻还可以给抽象的数学概念以形象的说明。“映射”是数学中一个比较抽象的概念。张景中在《帮你学集合》一书中，是这样来介绍映射的。他说：

“小孩子开始学说话的时候，往往有一个重大的发现：原来世界上万物都有名称。于是，他产生一种强烈的愿望，要知道他所见到的一切东西的名称。因为不知道名称，就无法说话，就没法提各种要求。这是什么呀？——椅子；这是什么呀？——汽车；这是什么呀？——小猫。知道了名称之后，他往往心满意足，好像知道了这个世界的一切。什么是名称呢？这是实物集合到声音符号集合的映射。”

通过这一段文字，作者把映射以名称做比喻，十分形象生动。

巧妙的比喻固然可以帮助人们理解事物的本质，但是任何比喻都有它的局限性。比喻只能表示两种事物在某几点上的相似，而不可能完全相同。在使用比喻时，要注意几个问题：

比喻一定要贴切，不贴切的比喻再生动也不能使用；

要拿读者熟悉和喜爱的事物做喻体，做喻体的事物与读者经验关联愈紧，愈能引起读者的兴趣。

好的比喻要能唤起读者的想象力，我国著名作家老舍说：“比喻是生活知识的精巧的联想。”比如，有人把微积分比喻成“一曲无限交响乐”，使人们联想到微积分是处理无限的工具。

4. 借助虚拟手法，启发读者想象

科学研究中，为了弄清楚错综复杂的各种现象之间的关系和变化规律，常常要设计一些实际上并不存在的条件或模型。比如，物理中的刚体、理想气体，数学中的光滑曲线等，目的是简化问题的条件、突出问题的实质。

在数学科普作品中，有时也需要设计一些在现实生活中根本不存在的，甚至是十分荒谬的虚设条件来形象地说明数学问题的实质。比如，设计一个没有零的世界，在这个世界里由于没有零，引出了一系列的问题。数学童话《不对称世界》，讲的是小主人公小毅来到了一个不对称世界，由于失去了一切对称的因素，给小毅带来了极大的苦恼。作者在文中写道：“小毅小心翼翼躺在一边高一边低的床上，枕着一头高一头低的枕头。他拉了一条被子盖在身上，想起这条被子一定不是长方形的，因为长方形是对称图形，这里是不存在的，就把被子胡乱盖在身上。一阵喧闹声把小毅吵醒了，他一翻身，忘了是躺在不对称的斜床上睡觉，结果一轱辘滚到了床下。小毅爬起来一看桌上的钟，怎么不认识？小怪人看小毅对着钟发愣，就解释说：‘我们这里的时间也和你们不一样，白天 11 个小时，其中上午 6 小时，下午 5 小时；夜晚 15 个小时，其中前半夜 8 小时，后半夜 7 小时。’小毅惊奇地说：‘你们连时间也不对称。怪不得我看不懂这个钟呢。’”

对称是生活中处处可见的。由于它随时可见，有时我们反而没有察觉它的存在。作者用虚拟的手法，使读者更深刻地感到对称在现实生活中的重要性。

5. 恰当地使用照片和插图，使内容形象化

精彩的照片和插图，常常可以收到文字叙述所达不到的效果。提到数学插图，首先要提及的是荷兰著名画家埃歇尔（1898—1971），他是画坛一怪杰。他的画不是在外部视觉中吸取美感，而热衷于对规律性、数学结构、连续性、无限性的追求。他在一条前人没有走过的路上辛勤地探索着。数学上的“牟比乌斯带”是 19 世纪德国数学家牟比乌斯，第一次应用这种带子表明拓扑学的一些观点。1963 年埃歇尔创作了木刻画《牟比乌斯的带子Ⅰ》（图 1），用蚂蚁在牟比乌斯带上爬，生动地刻画出它的单面性。

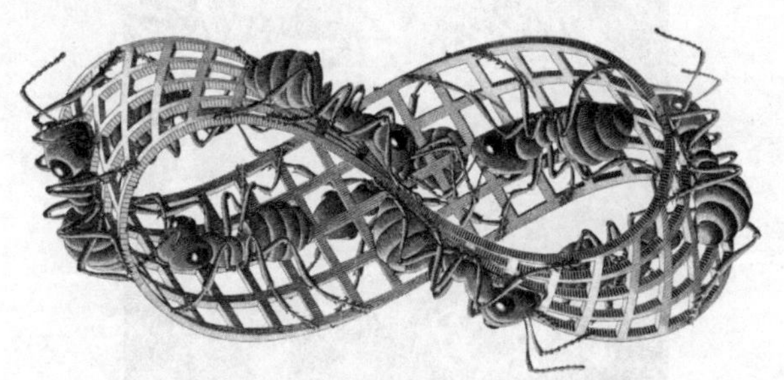

图1　牟比乌斯的带子Ⅰ（木刻，1963年）

德国 19 世纪数学家牟比乌斯第一次应用这种带子是为了表明拓扑学上的一些观点。即用一个很长的长方形纸条，把两头扭转 180° 粘起来，于是这条带子只是一条边和一个面。就是说，你想在这条带子的外面涂

颜色，结果你却把整个带子的内外都涂上了颜色。

九只大蚂蚁爬在这条带子的不同面上，如果你沿着蚂蚁爬的路线找下去，只能找到一个面。如果在这条带子的纵向中央将其一剪为二，许多人认为这将分离为两条带子，然而不，带子没有分离，仍然只有一条，只是长了许多而已。

埃舍尔于 1948 年创作了木刻画《星》(图 2)。古希腊数学家早在 2000 多年前就知道，世界上只存在着 5 种正多面体。他们给这 5 种正多面体加上了神秘的色彩，把正四面体命名为火，正八面体命名为气，正二十面体命名为水，正六面体命名为土，正十二面体命名为宇宙。埃歇尔在木刻画《星》中对这 5 种正多面体做了尽情的发挥，给人们留下了无尽的想象。这些精彩的图画，给数学一个新的面貌。

图2 星（木刻，1948年）

千言万语不及一张图。一些抽象的数学原理，有时读者可以从一张图中得到启示。比如，电子计算机的主要组成部分以及各部分的功能，如果一部分一部分来讲，难以形成一个整体的印象。画一张示意图，把各部分的功能用图形象地表示出来，可以使读者一目了然。

数学科普读物中的插图常见的有两种：一种是数学本身的技术性插图，比如几何图、函数图象等，这种插图要求规范、准确；另一种是用比喻或虚拟手法画的形象化插图。这种插图以漫画形式居多，经画家的艺术再创作，使画面幽默有趣，吸引读者。由于画家对数学不一定很熟悉，作者应向画家提出构想，并提供有关的素材。

数学科普读物中的插图和照片，能够提高读者识别信息的效率。心理学家的研究结果表明，同一事物表达的方式不同，识别的速度也不一样：

用语言（文字）描述使人识别假设需要 2.8 秒；

用线条图描述使人识别需要 1.5 秒；

用黑白照片描述使人识别需要 1.2 秒；

用彩色照片描述使人识别仅需要 0.9 秒。

重视数学科普作品的插图，使图文融为一体，可起到相得益彰的作用。

6. 提倡创作个性，形成自己的独特风格

什么是风格？风格就是作家、艺术家在创作中所表现出来的艺术特色和创作个性。

由于数学科普作者的生活经历、个性特征、表现手法不同，写出的作品也各具特色。比如，华罗庚的数学科普作品，论古道今，语言幽默，富寓哲理；刘薰宇的数学小品富有生活气息，善于挖掘数学内在的趣味性；别莱利曼以一个又一个的趣味题贯穿全书，问题由浅入深，引人入胜。

作者要形成自己的风格，首先要敢于创新。从写法上、表现形式上、语言上都要有自己独特的东西，不能一味去模仿别人的作品，要区别于前人的作品，给人以新鲜感。

数学科普作品要讲求文采，要注意从文学作品中学习写作技巧和写作风格。言之无文，行之不远，不能只停留在“讲明白”这一水平上，要力求文笔优美、具有艺术感染力。

要想成为一名优秀的科普作家，不应该把读者当作口袋，一味向读者灌输数学知识。要以自己的作品去启迪读者对数学的喜爱和追求，要交给读者开启数学知识宫的钥匙。

一个作者要形成自己的写作风格是不容易的。一定要多写、勤写，不断总结、不断提高、不断创新，才有可能形成自己的特色。

五、校改

有些科普作者有个习惯，写完作品并不急于发表，而是先把作品放一放。因为一篇构思好了的作品，待写出来后，作者又可能有新的想法，对原有的构思需作新的修正。有的科普作者介绍说，文章写出来以后，自己要多读几遍，通过反复读，可以发现文章的毛病或不足。如果作者自己读起来就不通顺，缺少情趣，那么读者读的效果就可想而知了。

唐代大诗人贾岛对作品反复推敲的精神是值得我们学习的，古今中外的著名作家也无不在修改文章上大下功夫。美国现代作家海明威说：“等我要校阅我所写的东西时，我就坐在安乐椅上，这个舒服的姿势，容许我勾去一切在我看来多余的东西。”法国名作家福楼拜告诉自己的学生莫泊桑说：“写一行就得准备九行来改。”

除自己修改文章外，还可请别人删改。一方面可以请专家们来审查、修改，以保证科普作品的科学性，同时提出一些更新的材料来丰富作品，另一方面可以请科普作家来审阅，以对作品的总体结构提出意见；最后，请科普编辑帮助修改也是必要的，许多老编辑有非常丰富的经验，他们的意见和建议对作品质量的提高通常是很有益的。

数学科普作品的校改，可以从以下几方面入手：

1. 压缩或补充内容，进一步深化主题

俄国大文豪阿·托尔斯泰说：“写得好的本领，就是删掉不好地方的本领。”我国大文豪鲁迅说：“竭力将可有可无的字、句、段删去，毫不可惜。宁可忍痛地将小说的材料缩成速写，决不将速写材料拉成小说。”

对已经写出的作品要舍得删减，要手下无情，啰唆是写作的大敌。数学科普作品应注意突出文章的主题，一味使用材料，把作品变成材料的堆砌是写作时易犯的毛病，遇到这种情况，一定要精选材料，保留那些最能说明主题思想的素材，切记不能以为材料越多越好。

比如，要写一篇方程演变的文章，文中自然要提到几位对方程研究做出贡献的数学家，如丢番图、塔尔塔里亚、卡尔达诺、阿贝尔等。在介绍他们的时候，不应把他们在数学上所有成就都写进去。如果这样写，必然会喧宾夺主，削弱主题。

数学科普创作过程中不要有这样一种错觉，认为作品里材料越丰富，越能说明作者有学问、水平高。衡量一篇数学科普作品水平的高低，绝不是以材料多少为标准，与主题关系不大的材料是无用的。

2. 进一步核实材料

不要以为书上印的材料都是绝对确凿无误的。有时由于个别排字工人的失误，会把 10^{10^2} 排成 10^{102}，把 $\log_2 3$ 排成 log23，等等。因此，在引用材料和数据时，要反复核对，多查几本书。

外国数学家的名字各书的译法也不一样。比如 17 世纪法国数学家帕斯卡，有的译成巴斯卡，有的译成巴斯嘉，还有的译成巴斯加尔。在译名没有统一之前，应该选择比较通用的译法。

为使作品能反映最新的数学成就，应该注意选用最新的度量衡单位，过去书上沿用的单位如尺、斤、里等，应该用新的统一单位去替换。

3. 文字进一步润色

将自己的作品多读几遍，听听能否朗朗上口，声声入耳。如果读起来不顺畅，要检查一下是否有病句，是否有晦涩的词句。在语言上不要有意去追求华而不实的辞藻。

科普作品中所用的语言，还要注意是否适合读者对象的年龄特征。

6. 数学科普作品的主要形式及创作方法

数学科普作品的内容，必须通过具体的形式表现出来。常见的数学科普作品有以下几种形式：浅说、史话、趣谈、对话、小品、童话、数学家传记、故事、游戏、图画等。后面 6 种形式又称为科学文艺形式，其主要特点是借助文学艺术手段来表现科学的内容。

浅说

浅说是数学科普作品中常见的一种形式，其特点是保持了数学原有的体系，但是回避了繁复的计算和推导，回避了一些不常见的名词和过于抽象的定理，它用生动、简明的语言通俗地介绍数学知识。这种体裁多用于中高级科普读物。

1960 年，科学出版社翻译出版了由苏联科学院通讯院士亚历山大洛夫等人编写的《数学：它的内容、方法和意义》。这是由苏联第一流数学家，用浅说形式写成的高级科普读物，共3卷，约80万字。

关于这部书的写作目的，作者在“原序”中写道：“在编写这本书时，作者们是从这样的共同愿望出发，即要向苏联知识界的相当广大的阶层介绍每个数学分支的内容与方法，它的物质基础及发展道路。估计读者只要预先具备中等学校数学课程的知识，就能阅读本书。”“原序”中还写道：“这部书应当能使读者对近代数学的情况，其发生及其整个发展的前景大致具有一个概念。”“这本书当能帮助我们的某些青年数学工作者消除他们所常有的某些眼界的狭隘性。”

下面我们就以此书为例，谈谈浅说写作的几个特点：

这部书的第一个特点是数学知识面广。它包括了初等数学、数学分析、解析几何、代数方程论、微分方程、变分法、复变函数、实变函数、泛函分析、函数逼近论、数论、电子计算机、概率论、线性代数、抽象空间、群及其他代数系统、拓扑，等等，它包括了现代数学的主要分支。读者若能把这部书从头到尾通读一遍，则可以对整个数学概貌有个了解，并对各个分支的研究对象、方法及应用有较深的认识。

这部书的第二个特点是起点低而落点高。该书各章的撰写者，都是该分支的专家或权威。他们写出的科普文章居高临下，开始部分写得生动有趣、通俗易懂，而结尾部分能反映出该分支的最新成果，以及悬而未决的问题，这是一般科普作者较难做到的。比如，第三章解析几何。在绪论中作者写道：

力学在军事行动中也是必要的。作为圆锥截线的椭圆和抛物线，它们的几何性质早在离当时将近2000年前的古希腊时代已经知道得很详细了；然后它们一直还像在希腊时代那样，只被当作几何学的对象。一到开普勒发现行星沿椭圆轨道绕着太阳运动，伽利略发现抛出去的石子沿着抛物线的轨道飞去时，就必须要来计算这些椭圆，要来求出炮弹飞驰时所画出的抛物线了；就必须要来发掘由帕斯卡发现的大气压力随高度而递减的法则了；就必须要来实地算出各种不同物体的体积了，诸如此类不胜枚举。

这一段关于圆锥截线历史的介绍，差不多人人都可以看得懂。而作者在“结束语”中讲了这样一段话：

彼得洛夫斯基证明了，如果 P 是完全不在别的卵状线内部和在偶数个卵状线内部的卵状线的个数，而 m 是奇数个卵状线内部的卵状线的个数，而且如果我们考虑完全由彼此不相交的卵状线组成的曲线，则

$$P-m\leqslant \frac{3n^2-6n}{8}+1$$

这里 n 是曲线的阶数，即是表示它的方程的次数。上述结果之所以重要，是因为直到今天对于一般形状的高阶曲线几乎是什么也不知道。这恐怕是在解析几何学中最晚得到的重要普遍定理之一。

作者在这里介绍了解析几何中最新得到的重要定理，但是，想把这个定理完全搞清楚，却不是一件容易的事。所以说，浅说的讲述方法浅显易懂，但是它介绍的有些内容却并不浅。

这部书的第三个特点是数学推导少，多以语言叙述为主。这样写就避免了数学中许多抽象的符号，繁复的证明，容易为广大读者所接受。

1986 年，科学普及出版社翻译出版了英国数学家 L. 霍格本写的《大众数学》（上、下册）（李心灿等译）。该书是以浅说形式写成的中级科普读物，曾被译成多种文字，仅在美国，从 1937 年到 1971 年就出过 4 版，共印刷 347 次。

关于这本书的写作目的，作者在第一版序言中谈道：

现在学校课堂里讲数学，太抽象化、过于注重逻辑推理和方法上的论证，因此使世界上许多聪明人腻烦了，对数学失去了兴趣，这是很遗憾的、很不应该的。因此作者从历史发展的观点，以日常生活中最浅显易懂的语言，对数学上有关分支的产生、发展与人类历史、生产和生活

的发展之间的关系进行讲解，使那些对数学曾失去兴趣的人重新感兴趣，使更多过去没有机会系统地学习数学的人了解数学。

L.霍格本在序言中，把这本书的写作动机说得很清楚。由于作者有这样的动机，以他渊博的学识和生动的语言，从最古老的记数法开始，一直讲到近代有广泛用途的微积分、概率论等，写得很成功。

浅说所介绍的大都是某个领域、某个分支的情况，涉及的内容比较广，作者必须很好地掌握该分支的精髓、居高临下、纵观全局，才能把这个领域或分支的概貌和特点写出来。浅说的作者，通常是这个领域的专家或专门人才。

运用浅说形式写数学科普作品，可以从两个方面考虑：

一、可以结合某学科或某分支的发展史来写

这样写的好处可以使读者对该学科的产生、特点、作用有个全面的了解，而不局限在该学科的几个定理上。另外，每一门学科的发展都不是一帆风顺，数学家经历了许多挫折、失败才建立起一门学科。比如微积分的创立，由于牛顿没有建立起严格的极限概念，曾被英国大主教贝克莱挑出微积分自相矛盾的部分，引起了一场数学危机。通过这次危机，才使数学家感到必须把微积分建立在一个坚实的理论基础之上，促进了微积分的核心——极限理论的产生。通过这段史实，从正反两个方面介绍了微积分最核心的东西是什么。

二、要把你要介绍学科或分支的主要内容和研究方法写出来

浅说就要使读者对你介绍的学科有个全面了解，而研究内容和研究方法是一门学科最主要的部分。但是，有些学科的内容比较抽象难懂，

这就需要作者深入浅出地把抽象内容介绍给读者，这也是浅说最难写的地方，需要作者花大力气去琢磨。可以采用比喻、类比和举例等写法来化难为易，变抽象为具体。

在文章的最后，如能指出该门学科的发展方向和前景，就更好了。

史话

以故事体裁介绍数学的发展、新数学分支的发现史等称为史话。

史话形式的作品除了介绍数学知识，还从历史角度讲述数学各分支的建立和发展，向读者介绍数学的思想方法。既可以介绍成功的典范，也可以介绍失败的反思。

尹斌庸等写的《古今数学趣话》(四川科学技术出版社，1985年版)就是用史话形式写成的数学科普读物。关于这本书的写作目的和特点，数学家柯召在序言中说：

从数学发展的历史长河中，选择一些重要的发现，青年们感兴趣的问题，用生动活泼的语言写成，对青年们很有益处。读了这些东西，不但可以丰富知识，开阔眼界，而且还可以从数学家的奋斗历程中，从他们的一些思想、见解、经验中，获得激励自己意志、启迪自己思想的成材之路。

下面，以这本书为例，分析一下史话形式的科普作品的几个特点：

一、史话中所讲的故事都是史实，不是作者编造的

《古今数学趣话》包括24篇文章，如彭塞之写的《轰动全球的四色问题》、蒯超英写的《斐波那契和斐波那契数列》、解延年写的《诞生在布洛翰桥上的四元数》、尹斌庸写的《化圆为方与超越数》，等等。这些写的都是历史上的真人真事，都是有史料可查的。

二、文章要以故事来贯穿，故事要写得生动，写法上可以充分体现作者的风格

史话中不能缺少故事。故事写得是否精彩将直接影响作品的质量。比如，尹斌庸写的《高山流水识知音——记对数的两位创始人》。作者用生动的语言，描述了布里格斯会见耐普尔的激动人心的场面：

1614 年耐普尔的对数大作发表以后，并没有立刻引起科学界的重视，却震惊了伦敦的一位数学家布里格斯。布里格斯先在伦敦格热沙姆学院当几何教授，后来又在牛津大学当天文学教授。真是“慧眼识英雄”，布里格斯一眼就看出了耐普尔工作的重大意义。他写道：“耐普尔用他新颖而奇妙的对数使我能够用脑和手来工作。我从未读过一本能够使我这样惊异和喜爱的书了。我希望今年夏天能见到他。”

1616 年夏天，布里格斯写信给耐普尔，决定亲自到爱丁堡登门拜访。从伦敦到爱丁堡千里迢迢，当时还没有火车，布里格斯乘坐马车日夜兼程前进。不料马车在途中出了毛病，无法如期到达。布里格斯在这里心急如焚，耐普尔在那边望眼欲穿，他口中一遍又一遍念道：“亨利（布里格斯）也许不会来了吧?”正在这时，忽听一下敲门声，耐普尔真是喜出望外。见面时，两人争先伸出手来紧紧地握住不放，两对喜悦的眼睛里流出了泪水。由于过分的激动，两张嘴唇微微痉挛，足足有一刻多钟，大家呆呆地站着，讲不出话来。

布里格斯会见耐普尔见之于数学史，但这一段史实在作者的笔下，变得十分生动感人，这也正是这篇作品的成功之处。

三、通过故事来阐明某些数学思想或方法

史话中大都含有故事，可是，它主要的目的不是为了讲故事，而是通过故事来阐明某个数学思想或方法。比如，谈祥柏写的《向 1000 万位进军》。作者在讲了几个计算 π 值的故事后，写了这样一段话：

π的各位数字之间，虽然毫无规律，可是人们预料，0、1、2、3、4、5、6、7、8、9十个数码应当“平分秋色”。换言之，它们的出现应当服从均匀分布的规律。事实真相究竟如何呢？让·盖尤乌芳旦娜小组一起进行了统计，结果是很有趣的。原来，在π的100万位小数中，大体上说来，各位数码的出现频率基本上相差不大，然而，也显现某种起伏。就绝对数字而言，5出现得最多，6出现得最少。各个数码的频率检定如下:

0	1	2	3	4	5	6	7	8	9
−41	−242	+26	+229	+230	+359	−452	−200	−15	+106

每个数码在理论上均应出现10万次，但实际上并不完全如此。表中数值为实际出现次数与平均出现次数（10万次）的差值，如数码7实际上出现99800次，则记为−200。

从上述一段话可以清楚地看出来，近代研究π值并不是单纯为了打破什么“纪录”，而是想找到统计规律，故事虽然是讲求π的历史，而上述一段话才是作者真正想告诉读者的东西。

近几年，我国出版的用史话形式写的科普读物为数不少。如李文汉写的《科学的发现（三）——六大数学难题的故事》，笔者写的《数学趣史》，张文忠写的《数园撷英》等。翻译的苏联史话有科万佐夫写的《数学与数学家趣话》、德普曼写的《昨天、今天和明天》等。

趣谈

趣谈也常常从故事入手，趣谈与史话不同的是，趣谈中的故事不一定是真实的，可以是作者自己编的。作者通过编写的故事来说明某个数学原理和方法。

趣谈也可以不编故事，而从日常生活中的一些现象、问题入手，结合这些现象和问题来介绍数学知识。

苏联著名科普作家别莱利曼以趣谈的形式写了好几本数学科普读物，如《趣味几何学》《趣味代数学》《活的数学》《趣味思考题》等。《趣味几何学》的第九版序言是由博·科尔提姆斯基代写的。他写道：

引起读者对于几何学的兴趣，或照本书著者的说法，引起研究它的愿望，培养研究它的嗜好，是本书的主要任务。

为了这个目的，著者把几何学“从学校教室的围墙里引到户外去，到树林里，到原野上，到河边，到路上，以便在露天下不用教科书和函数表，无拘无束地来做几何作业……”把读者的注意力吸引到列夫·托尔斯泰、契诃夫、儒勒·凡尔纳和马克·吐温的篇页上去，从果戈理和普希金的著作里找出几何问题的材料，并且，还向读者提出形形色色的练习题目，内容是很有趣味的，结果是出人意料的。

从博·科尔提姆斯基的这段话，可以概括出别莱利曼用趣谈形式写数学科普作品，有如下几个特点：

一、作者是从生活中挖掘题材，而不是从数学课本上去找现成的材料

比如，在《趣味几何学》一书中，别莱利曼讲了如何用手来测量到对岸行人的距离；讲了如何测量河水的流速；步测的本领；云层离地面多高，等等。作者就这样抓住一些很平常的事情，讲起了有趣的几何问题。

二、从一些著名作家的作品中发掘出一些几何素材，进行剖析

别莱利曼从英国现实主义小说的奠基人笛福所写的《鲁滨孙漂流记》中受到启发，看到里面有许多几何问题可以介绍。他别开生面，写

了一章“鲁滨孙的几何学”。在这一章中，讲了如何利用天空中的星星来判别方位的“星空几何学”；利用太阳、月球和星星来判定神秘岛的纬度，等等，使那些读过《鲁滨孙漂流记》的读者感到十分亲切。

三、作者在作品中不断向读者提出问题，引导读者去思考

别莱利曼书中所提的问题，看上去很平常，但结果常出人意料。比如，作者从英国的一本杂志上翻印过来一幅画，画上有一个人和供给他一生肉食的巨大的牛。别莱利曼算了一笔账：假定一个人每天平均要吃0.4千克的牛肉，那么，他一生60年中，就要吃去大约9000千克牛肉。一头牛的体重平均大约为500千克，因此，一个人一生中一共要吃掉18头牛。接着，他提出一个问题，英国杂志上的画正确吗?

读者看看这幅画，看不出有什么问题。再看看作者的计算，也觉得合情合理。但是，作者指出，画上的牛是一般牛的18倍那么高，当然也就有18倍的长和18倍的粗。因此，从体积来说，它要等于一般牛的18×18×18=5832（倍）了！像这么大的一头牛，如果这个人能够在一生中把它吃完的话，那么他至少要活2000年才办得到！这最后的结论的确出人意料。

从上面分析的别莱利曼用趣谈形式写科普作品的几个特点，可以琢磨出这种形式的常用手法。

在我国，趣谈形式的科普作品比较早就出现了。老一辈数学科普作家刘薰宇的《数学趣味》（1944年），许莼舫的《数学漫谈》（1952年）都采用了趣谈的形式。他们的科普作品有这样的特点：作者好像在和读者闲谈，天南海北，无拘无束，表面上看讲得好像漫无边际，实际上是围绕着同一个主题来谈。比如，许莼舫在《数学漫谈》一书中，借用“八仙让座”来讲排列问题。文章写道：

你们家里逢到请客的时候，不是常见客人推让座位吗？中国人向来是十二分崇尚礼节的，一张八仙桌子，不知什么人把它规定了座位的大小，朝外的一面靠左的是首位，靠右的是二位，左面靠里的是三位，靠外的是四位……每逢请客，总是你推我让，谁都不肯坐上首位，好像不如此就不足以表示你是一个懂道理的人，其实这是最无谓的虚套。你若是能打破不守时刻的恶习惯，准时赶到，免得人家空着肚子老等，比这样的无谓客套要好得多了。闲话少说，这八仙桌上坐的八个人，推来推去，横调竖调，究竟调得出多少花色呢？我们就来研究一下，这一定是很有趣味的。

许莼舫从旧时人们讲究的所谓“八仙让座”谈起，很自然地过渡到排列问题上，体现了作者从较小的数着手研究，再巧譬善喻地推及较大的数的思想，很有特色。

近年来，我国又出版了一批用趣谈形式写的数学科普读物，如孙兴运写的《数系趣谈》、陈永明等人写的《数学天方夜谭》、卢正勇写的《游迷宫中的数学》、谈祥柏编的《数学百草园》等。我国还翻译了以趣谈形式写成的外国科普作品，如阿西莫夫的《数的趣谈》、仲田纪夫的《数学之谜》等。

对话

古代的科学著作常应用对话形式或问答形式来写作。我国最早的一部数学天文专著——《周髀算经》，完全是用对话一问一答的形式写出的。其中有一段陈子对数学的对象、方法以及学习数学应有的态度等方面的讲解，很有启发。

荣方问陈子说：“据说——太阳的高大，太阳光照射的远近，太阳的运行……凭您的所学都可以知道，这可是真的吗？”

陈子答：“对。”

荣方问：“像我这样的人也可以学一学吗？”

陈子答：“当然可以。凭您已学过的算法就足以进行所有的计算了，只是还需要认真的思考才行。”

荣方想了几天，仍是不得要领，又跑来请教。陈子对他解释说：“这是你思想还没有熟练的缘故。……算法的道理，叙述起来很简单，应用却是很广泛的。那是因为人们有‘智类之明’，说是人们懂得了一类的事理，就能够推知各种各类的事理，所谓‘问一类而以万事达’，能够举一反三，触类旁通，才能算是真正的‘知道’。”

伽利略的名著《关于两种世界体系的对话》，也是用对话形式写成的。用对话形式来写科普读物最成功的，要首推法国生物学家法布尔。法布尔塑造了保罗大叔，通过保罗大叔和他的几个侄女、侄儿对话来介绍生物学的基础知识。我国现代数学科普读物也有采用对话形式来写的，比如刘后一写的《算得快》，是通过高商和他的同学们在学校的活动，以对话形式介绍了各种运算的技巧。

对话形式的数学科普作品有哪些特点呢？

一、能充分发挥作者的主导作用

作者在设计对话时，能够按照主题的需要安排内容，不受情节的限制和影响。作品中的对话，实际上是读者和作者的对话，只不过为了增加作品的可读性，假设了某个问题和某个答者。这样，作者就可以把根据读者的需要和作者要告诉读者的那些问题，直截了当地把问题摆出来，容易突出主题，使作品充分发挥作者的主导作用。

二、问题由浅入深，一环扣一环，使作品的层次十分清楚

一个问题很难只通过一问一答就讲清楚。作者通常是把一个问题分解成几个互相关联的小问题，通过对几个小问题的问答，完成对整个问题的解答。比如，笔者编写的《关于数学归纳法的问答》，就根据学习归纳法时容易产生的问题，提出了八问。计：

一问：什么是归纳法?

二问：用归纳法得到的数学命题是否一定正确?

三问：什么情况下用数学归纳法，它的作用是什么?

四问：数学归纳法的内容是什么?

五问：数学归纳法的两步有什么关系？少一步行不行?

六问：第二步中 k 是任意自然数，$k+1$ 也是任意自然数，它们有什么区别?

七问：是否第一步必须是 $n=1$？

八问：是否第一步只需要验证 $n=1$ 时成立就可以了?

通过对这八个问题的解答，把学习归纳法应该掌握的几个基本点都讲到，给读者一个完整的印象。

对话的缺点是比较枯燥，一问一答形式呆板，不易把作品写活。

数学小品

数学小品是一种以数学为题材的小品文。它是科学小品的一种。

科学小品文产生的时间是很早的，古希腊亚里士多德的对话，印度佛经里的故事，我国庄子、荀子的一些寓言体文章都可以看作早期的科学小品。

我国的现代科学小品，是1934年出现的。并在陈望道主编的《太白》杂志上发表。该杂志的创刊号上发表了柳温的《论科学小品》，在谈到科学小品的性质时说：“小品文如果与科学结婚，不仅小品文吸取了有生命的内容，同时科学也取得了艺术表达手段。艺术的大众科学作品于是才能诞生。”

数学小品作为数学科普作品的一种重要表现形式，有着它自身的特点。首先是文章短小，有人称它为“千字文”，文章短小就容易普及，读者利用饭后茶余的空闲时间就可以读上一篇；其次是体裁广泛，写法各异，它既不像诗歌那样讲究韵律，也不像戏剧、小说那样追求故事的情节，它的适应性很强，写法相当自由。小品文还有一个特点就是以说理为主，以论述说理为主要目的。从题材来看，数学小品常用来介绍基础知识、生活知识和数学新成果。数学小品由于文章短小，最适于被报纸和杂志所采用。

数学小品的选题可以从以下三方面入手。

一、从生活中选题

由于读者熟悉生活，如果数学小品从生活中选题，读起来会感到亲切、自然。1983年，在中国科普记协的支持下，全国13家晚报举办了科学小品征文活动，共收到9000多份稿件，其中有多篇数学小品。吴大帆写的《拉面中的数学》就是从生活中选的题目。文章一开始说：

拉面，是一种别具风味的食品，这种面条的制作竟不需要任何一种工具，只凭借大师傅一双灵巧的手——先将湿面团反复揉、压、拧合，使面粉与水、盐、碱均匀结合，最后便开始抽条：将面团拉长、对折，再拉、再折……就这样反复折拉七八次，湿面团就变成了白白净净、纤细如线的拉面了！

寥寥数语就把拉面的过程交代得一清二楚。接着作者把笔锋一转，讲到了拉面和乘方的关系：

更有趣的是这里面竟蕴藏着数学中乘方的知识：把面条对折一次后，一团湿面就变成了两根了！对折两次就由2变4，这样就是2的平方，对折n次，就将变成2^n根面条了！这种类似“细胞分裂”式的增长速度是十分惊人的。3斤重的湿面团在师傅们手中上下翻腾，宛如银龙飞舞，不消20分钟，折拉12次，即由一团湿面变成了4096根（$2^{12}=4096$）八尺长的“龙须面”了！这是一个惊人的数字。

这篇几百字的数学小品文，向读者展示了“白案大师们对最简单的数学知识的妙用”。由于材料来源于生活，文章中充满了生活的气息。

二、从读者的疑问中选题

作者如能掌握读者在数学上存在着什么问题，则可以根据读者的疑问来选题。比如，《我们爱科学》杂志1979年11月发表了复兴写的《a和$-a$到底哪个大?》。作者根据初中许多学生对字母a认识不全面，提出了这个选题。这个题目本身就很吸引人，初中学生一看标题，觉得这正是自己存在的问题，就想读下去。文章从a和$-a$哪个大谈起，谈到了$3a$和a哪个大？a和a^2哪个大？a和$\frac{1}{a}$哪个大？所讲的问题都是初中学生不易弄懂的或说不准确的。问题由易到难，逐步引申下去，文章的结论是“做数学题，即使是很简单的题目，只要基本概念不清楚，就会出错”。这篇小品文曾获第一届全国优秀科普作品评奖二等奖。

三、从新的数学分支和新领域中选题

近几十年，数学发展非常快，新的分支、新的理论不断出现，可以抓住其中一二个问题来写小品文，题目宜小，针对性要强。比如，马希文写的《模糊数学》(《数学花园漫游记》中的一篇)。模糊数学是数学的一个新分支，自1965年问世以来，发展得异常迅速，目前世界上已有多种专著、论文集以及杂志。像这样一种很有前途的数学分支，应该及时向群众普及、宣传。另一方面模糊数学比较抽象，要想向具有中等文化水平的人，原原本本地讲述模糊数学的概念和定理，读者难于接受。马希文在这篇文章中向读者介绍了什么是模糊数学，以及模糊数学的研究方法。文章一开始就提出了一个问题："数学还能模糊吗?"一下子抓住了读者。紧接着作者举出生活中一些例子：

"矮个儿的标准是什么？什么样的人是胖子，他的腰围是多少？体重多少?"

身高多少算矮个儿，确实没有一个统一标准，所以"矮个儿"就是一个模糊概念。同样"胖子"也是一个模糊概念。文章在列举了大量生活例子的基础上，讲道：

"模糊数学利用了资格表——用现代数学的术语来说叫作特征函数，就可以用精确的数量关系来表达模糊的概念和它们的关系了。所以模糊数学处理的虽然是模糊的东西，但是它本身并不是模糊的!"

作者在小品文的最后点出：

"以不变对万变，以精确对模糊，这都是现代数学的深刻性和技巧性的精彩所在!"

从现在发表的数学科普作品来看，数学小品占了很大比重，是数学科普创作的主要形式，特别适于报纸、杂志选用。

数学童话

童话，常分为文学童话和科学童话（又称知识童话）两类，数学童话是科学童话的一种。

数学童话是以数学知识为主要内容的童话，它要普及一定的数学知识，并通过这些知识来启迪儿童的智慧。

列宁说过："儿童的本性是爱听美妙的童话的。"童话是带有浓厚幻想色彩虚构的故事，儿童爱听童话、爱看童话，是因为童话这一体裁和儿童的内心世界十分切近，符合少年儿童的心理特征。

幻想是童话的基本特征，而夸张、象征、拟人是童话的艺术表现方法。孩子们想飞上天，想潜入蚁穴，想听懂昆虫的语言……可见没有幻想也就没有童话。然而数学童话中的幻想，不应仅仅从生活中产生，应有科学的依据，应将科学内容融入童话之中。童话中的夸张可以渲染故事的情节，使童话更有趣味。童话中的拟人化则是符合儿童心理特征的，是创作的艺术手法。因为在儿童心目中周围的一切都是有生命的、都是活生生的。他们常常把板凳当作马、把天上的白云当作草原上的羊群、把布娃娃当作真娃娃，等等。

数学是一门抽象科学，用童话来表达数学，表面看起来一个是严肃的抽象的科学，一个是活泼的具体的儿童故事。似乎二者相距甚远，但是，它们之间却有着共性：那就是幻想。列宁说过："幻想是极其可贵的品质。有人认为，只有诗人才需要幻想，这是没有理由的，是愚蠢的偏见！甚至在数学上也是需要幻想的，甚至没有它就不可能发现微积分。"数学同时也是优美的。德国大数学家魏尔斯特拉斯说："不带点诗人味的数学家，绝不是一个完美的数学家。"由于数学和童话有着共同特征，所以数学童话是把二者奇妙结合起来的。

提到数学童话，不能忘记的是世界童话名著《爱丽丝奇遇记》，由于这部著名的童话作品，使爱丽丝成为家喻户晓的人物。

《爱丽丝奇遇记》既可以说是文学童话，也可以说是数学童话。由于作者是位数学家，在这部作品中不时流露出许多数学的"理趣"。美国著名数学家、控制论的创始人维纳在他的名著《控制论》中多次引用爱丽丝奇遇与有规律的客观世界作对照。数理逻辑学家贝利克·洛隆在《数学家的逻辑》中，也大量引用了《爱丽丝奇遇记》的原文。这部童话之所以受到数学家的青睐，主要就是这本书或隐或显地讲了一些数学道理。

一篇好的数学童话，要求科学内容和表现形式有机的结合，要求数学知识的介绍准确、深刻，文章形象、幽默，读起来有童话意境。不能把一些深奥的数学知识简单地通过童话中的人物之口，大段大段地讲出来，结果童话里净是大块大块的知识“硬块”，这种油水分离的写法是不会成功的。

数学童话主要是为少年儿童写的，写作时要注意以下几个问题。

一、童话中要有矛盾、冲突

在构思一篇数学童话时，作者一定要考察引入哪些矛盾、冲突，以及如何利用这些矛盾、冲突，把童话中的故事情节写得曲折有趣，引人入胜。否则整篇童话就会显得平淡无奇，不吸引人。

以笔者写的数学童话《有理数无理数之战》为例（发表于《少年科学画报》1980 年 3 期）。笔者从男孩子喜欢看打仗的电影，女孩子喜欢看热闹的节目这些基本特点出发，力求在童话中制造矛盾。而矛盾最激烈的表现形式之一就是战争，让有理数为一方，无理数为另一方，其中无理数要求摘掉“无理”的帽子，而有理数不同意无理数摘帽子。无理数进攻有理数，有理数奋力还击，于是一场有理数和无理数之战开始了。这篇童话从一开始就以强烈的矛盾冲突吸引了孩子们。

二、神奇而不能脱离科学性

由于童话采用了夸张、象征、拟人等表现手法，枯燥的数和形在童话中都“变”活了。比如，无理数和有理数要打仗，打仗就要有司令，谁当双方的司令官呢？这里的司令官是不能随意找的，要结合数学规律来考虑。按照“皮亚诺公理”，自然数中最重要的是1，有了1按照再加1的原则就可以有2、3、4、…，可以产生全体自然数；有了自然数又可以再产生分数和有理数。可见1在有理数中举足轻重，可以让1当有理数的司令。无理数又让谁当司令呢？因为小学生只认识圆周率这么一个无理数，别无选择，只好让π当无理数的司令官了。

三、构思应在“巧”字上下功夫

数学童话的构思要巧，巧就是要出奇，不落俗套。在构思时要敢于走别人没有走过的道路。比如，为了鉴别哪些是有理数，哪些是无理数，可以设计一种“数字识别机”。一个数只要往机器前一站，屏幕上就能及时识别出有理数或无理数来。又比如，《零王国历险记》中有个零王国，零王国的居民都是零，而除法运算中，零不能作分母。可以设计零王国的居民住的都是双层床，居民一律睡在上层。因为床板可以看作一条分数线，零是不能睡在分数线的下面的。这样设计就比较新颖。

有人总结出科学童话的一些写作手法，如反复法、对比法、巧合法、误会法等。这些手法固然可以参考，但更主要的是根据作者自己的特点，不断创造出适合自己的表现手法。

四、文章的最后可以留下个知识的悬念

提出好的问题，留下知识的悬念，本身就能吸引读者去思考，去探求。比如，1900年德国著名数学家希尔伯特在第二届国际数学家大会上提出了23个数学问题，震动了整个数学界。80多年来，这些问题一直激发着数学家浓厚的研究兴趣，推动着数学的发展。希尔伯特说：“只要一门科学能提出大量的问题，它就充满着生命力，而问题缺乏则预示着独立发展的衰亡或中止。”

用数学本身的问题作悬念，也许更吸引读者，留给读者思索的余地更大一些。比如《有理数无理数之战》的结尾是这样处理的：当主人公小毅听完π司令的申述，觉得无理数要求改名为“非比数”是合情合理的。小毅接受了π司令的建议，给国际数学组织写了封信，要他们发个通知，把无理数的名字改一下。信，小毅是写了，也发出去了，可是国际数学组织会不会同意这样做，小毅心里一点底也没有。从故事情节上看，这个悬念并不算精彩，但是，却把读者带入了深深的思考之中。

童话是少年儿童非常喜爱的作品形式，要多创作一些优秀的数学童话来满足少年儿童的需要。

数学家传记

数学家传记是记述数学家一生事迹的作品，是记人也记事的作品。数学家传记应该真实地再现科学家的形象，通过动人的事迹、典型的事例，表现出他们不断进取的精神、高尚的道德品质和理想情操，使读者从中汲取力量，得到教益。

要表现数学家的动人事迹和性格特征，是不能脱离其数学研究工作的。苏联著名的科普作家伊林说：“难道可以把科学家和他的学说分割开来吗？要知道在他的生活中最珍贵的就是他所做的工作。”因此，数学家传记既要写人，更要描绘所从事的具体的数学研究工作。在写作方式上应该兼具传记文学和科普作品两种特点，是文学又是科学，既深刻动人又真实可信。

在数学家传记的写作上，要注意以下几个问题。

一、一定要以史料和事实作为写作的依据

由于数学家传记是写真人真事的，写作时应有切实可靠的依据，而

不能根据一点点史料就任意“发挥”笔力，膨胀出大篇文章。比如叶永烈写的数学家华罗庚的传记《一生三劫》中，首先讲述了华罗庚名字的来历：

华罗庚刚刚生下来，就被装在一个箩筐里，上面再扣上一个箩筐，说是这样一扣，灾难病魔就被隔在箩筐外面，可以消灾避难。“罗庚”这个名字，就是这么起的。

许多人都知道华罗庚左腿残疾，这个残疾又是怎样来的呢？

文中说：

正当华罗庚风华正茂的时候，他不幸染上了伤寒病。病情十分严重，高烧持续不退，烧得他每天昏昏沉沉。父亲变卖家产去苏州请来了老中医。老中医看完病，摇摇头说：他想吃什么，就给他吃点什么吧，他剩下的日子不多了。听了医生的话，全家人抱头痛哭，以为华罗庚非死不可了。奇怪的是，在和病魔斗争中，华罗庚却胜利了！他从死神的魔掌中逃脱了出来。但是，也付出了高昂的代价，他的左腿骨弯曲变形，落了个残疾。

作者把华罗庚得病的过程写得很详细，其取材是由作者专门采访华罗庚教授而得的，材料是真实的。

二、要把数学家的青少年时期作为写作重点

如果把数学家的一生看作一株大树，那么他的青少年时期就如同大树的根基。数学家的理想、品质和奋斗精神都是在青少年时期形成的。比如，法国著名数学家帕斯卡，从小丧母，父亲看到他身体虚弱，担心学数学会损害他的身体，于是一开始就不许帕斯卡学数学。可是父亲自己是个数学爱好者，常和朋友们在家里讨论数学问题。每当他们讨论时，就把帕斯卡锁在屋外，不让他听。然而，越是大人不让听的东西，小孩越感兴趣。帕斯卡最初只是趴在门缝听听，继而却对数学发生了越来越

浓厚的兴趣，最后终于感动了他的父亲，取消了对他学数学的限制。帕斯卡后来成了一名伟大的数学家，在很大程度上得益于他在少年时代对数学的爱好和追求。所以，着重介绍数学家青少年时期发愤学习的故事，对于现在的青少年是个很大的鼓舞。

三、要侧重介绍数学家严谨的治学精神

数学家的治学精神是使他们走上成功之路的保证。治学精神包含有几方面内容：

治学严谨。比如，“欧洲的数学王子”——高斯，他一生发表了155篇论文，这些论文都有很深远的影响。高斯治学严谨，他自己认为不是尽善尽美的论文，绝不拿出来发表。他的格言是“宁肯少些，但要好些”。人们看到高斯论文是简练、完美和精彩的。高斯对论文中可有可无的东西坚决删掉，他说：“瑰丽的大厦建成之后，应该拆除杂乱无章的脚手架。”

坚强的毅力。比如，18世纪瑞士著名数学家欧拉。他28岁时，为了计算一个彗星的轨道，连续工作几天几夜，由于劳累过度，右眼失明，他坚持数学研究。他59岁时左眼也失明了，眼睛看不见，他就口述，由他的儿子记录，继续撰写论文。1771年彼得堡发生大火，欧拉的住宅又被烧，双目失明的欧拉虽然被人从火海中抢救了出来，但是他的藏书及大量研究成果都化为灰烬。接二连三的打击并没有使欧拉丧失斗志，他一直坚持数学研究，他在黑暗中整整工作了17年。欧拉的坚强毅力，是后人学习的楷模。

科学的方法。比如，欧拉在解决哥尼斯堡的“七桥问题”时，他只着重考虑桥和陆地的位置关系，而对桥的长短、陆地大小不予考虑，把桥看成线，把陆地看成点，很好地解决了“七桥问题”，创造了数学上一个新的分支——图论。

一篇优秀的数学家传记，既要写出数学家在事业上取得的伟大成就，又要刻画数学家的品质和性格，使人读起来有血有肉。

近年来，我国出版的数学家传记主要有陆士清写的《数学家苏步青》、傅钟鹏写的《勾股先师商高》、李继学写的《为中华数学崛起献身》（记我国数学家梅文鼎）。翻译作品有《希尔伯特》《牛顿传》《莱布尼茨》等。

数学故事

数学故事是用讲故事的方式普及数学知识的作品。

数学故事首先要突出故事性，情节要有头有尾，前后密切连贯，要强调口语化。一般来说，故事这种体裁本身就生动有趣，容易吸引读者，加上它表现手法灵活多样，能容纳较多的数学内容，所以，特别受少年儿童的欢迎。有的老师说："不爱学习的孩子有，但是不爱听故事的孩子却很少找到。"

数学故事可采用散文形式来写，在不违背科学真实的前提下对于人物和情节可以虚构。编写数学故事不要把作者需传授的数学知识、数学方法直截了当地说出来，而应巧妙地融合到故事中去。有些数学故事从表面看，好像不是在讲数学内容，但是看完之后，却获得不少数学知识和方法，这就是作者独特的表现手法。

在编写数学故事时，要注意以下两点：

一、处理好人物和情节的关系

数学故事要有情节、有人物。但是，故事与小说又不相同，故事侧重于情节叙述，人物与情节相比处于次要地位，甚至可以用 A、B、C 来简单地表示人物，而小说则着重刻画人物。因此，故事对人物就不需花费更多笔墨去描写，而侧重在故事情节的发展和变化。

比如，数学故事《算珍珠的故事》。整个故事是围绕着波斯国王出的一道数学题展开的，并以重赏求解。故事写道：

到了那一天，皇宫里聚集了文武百官，还有许多观众，显得十分热闹。

国王命令侍从取来了三个大金碗，金碗上盖着镶嵌宝石的金盖子。国王向皇宫里的人们扫了一眼，然后说出他的难题：

“我的三只金碗里放着数目不同的珍珠。我把第一只金碗里的一半珍珠给我的大儿子；第二只金碗里的三分之一珍珠给我的二儿子；第三只金碗里的四分之一珍珠给我的小儿子。然后，再把第一只碗里的 4 颗珍珠给我的大女儿；第二只金碗里的 6 颗珍珠给我的二女儿；第三只金碗里的 2 颗珍珠送给我的小女儿。这样分完之后，第一只金碗里还剩下 38 颗珍珠；第二只金碗里还剩下 12 颗珍珠；第三只金碗里还剩下 19 颗珍珠。你们谁能回答，这三只金碗里原来各有多少颗珍珠？”

听完国王所说的题目，文武百官你看看我我看看你，谁也没作声。

这段故事一开始就以国王出的难题、金碗、重赏吸引了读者的注意力。接着故事中出现了三个外国人要求解答难题：第一个外国人用算术方法解答了这道题；接着第二个外国人用方程方法算出了答数，而且比算术方法简单得多。高潮的掀起是在第三个外国人。故事写道：

轮到第三个外国人了。他一声不响地从口袋里掏出一张纸，在纸上写了一个算式，递给了国王。

国王看到纸上写着一个算式：

$$x-ax-b=c,$$

$$x=\frac{b+c}{1-a}$$

国王非常生气地问：“你写的是些什么！我一点也看不懂。你为什么只有一个答案，你难道不知道我有三只金碗吗？”

这个外国人说：“三个答案都包括在我这个算式中。这个算式中的

x 代表碗里的珍珠数，a 代表您给儿子珍珠数占碗里珍珠数的几分之几，b 代表您给女儿的珍珠数，c 代表剩下的珍珠数。”

接着外国人用具体数往算式里代，用同一个算式算出了三只金碗里的珍珠数。最后，还画龙点睛道：“国王陛下，我的算法充分体现了代数的特点，是最简单、最明确的算法。利用我的算法，即使您有 100 只金碗，100 个儿子，100 个女儿，也同样可以算出珍珠数来。”

这个故事侧重讲三个外国人各用不同的方法解算同一道题，通过比较使读者清楚地看到代数方法胜过算术方法，至于三个外国人姓什么叫什么，长的什么模样，在故事中是无关紧要的。

二、将数学知识融入故事之中

数学故事的核心是向读者普及数学知识，故事只是一种表现手段和方法。在编数学故事时，要尽量避免那些“知识硬块”，不要通过什么数学家或其他人之口，大段大段地讲数学知识，讲定义、定理、公式等，犹如上数学课。这样的数学故事往往是把故事情节和数学知识硬拼在一起，结果是貌合神离，很难成功。

优秀的数学故事应该是数学内容的准确性和故事情节的生动性的统一。

数学故事是很受读者喜爱的一种作品形式，但是把数学故事编得短小、生动、吸引人却不是一件容易的事，这一点可多借鉴文学故事的写作手法。

数学游戏

把数学问题以游戏形式写出来，让读者在做游戏中学到数学知识，这就是数学游戏。数学游戏与一般游戏的区别在于，前者是按数学原理而设计的，它把数学原理融入娱乐之中。读者通过反复做游戏，能较长时间地揣摩寓于游戏之中的数学原理。数学游戏由于其自身的趣味性，特别受到青少年的欢迎。

《科学美国人》编辑部在《从惊讶到思考》一书的前言中说：

这就是说它带有强烈的游戏色彩。然而，切莫以为大数学家都看不起“趣味数学”问题。欧拉就是通过对 bridge crossing 之谜的分析打下了拓扑学的基础。莱布尼茨也写过他在独自玩插棍游戏（一种在小方格中插小木条的游戏）时分析问题的乐趣。希尔伯特证明了切割几何图形中的许多重要定理。冯·诺依曼奠基了博弈论。最受大众欢迎的计算机游戏——生命，是英国著名数学家康威发明的。爱因斯坦也收藏了整整一书架关于数学游戏和数学谜的书。

我国近年来出版了多种数学游戏的书，比如，前面提到过的《啊哈！灵机一动》，还有凌启渝编译的《数学游戏》（天津科学技术出版社，1983 年版），张润青等编的《数学万花筒》（中国少年儿童出版社，1979 年版），尹明·艾克编的《智力测验大全——数学趣题》（北京少年儿童出版社，1984 年版），裘宗沪编的《趣味数学三百题》（中国少年儿童出版社，1981 年版），等等。国内外许多科学杂志都辟有数学游戏专栏。在世界上较有影响的《科学美国人》（我国翻译本叫作《科学》）每一期都有一个难度较大的数学游戏题。

数学游戏常见的有如下两种写法：

一、游戏和故事相结合

这种写法的特点是把游戏融于故事之中，有情节、有玩法。

比如谈祥柏、张景中编写的《数学游戏故事》（中国少年儿童出版社，1984 年版）就是采用了这种写法。这种写法从表面上看是讲故事，可是仔细琢磨，故事自始至终贯穿着一个或多个游戏，故事实际上是为说明游戏而编造的。该书中有一个故事叫“高塔逃生纪要”，讲的是300年前，流传在格鲁吉亚的民间故事。故事中的三个主角：大公的独生女儿、侍女和铁匠海乔，三个人被大公关在一座没有完工的高塔之上，准备第二天处死。聪明的海乔利用一个滑轮、一条绳子、两只筐子、一条铁链，几上几下，终于从高塔上逃了出来。文章最后指出了海乔运用的是一种状态－手段分析法来解决问题的。文中写道：

状态－手段分析法，是一种非常重要的数学方法，有着蓬勃的生命力。它正在你意想不到的地方开花结果。比如说，过去用人工方法合成维生素B_2，工作量超过一千人年，现在采用状态－手段分析法，编个程序，通过电子计算机，只用6分钟就发现了6种不同的合成方法。化学家惊呼，有机化学面临剧烈变革的时代已经到来！

这一段话告诉读者，不要把数学游戏仅仅看作一种游戏，它的原理和方法在科学研究和生产实践中有着重要应用。把一些重要的数学原理变成游戏，让青少年在游戏中不知不觉地了解它，确实是值得提倡的做法。

二、直接把游戏的玩法写出来

有的数学游戏不宜编故事，或没有必要编故事，就可以直接把玩法写出来。一般要写明所用道具、游戏方法、所用的数学原理，等等。比如，数学游戏《点燃烽火台》就是利用二进位制编成的。

【道具】

事先做好6个烽火台（用硬纸做即可），再做6个小火炬，这些小火炬可以插到烽火台上。

【游戏方法】

主持人：古代为了防御敌人，常修建烽火台。现在北京八达岭的长城附近，还保留着烽火台。点燃烽火可以向远处报告敌人来犯的信息。

烽火台不仅可以报告有无敌人来犯，还可以报告敌人来犯的人数。如果报告的人数以1000人为一个单位的话，修建如图的6个烽火台就可以报告1000~63000个敌人的数目。

我先来当回司令官，要根据烽火台点燃的情况，确定来犯敌人的数目，你们先要把每个烽火台下面对应的数记住。我先来做一下：

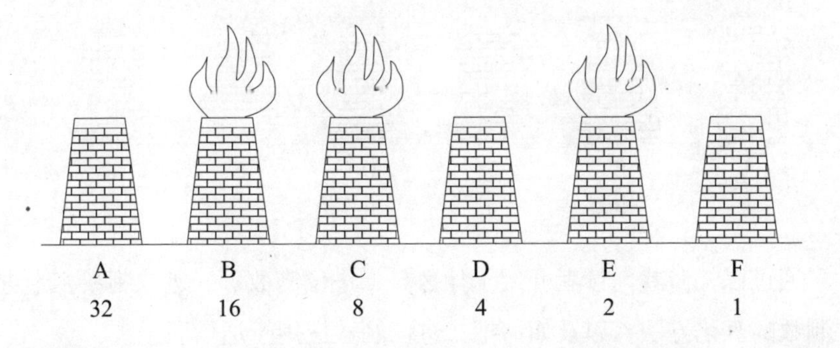

如果是B、C、E三个烽火台点燃了烽火，我就把B、C、E三个烽火台对应的数字相加，16＋8＋2＝26，这就说明有26000名敌人来犯。

（这时主持人随便插上几个烽火，叫做游戏的人上来回答来犯敌人的数目。）

我们再来做一次守台官兵，要根据来犯敌人多少点燃烽火。如果敌人来了35000名，我先来做一下如何点燃烽火：

用2连续去除35：

2 | 35
2 | 17 ……余1
2 | 8 ……余1
2 | 4 ……余0
2 | 2 ……余0
2 | 1 ……余0
　 0 ……余1

把余数由下向上依次填进A、B、C、D、E、F烽火台的下面。然后，凡是填1的烽火台都插上烽火，凡是填0的烽火台都不插烽火，如图所示（主持人出几个数，让观众自愿来插烽火）。

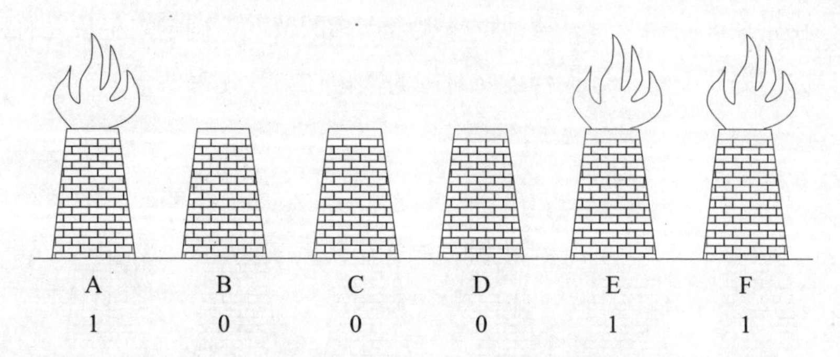

通过以上游戏向读者介绍了什么是二进位制数，二进位制数和十进位制数的互化方法，以及如何把二进位制数应用于通信联系上。

数学游戏一定要编得简单可行，否则很难玩得起来；数学游戏的玩法要有趣，里面可以渗入较强的对抗性或竞争性；数学游戏中要避免大量的数学运算，否则游戏就变成做数学题了，会减弱游戏的作用。

数学图画和数学动画片

由于图画具有形象、直观、优美、幽默等特点，因此用图画来表现数学知识，特别受少年儿童的欢迎。北京少年儿童出版社编辑的《少年科学画报》，每期都有一定数量的数学图画，很受小读者的欢迎。

儿童的思维特点以形象思维为主，而少年正逐步从形象思维向抽象思维过渡，他们对于直观的形象更易于接受。学生在学校学习以文字材料为主，数学图画作为学生的课外读物，可以用来调剂他们紧张的学习生活。从图画中学习数学，是一种轻松活泼的好形式。

由于少年儿童容易理解形象的事物，用于表现数学基础知识的数学图画，可以帮助小读者理解知识的内容，加强记忆。如果数学图画编得幽默、有趣，更可以加深小读者的印象。1983 年，笔者曾在重庆市一所小学做过调查，一位三年级的小同学可以把年前在《少年科学画报》上发表的数学图画原原本本地讲出来,连一些具体数字都记得一清二楚。当问这位小同学：“图画里讲的勾股定理，你懂吗?”他回答说：“懂！勾股定理就是图画里画的，一个直角三角形斜边上的大正方形的面积，等于另外两条边上两个小正方形面积的和。”说明这个小学生通过图画懂得了勾股定理中最基本的含义。

数学图画的发展，已突破了连环画的形式，即一幅画配一段文字的形式。现在的数学图画，画面上文字很少，主要是靠图画本身来说明数学知识。当然，这样做必须增加数学图画的难度，但这也是数学科普作者努力的方向。

如何把抽象的数学概念，用形象生动的图画来表现出来，是数学图画创作的难点。解决这个问题要靠两方面：一方面文字作者要尊重绘画特点，写出好的脚本；另一方面绘画作者要深刻体会文字作者的意图，把画绘制得夸张而不失真，幽默而不曲解。

数学动画片的佳品之一——著名的美国动画片《唐老鸭漫游数学奇境》曾轰动全国，我国中央电视台几次播映此片，也得到广大观众的喜爱。下面是该动画片中关于黄金分割的一段文字脚本：

“那当然了，”探险精灵说，“不仅如此，古希腊人认为黄金长方形代表着数学规律的美。我们从他们的古典建筑中就可以看出这一点。比如：帕提侬神庙（图1）是古希腊著名的建筑物。它的布局和结构都符合黄金分割的比例。整个建筑包含着无数个黄金长方形。

图1 帕提侬神庙

“还有，在古希腊的雕塑作品里，也能见到这种黄金分割的比例。著名的雕塑作品《执矛者》、《宙斯》以及那美与爱之神的《维纳斯》(图2)，无不表现出最美的人体，是以人的肚脐为中心，各个部位都符合黄金分割的比例。

图2　维纳斯

“在以后的几个世纪里，黄金长方形一直是统治着西方世界的建筑美学观点。巴黎圣母院（图3）就是一个杰出的代表作。它的整个结构也是按照黄金长方形建造的。

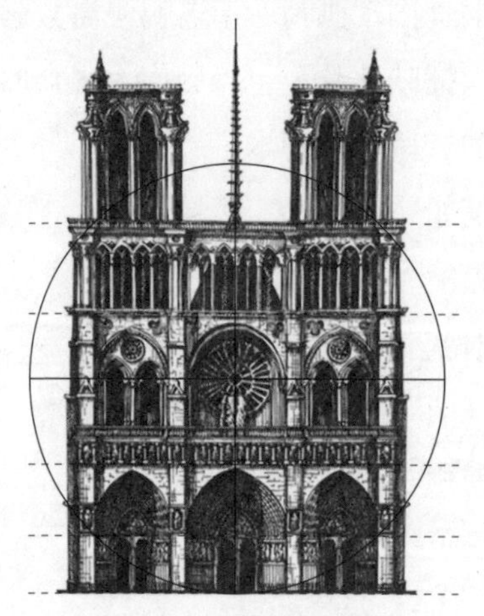

图3　巴黎圣母院

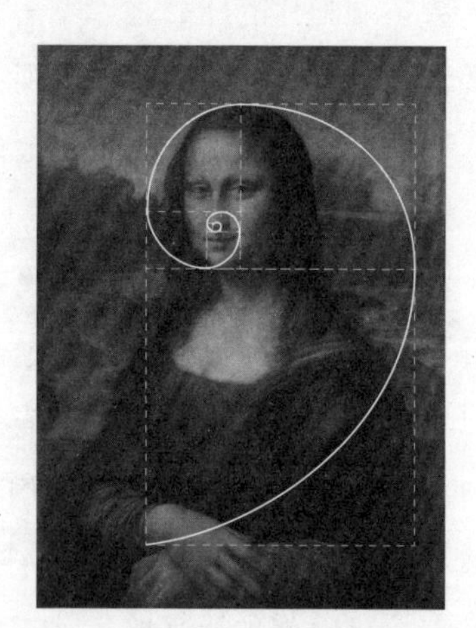

图4　被黄金分割后的蒙娜丽莎

“文艺复兴时期的画家也掌握着这一奇妙比例的秘密。达·芬奇著名的作品《蒙娜丽莎》（图 4），就是按照黄金分割的比例来构图的。

“现代画家也把黄金分割的比例运用到他们的创作中去。

“不仅是古代和现代的艺术家们在雕塑和绘画创作中运用了黄金分割的比例，而且就连现实中最美的人体的各个部位也都符合黄金分割的比例（图 5）。”

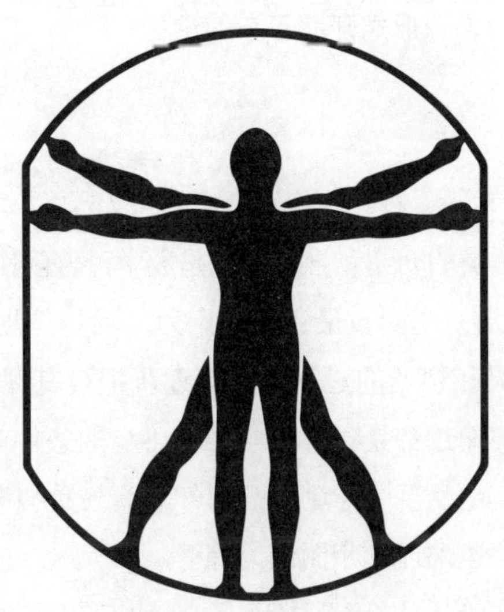

图5 人体的黄金分割

它有点不信，问道：“老兄，喂！探险精灵老兄，这是真的吗？”探险精灵没有回答。唐老鸭就顺手捡起一个小框框，自言自语地说，“让我来试试。”它一看这个框框太小，扔了，又换了一个大的。接着，它就使劲地往框框里钻。它以为自己的体形也是最美的，想把自己的身体也放到黄金长方形的框子里。可是不行，原因很简单——它的体形并不美。它的大尾巴怎么也放不进去。这时，探险精灵忍不住笑起来：“哈哈，你不行，你的体形并不美，请你别难为自己了。”

从文字脚本中似乎还看不出它有多少吸引人之处，但是，凡是看过这部动画片的人，都称赞这部动画片从设计、人物造型、构思都十分巧妙，幽默动人，这主要归功于动画设计和绘制。因此，数学图画如何设计和绘制，以什么样的形式来表达是十分重要的。

我国中央电视台曾经先后播映了两部数学动画片。一部是上海电视台摄制的《快活的数字》，另一部是由“电视剧制作中心”根据同名童话《小数点大闹整数王国》而拍摄的动画片。这两部数学动画片的出现，为我国数学图画的表现形式开辟了新的途径。

玩具和棋类

智力玩具和棋类的介绍和推广，也是数学科普创作的一项重要内容。

鲁迅说过：“游戏是儿童最正当的行为，玩具是儿童的天使。”少年儿童在玩智力玩具和棋类的过程中，能逐步提高其观察、记忆、思考、想象和实践能力，而这都是学好数学必不可少的条件。比如，用拼图板去证明勾股定理，是从玩中学到了几何知识；各种棋和牌，包含有博弈知识；华容道包含运筹理论和图论，等等。

姜长英等编写的《少年智力玩具50种》(中国少年儿童出版社，1988年版)，对智力玩具和棋类作了系统介绍。书中把智力玩具分为六类:

(1) 平面拼板玩具。如七巧板、双圆拼板、益智图等。

(2) 立体积木玩具。如数字魔方、伤脑筋十二块、包你迷等。

(3) 图形移位玩具。如华容道、八仙过海、魔圈等。

(4) 猜数玩具。如魔窗、密码信、年龄卡等。

(5) 棋类玩具。如独立钻石棋、五星棋、地道战等。

(6) 牌类玩具。如数字牌等。

该书除介绍各种玩具的玩法，还讲述了它的历史来源和制作方法。比如，七巧板的来历。书中讲道:

七巧板是一种用七块板组成的拼图玩具。它起源于我国古代一种家具——燕几，这是一种可以拼合成各种形状的茶饭案几，用来招待宾客喝茶吃饭。后来有人把这种家具缩小，就演变成了一种小玩具。我国清代有人撰写了专门研究七巧板的著作《七巧图合璧》。

书中特别讲到了法国的拿破仑非常喜欢玩七巧板，他被流放到圣赫勒拿的荒岛上，还津津有味地摆弄七巧板，一直到死。

智力玩具往往有较深的数学内涵。早在1917年，就有数学家用七巧板来解几何题。有位日本数学家提出一个数学课题："用七巧板能拼出多少个凸多边形?"我国数学家于1942年给出了解答："可以拼出的凸多边形不会多于13个。"

把数学道理蕴于玩具和玩法之中，是很好的数学科普形式。近年来，我国出版了几本用现代数学知识指导和分析各种玩法的书。如单墫、程龙合写的《棋盘上的数学》（上海教育出版社，1987年版）、苏联多莫里亚特写的《数学博弈与游戏》（杨之译，科学普及出版社，1985年版）等。

随着电子计算机的普及，电子游戏正风靡各国，我国也正在普及这种游戏。它对于儿童熟悉电子计算机的性能和使用方法，培养他们学习电子计算机的兴趣都很有帮助。

7. 如何在中小学开展数学科普活动

在中、小学校开展数学科普活动，是数学科普的重要内容，是中小学数学教学的补充、提高和延拓。对于培养学生对数学的兴趣，开阔他们的眼界，启迪他们的智力都有重要作用。

通过多种多样的数学科普活动，学生有更多的机会自己动手动脑，独立解决问题，这对培养他们的自信心、克服困难的勇气和培养他们的科学品质是十分必要的。

数学科普活动的形式很多，有课外阅读、科普讲座、数学智力竞赛、写数学小论文或写数学科普作品、与数学家座谈、数学晚会，等等。各学校还可以根据自己的条件，因地制宜地创造出各种新的形式。

课外阅读

课外阅读是培养学生自学能力的重要手段。苏联近代教育家、苏联教育科学院通讯院士苏霍姆林斯基说："课外阅读，用形象的话来说，既是思考的大船借以航行的帆，也是鼓帆前进的风。没有阅读，就既没有帆，也没有风。阅读就是独立地在知识的海洋里航行。"我国国家教委、共青团中央每年都向中学生和小学生推荐阅读书目，开展"红领巾读书月"活动。比如《数学花园漫游记》《奇妙的曲线》《数学传奇》等都曾被推荐为阅读书。

开展数学课外阅读要注意以下几点。

一、书的深浅程度要适中

数学科普作品的阅读不同于文学作品的阅读。阅读科普作品要考虑到读者的数学水平，作品内容太深，读者读不懂；内容太浅，读者又觉得没有味道。我国目前出版的数学科普作品，一般都注明有读者对象。比如，中国少年儿童出版社出版的《少年百科丛书》，读者对象是初中一、二年级学生。我国翻译的美国"新数学丛书"在"致读者"中明确指出："这本书是专业数学家编写的一套丛书中的一本。编写这套书的目的是要向广大的中学生和非数学专业的外行人把一些重要的数学概念说明得有趣且能懂。"因此，选取深浅适中的读物是最先要考虑的。

二、提倡做读书笔记

读书要提倡写读书笔记，写读书笔记有助于放慢阅读的速度，巩固记忆，积累知识，提高分析问题的能力。徐特立从19岁到43岁，每天晚上必定读3小时书，后来成了博学的教育家。徐特立对自己的要求是：不动笔墨不读书。他还告诫学生：读书不要贪多图快，要仔细研读。有些学生看课外书速度很快，他们把注意力往往集中在故事情节上，对书中所讲的数学原理、方法体会得不够。放慢阅读速度，可以使他们有时间去思索、消化，帮助他们掌握重点。

三、组织讨论

在学生阅读的基础上，为了提高阅读效果，加深对书中主要内容的认识，可以组织他们进行讨论。为了使讨论顺利进行，可以在事先有目的地指定重点发言人，其他人则可以提出各种问题，发表不同的看法。在讨论时既要提倡畅所欲言，又要掌握重点，不要在一些枝节问题上纠缠不休。讨论是集思广益、发挥主观能动性的好办法，通过讨论学生会对书中所讲的问题有深刻的认识。

四、写读后感

写读后感是读者的自我总结。学生读一本数学科普读物会有许多感受的，通过写读后感这种形式，使学生明确了读这本书自己真正的所得是什么，利于培养他们读书的兴趣，提高阅读的质量。18 世纪法国学者卢梭说："问题不在于教他各种学问，而在于培养他有爱好学问的兴趣，而且在这种兴趣充分增长起来的时候，教他以研究学问的方法。"

写读后感要紧密联系原文的主要内容。读后感是从原文内容中产生出来的，是要写对原文的数学思想和重要内容的某些深刻的感受。包括对概念的理解，思路的整理，要多用自己的话来谈感受，力争把书中的东西变成自己所理解的东西。同时要防止过多地复述和引用原文，把读后感写成"读后抄"。

数学讲座

数学讲座是很受学生欢迎的一种活动形式。我国老一辈数学家一直热心给中小学生举行数学讲座。比如 1978 年，北京市中小学生数学竞赛委员会邀请许多著名数学家给中学生做讲演。华罗庚讲了《谈谈与蜂房结构有关的数学问题》，秦元勋讲了《无限的数学》，赵慈庚讲了《谈谈解答数学问题》。

能够请到数学家给学生讲演，当然是件很荣幸的事。但是，请老师或者高年级学生来举行数学讲座也是很好的事。

数学讲座通常具备以下几个特点。

一、内容广泛，不受限制

数学讲座的内容非常广泛，不受体裁的限制。可以是专题讲座，如“谈谈数的发展”“因式分解趣谈”；可以讲数学家的故事，如“双目失明的数学家欧拉”“数学王子高斯”；可以讲数学名题，如“七桥问题”“36军官问题”；可以讲数学新进展，如“四色问题和机器证明”“什么是模糊数学?”；等等。

二、题小而有趣

讲座的题目不宜很大，题目过大会使讲座内容松散或概念化。对于中小学生来说，由于所学数学知识比较少，走马观花似的粗线条讲解，学生不宜接受。讲座的题目小一点，讲的内容详细点，中间再穿插一些故事、趣闻、轶事，可以增加学生听讲座的兴趣。

三、不宜有过多的推演和证明

讲座的主要目的是开阔学生思路，提高他们对数学的兴趣。因此，主讲人不宜在黑板上进行大段的推演和证明，因为冗长的数学推演学生难以一时理解，容易挫伤他们的积极性，以致把讲座变成了讲课。对于一些必要的证明，可以重点讲一下证明的思路，其证明的详细过程，可以印发给学生，让有兴趣的学生自己去看。

数学智力竞赛

数学智力竞赛是近几年被广泛采用的一种科普活动形式。1983年，《我们爱科学》杂志社和中央电视台少儿组联合举办了“北京小学生智力竞赛”，效果很好。1986年，中国少年报社、中央电视台、中国科协青少年部联合举办了第一届“华罗庚金杯少年数学邀请赛”，这是为了纪念我国杰出的数学家华罗庚，并以他的名字命名的一次全国性的数学竞赛。全国有150万中小学生参加了竞赛，很受学生们的欢迎。

全国各省市、学校也组织了各种各样的数学智力竞赛，这些竞赛对于激发学生学习数学兴趣，提高他们的数学思维能力、分析问题和解决问题的能力有很大帮助。

数学智力竞赛除了要做好竞赛的组织工作，出好竞赛试题是十分重要的。“华罗庚金杯少年数学邀请赛”的出题者有我国著名数学家马希文、梅向明等，他们都有丰富的命题经验，水平高。

数学竞赛的试题可以从以下几方面入手考虑。

一、数学题和智力题要有一定的比例

数学智力竞赛不是数学考试，也不是比谁做题快，而是考查学生的思维能力、想象能力、推理能力和解决问题的能力，是对学生的智力和数学基本功的全面考验。因此，竞赛题目中除了要有数学题外，还要有一定比例的智力题。比如，首届“华罗庚金杯少年数学邀请赛”初赛试题的第13题，就是一道数学题：

“有一块菜地和一块麦地。菜地的一半和麦地的三分之一放在一起是13亩。麦地的一半和菜地的三分之一放在一起是12亩。那么，菜地是几亩?”

而初赛试题的第12题则是一道智力题：

“黑色、白色、黄色的筷子各有8根，混杂地放在一起。黑暗中想从这些筷子中取出颜色不同的两双筷子。问至少要取多少根才能保证达到要求?”

在首届“华罗庚金杯少年数学邀请赛”的试题中，智力题占30%，联系教材的题占70%。但是，如果把全部试题仔细研究一下就会发现，数学题和智力题很难截然分开。数学题中也含有智力题的特点，而智力题也只选择与数学有关的智力题，大部分题目是数学和智力二者兼有之。比如，初赛试题的第18题就是数学、智力兼有之：

“有六块岩石标本，它们的重量分别是8.5公斤、6公斤、4公斤、4公斤、3公斤、2公斤。要把它们分别装在三个背包里，要求最重的一个背包尽可能轻一些。请写出最重的背包里装的岩石标本是多少公斤?”

二、题目要生动、活泼、有趣味性，密切联系生活实际

有些竞赛题本身就很有趣味，引人思索。比如：

“小黄和小兰都想买《科学家的故事》这本书。小黄缺一分钱，小兰缺四角二分钱，用他们两人的钱合买一本，钱还是不够，问这本书的价格是多少?”

其实，只要仔细想一下，这道题根本就不用算。小黄只缺一分钱，把小兰的钱加上，钱还是不够，说明小兰一分钱也没有，小兰缺的钱就正好是书价。

有些竞赛题外加了若干的“干扰条件”，用以考查学生会不会排除掉这些附加条件，找到问题的实质所在。比如：

“在1000毫升的瓶子里装满酒精。第一次倒走一半，再兑满清水；第二次又倒走一半，又兑满清水；第三次又倒走一半，又兑满清水。问这时瓶子里还有多少酒精?”

这道题问的是还有多少酒精，而并不关心酒精里兑了多少水。这里

三次“兑满清水”是个干扰条件，排除它就容易理解题意了。如果我们把这道题简化成为：“有满满一瓶酒精，倒走$\frac{1}{2}$，再倒走剩下的$\frac{1}{2}$，再倒走剩下的$\frac{1}{2}$，还剩下多少酒精?”简化以后，这道题一般学生都会做了。

有的竞赛题可以使用“反推法”来出题。比如：

“一条小虫由幼虫长到成虫，每天长大一倍，20天能长到20厘米长。问长到5厘米时用几天。”

这道题如果从第一天长到几厘米？第二天长到几厘米？进行推算将是困难的。如果把它“倒过来想”，从第20天往前推算：20天长到20厘米，由于它每天长大一倍，19天长到10厘米，18天长到5厘米。

数学竞赛题最好不要出那种只有一种解法，思路很窄的题目，通常应给学生多种考虑问题的途径。

写数学小论文

为了更好地发挥少年儿童的聪明才智，可以在少年儿童中开展写数学小论文或写数学科普作品的活动。

1987年，中国科普研究所等7个单位，联合举办了“全国中小学生‘奔向明天’科技写作征文”活动，一批优秀的小论文获奖。其中，山西省柳林县成家庄中学初二（8）班刘应林同学写的数学小论文《勾股定理逆定理的引申》，获得一等奖。

刘应林同学的小论文首先复习了勾股定理的逆定理。接着他针对关系式$a^2+b^2=c^2$，提出了一个问题：

你可曾想过这样的问题：倘若把上述等式中a、b、c的指数换成其他相同的正数，那么a、b、c三条线段能否构成三角形呢？如能构成，那其指数应满足什么样的条件？所构成的三角形又是什么样的？另外，当直角三角形a、b、c三边同时延长或缩短同样的长度，还能否构成三角形？构成什么样的三角形？

刘应林同学针对上述一系列问题，在老师指导下，做了一番探究，得到了两条定理：

定理一：对于关系式 $a^m+b^m=c^m$（a、b、c、m 均为正数）

1. 当 $0<m\leqslant 1$ 时，a、b、c 三线段不构成三角形；

2. 当 $m>1$ 时，a、b、c 三线段可构成三角形。且当

（1）$1<m<2$ 时，为钝角三角形；

（2）$m=2$ 时，为直角三角形；

（3）$m>2$ 时，为锐角三角形。

定理二：已知 a、b、c 是 $Rt\triangle ABC$ 三边，其中 c 为斜边。

1. 对于 $m\in(0,\ a+b-c)$，若将 a、b、c 三边各缩短等长 m，则以线段 $a-m$、$b-m$、$c-m$ 为边构成的三角形为锐角三角形；

2. 对于 $m>0$，若将 a、b、c 三边各自延长等长 m，则以线段 $a+m$、$b+m$、$c+m$ 为边构成的三角形为锐角三角形。

刘应林同学对以上两个定理都做了证明。

一般地，写数学小论文有以下几点值得注意。

一、所提问题应是课堂教学的引申

不要脱离中小学生的数学基础，去写他们不熟悉的小论文，这样做会使大多数学生觉得写小论文太难，可望而不可即。刘应林同学以初中几何课本上的勾股定理逆定理作为出发点，提出了系列问题，这些问题对于于初二以上的学生是能看得懂，但想不到的。这种小论文对于激发学生去思考问题是有帮助的。

二、以定理形式做出解答

数学小论文虽然可以用多种形式来写，但是对于初中以上同学，鼓

励他们以定理形式做出的解答，更具有一般性，更严格，也教给学生如何更好地去回答数学问题的方法。实际上，数学上的每一个定理都在回答一个（或一类）问题。通过写数学小论文，学生对数学定理的作用有更深刻的认识。

三、所用的知识最好不超出所学知识的范畴

刘应林同学在定理的证明中，所使用的数学知识，无非是幂的性质、不等式、余弦定理，这些内容初中都已学过。

四、教师的指导是必要的

在写小论文过程中，有的学生即使从道理上把问题解决了，但是要把论证问题的过程写成论文，还有许多困难，教师应及时进行指导，帮助学生克服困难，完成小论文的写作。要注意的是教师只能起指导作用，不能包办代替。

除了提倡学生写数学小论文之外，还可以让学生，特别是小学生和初中生写数学科普作品。比如，四川省大竹县解放街小学五年级（1）班陈樵同学，写了一篇数学童话《骄傲的乘号》，发表在 1982 年第 6 期《少年科学画报》上。陈樵同学发现，有些刚学过乘法和除法的同学，往往以为乘法便是越乘越大，而除法呢，便是越除越小。根据同学中存在这类模糊认识，他写了这篇数学童话。文章很短，开头写道：

乘号和除号是算术王国里的有名大将。一天，他俩一块儿到宫廷外去游玩，走到士兵的营地时，乘号将军不知不觉地谈起自己的本事来了。

乘号将军说："我的本领大得很，无论两个什么数，我都能使他们变大。可你的本领太小了，没有资格当将军。"

这时，从兵营里走出来两个士兵：高个子的 6 和矮个子的 3。乘法将军对除号将军说："请你站到他们中间去！"

除号将军有点莫名其妙，迈步走到 6 和 3 中间。顿时，右边跑出来个等号班长和小个子士兵 2。

乘法将军可以使 6 和 3 的乘积变大，乘法将军很骄傲。在做 6×0.3 时，却使乘积变小，而 $6\div0.3$ 的商变大了。在事实面前“乘号将军低了头，从此再也不骄傲了”。

陈樵同学通过一篇 400 字的童话，说明了数学中的一个道理，是有启发性的。

我国每两年举行一次“全国青少年科学创造发明比赛和科学讨论会”。这项活动是由国家教委、国家体委、中国科协、共青团中央、全国妇联联合举办的。第一届于 1982 年在上海市举行；第二届于 1984 年在昆明市举行；第三届于 1986 年在兰州举行。每届都有数学作品得奖，以第三届为例，其中广东省韶关市北江中学 13 岁的初二女学生刘鸿燕发明的“任意等分角器”，获得小发明一等奖，并获得联合国世界知识产权组织颁发的“青年发明者”奖。广东省韶关市曲仁一中高三学生谢绍雄写的《一个不等式的推广及其应用》、广州华南师大附中高三学生王毅强写的《一类几何图形的确定与梅氏定理的推广》、甘肃省陇西县第一中学高二学生王少晖写的《关于 m^n（m，$n\in\mathrm{N}$，且 $m\neq1$）的末 r 位数的讨论》均获科学小论文二等奖。这些小论文都有较高的水平。

数学晚会

数学晚会是一种受学生欢迎的科普形式。数学晚会可以围绕着一个主题来进行，也可以没有固定主题，依每个节目内容而定。

数学晚会通过各种各样的游艺活动，使学生进一步加深对课堂所讲授知识的理解，启发学生的思维，开阔眼界，增强学习数学的兴趣。

下一章《数学游艺会》将为数学晚会提供了许多材料，其中有数学谜语、数学相声、数学游戏、数学童话、数学魔术和哑谜、数学故事会、智力竞赛和数学接力赛等内容。

数学晚会有以下几种形式可以采用：

一、数学谜语

在晚会会场周围，贴上一些写在红绿纸条的数学谜语，既可引起学生的兴趣，又可以增加晚会的气氛。数学谜语依据内容和形式的不同，可细分为：

（1）数学名词谜语。这种谜语的谜底都是数学名词，如“两牛打架”（对顶角），“擦去三角形的一边”（余角），“欲破曹兵箭不足”（矢量差）等。

（2）数量字和数学家名谜语。这种谜语的谜底是某个数字或著名数学家的名字。如“舌头”（千），“添一笔，增百倍，减一笔，少九成”（+），“百万大军卷白旗，天下英雄无人敌，秦国死了余元帅，骂阵将军无马骑”（一、二、三、四），“虎丘游春”（苏步青），等等。

（3）算式谜语。这种谜语要求在括号内填入适当的文字。如（　）÷森=3（杂），多多多多÷（　）=2（罗），$\frac{5+5}{5\times2+5\times2}=($　$)$（卉）等。

（4）成语谜语。谜面是一句成语、谜底是一数学名词，或者反过来，谜面是数学式子，谜底是一成语。如“众说纷纭”（群论），“追本溯源”（求根），00000（万无一失），$|x|=1$（一成不变）等。

此外，还有许多其他形式的谜语。

二、数学相声

用相声形式来讲数学知识，也是很受欢迎的表演形式。比如，数学相声“谈尺”。开头部分是这样写的：

甲：你近来个头见长，有一丈没有？

乙：我多大了还长个？再说我就是长个，也长不到一丈啊！一丈合三米多哪！

甲：唉！长不到一丈你就完了！

乙：我长不到一丈怎么就完了呢？

甲：你长不到一丈，就不能成为大丈夫了。

乙：那为什么？

甲：据说夏禹治水时，使用了圆规、直尺。夏禹把自己的身高定为一丈，其身高的十分之一为一尺，“丈夫”一词，就是身高一丈之夫，也就是身高一丈的男子汉。

乙：夏禹真有三米多高？

甲：夏禹我没见过，我想不会那么高。古代的一丈和现代的一丈不一样长。

乙：对了，可能那时候的丈短。

三、数学游戏

数学游戏的玩法多种多样，比如利用韦恩图设计的“找鼻子”游戏，利用二进制数设计的“猜年龄”“点燃烽火台”，等等。

四、数学魔术

数学游戏一般可以几个人共同来玩，而数学魔术是由专人进行表演的。数学魔术的道具都比较简单，一副扑克牌，几张卡片或小黑板即可。比如“巧手寻牌”：

【道具】

扑克牌一副

【表演】

表演者将一副扑克牌展成扇形，反复向观众做交代，然后将扑克牌分成两堆，两手各持半副牌。请两位观众上台。表演者同伸出左右手，请两位观众各抽一张牌，让他俩看清各自所抽的牌，并默记住点数，然后又将这张牌插回原来的扑克中。这时表演者把这两堆牌分别交给两个观众各洗数遍。表演者接过牌，对观众说："现在我能准确无误地找出你们刚才所抽的那张牌。"说着，表演者真的从这两堆扑克里找出了观众所抽的牌。

这个魔术，是表演者利用扑克牌的"奇""偶"数来完成的。

五、数学故事会

由于大多数少年儿童喜欢听故事，可以请同学或老师在晚会上讲数学故事。故事的内容可以是数学家故事，如"结巴数学家和骗子数学家""欧洲的数学王子""陈景润的故事"；也可以是围绕某个数学问题的解决而出现的故事，如"关于无理数的惨案""地图着色引出来的数学问题"，等等。

除以上形式外，还可以有"翻译"接力赛、解题接力赛、拼图比赛、解题对抗赛、电子游艺对抗赛，等等。

8. 数学游艺会

数学谜语

数学名词谜语

1. 算术老师的教鞭
2. 会计查账
3. 两牛打架
4. 牙痛药水
5. 北
6. 设 $x=2$
7. 擦去三角形的一边
8. 登楼计步
9. 未必知多少
10. 马路没弯
11. 拉断了弓背
12. 业
13. 诊断以后
14. 弯路
15. 天梯
16. 屡战皆败
17. 一张八分邮票
18. 议价
19. 小乔
20. 不足为奇

21. 检查原因
22. 火烧赤壁瑜亮计
23. 结绳记事
24. 左推右攻
25. 私字当头
26. 目
27. 严阵以待
28. 员
29. 口
30. 剃头
31. 纱锭
32. 骑术
33. 垂钓
34. 近似值
35. 分、分、分
36. 加、减、乘
37. 婚姻法
38. 盘山道
39. 一元整
40. 牛角刀
41. 欠了多少
42. 娘俩分别
43. 灭虫要领
44. 寻找根据
45. 干
46. 区别很小
47. 硬币累存
48. 不用劳驾
49. 继续竞赛
50. 背着喇叭
51. 讨价还价
52. 断纱接头
53. 一笔债务
54. 两边清点
55. 邮政编码
56. 并肩走路
57. 四三二一
58. 负荆请罪
59. 一输到底
60. 客运章程
61. 人民的力量
62. 对号入座
63. 看谁力量大
64. AB 制演员
65. 面粉堆成山
66. 兵对兵，将对将
67. 鼎足势成魏蜀吴
68. 有情人终成眷属
69. 欲破曹兵箭不足
70. 千里良缘一线牵
71. 天生一只又一只
72. 双杠

73. 放风筝

74. 卅载离别知多少，手足情深一丝牵，
    祖国再度大一统，共盼团聚意志坚。（打四个数学名词）

数量字和数学家名谜语

1. 舌头（打一数量字）
2. 其中（打一数量字）
3. 灭火（打一数量字）
4. 格里格（打一数量字）
5. 上下之间（打一数量字）
6. 一来就干（打一数量字）
7. 夫人莫入（打一数量字）
8. 天下无人敌（打一数量字）
9. 一天人不见（打一数量字）
10. 人有他大，天无他大（打一数量字）
11. 摘掉穷帽子，去掉穷根子（打一数量字）
12. 数字虽小，却在百万之上（打一数量字）
13. 添一笔，增百倍，减一笔，少九成。（打一数量字）
14. 两个蚂蚁抬根棍，一个蚂蚁上面困。（打一数量字）
15. 百万大军卷白旗，天下英雄无人敌，
    秦国死了余元帅，骂阵将军无马骑。（打四个数量字）
16. 古柳生光（打一古代数学家）
17. 虎丘游春（打一数学家）
18. 老爷爷不甘落后（打一古代数学家）
19. 门捷列夫周期表（打一外国数学家）
20. 故园风光雨中新（打一数学家）

21. 抬头一笑　　（打一数学家）

22. 博览全书　　（打一数学家）

算式谜语（在括号内填入适当的文字）

1. (　　)÷ 森=3
2. 多多多多 ÷(　　)=2
3. 人+人+人-(　　)=人
4. (　　)+旭=早
5. 2×(　　)=杏-吕
6. (　　)-2-言=11
7. (　　)+1=百
8. $\frac{(\quad)}{2}$=圄
9. (　　)-草=-19
10. (　　)=众 ×9
11. (　　)=昔 ÷7
12. 2×(　　)=满
13. (　　)=呈 ÷4
14. (　　)+昔=草
15. (　　)=古+只
16. 炎 ×5.5=(　　)
17. 圭 ×9=(　　)
18. 晶 ×10=(　　)
19. 林 ×10=(　　)
20. 双 ×14=(　　)
21. 多 ×12=(　　)
22. 由 ×47=(　　)
23. 18×6=(　　)
24. 大于 4×=(　　)
25. $\frac{1}{250}$斤=(　　)
26. $\frac{5+5}{5\times2+5\times2}$=(　　)
27. 20∶20=(　　)
28. $\frac{2\times5}{6+5}$=(　　)
29. $\frac{2\times5+2\times5}{2\times4}$=(　　)

成语谜语

1. 并驾齐驱　　（打一数学名词）
2. 追本溯源　　（打一数学名词）
3. 大同小异　　（打一数学名词）
4. 众说纷纭　　（打一数学名词）

5. 半斤八两　　(打一数学名词)

6. 一望无际　　(打一数学名词)

7. 一模一样　　(打一数学名词)

8. 千丝万缕　　(打一数学名词)

9. 恰如其分　　(打一数学名词)

10. 二四六八十　　(打一成语)

11. 7 分钟+8 分钟=1000 元　　(打一成语)

12. $\frac{1}{100}$　　(打一成语)

13. 00000　　(打一成语)

14. 10002=100×100×100　　(打一成语)

15.

一			四	五	六		九	十

(打二成语)

16. 0　　(打一成语)

17. 1　　(打一成语)

18. 3322　　(打一成语)

19. 00001　　(打一成语)

20. $\frac{7}{8}$　　(打一成语)

21. 3.4　　(打一成语)

22. 1、2、5　　(打一成语)

23. 7086　　(打一成语)

24. 1∶1　　(打一成语)

25. 1×1=1　　(打一成语)

26. 0+0=?　　(打一成语)

27. 40÷6　　(打一成语)

28. 10^3 与 100^2　　(打一成语)

29. 斤　　(打一成语)

30. 初一　　(打一成语)

31. 零存整取　　(打一成语)

其他谜语

1. 一百减二　　(打一节气)
2. 1234567　　(打一影片名)
3. ><　　(打二种乐器名)
4. 外边不知是多少，里面还是未知数　　(打一字)
5. 分析　　(打一具体的数量词)
6. 一二三四五六七九十　　(打一字)
7. 用三个火柴搭出一个比 3 大，比 4 小的数。　　(打一数)
8. 下面几个不成立的等式如应用于某一种规律就可以成立，你知道吗？

   (1) 3+4=1　(2) 4+6=1　(3) 1+2=1

   (4) 2+2=1　(5) 7+5=1　(6) 123+242=1
9. 八　　(打一发型)
10. 添个小数点，加减乘除全　　(打一字)
11. 一寸少一点　　(打一字)
12. 699　　(打一字)
13. 000000000　　(打一字)
14. 8　　(打一出版物)
15. 427　　(打一国名)
16. 0∶0　　(打一军事术语)
17. 13^3　　(打一字)
18. 3+3　　(打一字)
19. 1+0　　(打一字)

20. 2＋9　（打一字）

21. 20－2　（打一字）

22. 100－1　（打一字）

23. 四去八进一　（打一字）

24. 30天÷2＝？　（打一字）

25. $(10+10)^2$　（打一字）

26. 九　（打　电影名）

27. 十　（打一外国名人）

28. 十　（打一中国作家）

29. 十　（打一军事术语）

30. 一加一不是二　（打一字）

31. 吕蒙　（打生活用品）

32. 十、廿　（打一商品）

33. 二月平　（打一字）

34. 十加十　（打一字）

35. 一尺一　（打一字）

36. 二十四　（打一武术术语）

37. 二百天　（打一字）

38. 水二斤　（打一字）

39. 两方土　（打一字）

40. 二十一　（打一中药名）

41. 算盘珠一串　（打一电影名）

42. 一千零一夜　（打一字）

43. 八九不离十　（打一字）

44. 十一点，点十一　（打一字）

45. 八十一　（打一排球术语）

46. 三十天收入九十天用　　　　　　　　　　　　（打一花名）

47. 左边九加九，右边九十九　　　　　　　　　　　（打一字）

48. 左边十八，右边十八，中间二乘十八，底下一八得八。（打一字）

49. 只识零和一，能算万和亿，软硬我都能，猜我很容易。

（打一机器名）

50. 一家分两院，两院子孙多，多的反比少的少，少的倒比多的多。

（打一用具）

51. 二十四小时　　　　　　　　　　　　　　　　　（打一字）

谜　底

数学名词谜语

1. 指数
2. 对数
3. 对顶角
4. 函数
5. 反比
6. 代数
7. 余角
8. 级数
9. 几何
10. 直径
11. 余弦
12. 虚根
13. 开方
14. 曲线
15. 无穷级数
16. 负数
17. 一次函数
18. 商数
19. 周期（周妻）
20. 偶数
21. 求根
22. 同一法
23. 代数
24. 两面角
25. 公差
26. 恒等式（横等四）

27. 等角
28. 圆心
29. 圆周
30. 除法（除发）
31. 渐开线
32. 乘法
33. 等于（等鱼）
34. 约数
35. 繁分
36. 短除
37. 结合律
38. 曲线
39. 百分数
40. 解
41. 负数
42. 分子、分母
43. 除法
44. 求证
45. 近似于
46. 微分
47. 积分
48. 自乘
49. 连比
50. 负号
51. 商数
52. 连线
53. 负数
54. 分数
55. 函数
56. 平行
57. 倒数
58. 求和
59. 负数
60. 乘法
61. 无穷大
62. 进位
63. 比例（比力）
64. 互为补角
65. 面积
66. 同位角
67. 三角形
68. 同心圆
69. 矢量差
70. 连心线
71. 自然对数
72. 等号
73. 延长线
74. 立体几何、连心线、重合、同心圆

数量字和数学家名谜语

1. 千
2. 二
3. 一
4. 四
5. 一
6. 十
7. 二
8. 二
9. 三
10. 一
11. 八
12. 一
13. 十
14. 六
15. 一、二、三、四
16. 杨辉
17. 苏步青
18. 祖冲之
19. 罗素
20. 陈景润
21. 杨乐
22. 张广厚

算式谜语

1. 杂
2. 罗
3. 从或天
4. 旧
5. 叭
6. 讲
7. 白
8. 固
9. 旱
10. 花
11. 晶
12. 沂
13. 吾
14. 旭
15. 杏
16. 灶
17. 杜
18. 草
19. 枉
20. 枝
21. 萝
22. 横
23. 校
24. 爽

25. 兢

26. 卉

27. 苹

28. 圭

29. 共

成语谜语

1. 平行
2. 求根
3. 近似
4. 群论
5. 相等
6. 无穷大
7. 全等
8. 繁分
9. 精确值
10. 无独有偶
11. 一刻千金
12. 百里挑一
13. 万无一失
14. 千方百计
15. 接二连三 七上八下
16. 周而复始
17. 接二连三
18. 二三两两
19. 挂一漏万
20. 七上八下
21. 不三不四
22. 丢三落四
23. 七零八落
24. 不相上下
25. 一成不变
26. 一无所有
27. 陆续不断
28. 千变万化
29. 独具匠心
30. 日新月异
31. 积少成多

其他谜语

1. 白露
2. 音乐之声
3. 大号小号
4. 风
5. 十八斤
6. 口

7. π
8. (1) 3 天+4 天=1 周
(2) 4 天+6 天=1 旬
(3) 1 旬+2 旬=1 月
(4) 2 季+2 季=1 年
(5) 7 月+5 月=1 年
(6) 123 天+242 天=1 年
9. 分头
10. 坟
11. 于
12. 皂
13. 究
14. 连环画
15. 法兰西
16. 空对空
17. 陪(口 1 为方，阝为 13，即 13 立方)
18. 出
19. 种
20. 秸(和为十一)
21. 槎
22. 白
23. 日
24. 胖
25. 芳
26. 旭日东升
27. 田中
28. 田间
29. 支前
30. 王
31. 两个口罩
32. 进口合成革
33. 朋
34. 茄
35. 寺
36. 对打
37. 荀
38. 满
39. 堃
40. 三七
41. 十五贯
42. 歼
43. 杂
44. 幸
45. 平拉开
46. 月季花
47. 柏
48. 樊
49. 电子计算机
50. 算盘
51. 旧

数学相声

猜谜语

乙：今天，我出几个谜语请大家猜一猜。

甲：我最喜欢猜谜语了，什么“千条线、万条线，落到河里看不见”，这谜底是“雨”。什么“麻屋子，红帐子，里面住着个白胖子”，这谜底是“花生”……

乙：行啦，行啦，你净说些老掉牙的谜语。

甲：你有新谜语？

乙：你既然喜欢猜谜语，这样吧，今天咱俩猜一次数学谜语。

甲：什么叫数学谜语？

乙：不管是谜面还是谜底，要有一方和数字、数学名词、数学家有关，这就是数学谜语。

甲：咳！这个容易。不是吹牛，我的数学呀，在班上还算是拔尖的哪。你只管问吧。

乙：你听着，“7、6、5、4、3、2、1”。你猜猜是什么？

甲：这还不容易。这是西、拉、梭、发、咪、来、哆。谜底是音乐之声。怎么样？

乙：不对、不对。

甲：为什么不对？

乙：照你这样猜，谜面和谜底都和数学没关系呀！

甲：对啦！我忘了是数学谜语了。这个么，太简单，我猜不着。

乙：好嘛！简单倒猜不着。告诉你吧，谜底是“倒数（shǔ）”。

甲：为什么是倒数呢？

乙：正数（shǔ）是1、2、3、4、5、6、7，倒数（shǔ）不就是7、6、5、4、3、2、1么！

甲：这明明是倒数（shǔ）嘛！你硬说成是倒数（shù）。

乙：这是字同音不同。正是这个谜语的巧妙之处！

甲：像这样简单的谜语，我也会出。不信，我考你一个，“一二五”，打一个成语。

乙：一、二、五？我刚才说的是1、2、3、4、5、6、7，他这次来个一二五。你说说吧，我还真猜不着。

甲：“丢三落四”呀！一二五中间不是少三和四嘛！

乙：嗯，有点意思。你再猜一个，“诊断以后”，打一数学名词。

甲：（自言自语）诊断以后……医生给病人看病，一量体温41℃，一量血压90和170，这个病人太危险了，这时医生应该怎么办呢？赶紧叫病人住院。对！住院。我猜出来了。

乙：谜底是什么？

甲：住院。

乙：住院？住院是数学名词吗？

甲：这个……咳！我又忘了这个茬儿了。

乙：谜底是“开方”。医生看完病，就应该给病人开药方，所以是开方。

甲：那要是病人没病呢？

乙：没病你上医院！

甲：你再出一个谜语，我猜猜。

乙：目，就是目录的目，打一个数量字。

甲：目，目者眼也。这眼睛和数学有什么关系？这……哦！我想起来了，用步枪射击时，三点成一线，用单眼瞄准，一打一中，对！谜底是直线。直线可是数学名词，这回可对了吧？

乙：什么三点成一线，单眼瞄准啦！全不对！

甲：那应该是什么？

乙：你把目字放平了看看，或者说你横着看，你看这个目字变成什么字啦？

甲：横着看……像个中国数字四。

乙：对喽！谜底是四。

甲：好吗？猜你的谜语，脖子上要安个轴承才行，脑袋要来回转。

乙：我再考你一个。

甲：这次可别横着看啦！

乙：“分、分、分”，打一数学名词。

甲：（边想边说）分、分、分，一共三个分。这次我猜着啦！

乙：谜底是什么？

甲：水果冰棍。

乙：什么？水果冰棍？

甲：（得意地）对！水果冰棍。分、分、分，合在一起是三分。三分钱正好买一支水果冰棍。

乙：如果是“分、分、分、分、分”的话，谜底就是奶油冰棍喽！

甲：巧克力的、小豆的也是五分……

乙：我知道！你净惦记吃呀！不对！

甲：不对？

乙：谜底是繁分。三个为多，多就繁，所以是繁分。

甲：我来考你一个。“一元钱”，打一个数学名词。

乙：他刚买完三分钱冰棍，这次又来个一元钱。哎呀！按他买冰棍的观点，这一元钱能买不少根冰棍哪！

甲：谁总吃冰棍？找着闹肚子哪！这个谜底是百分数。

乙：怎么会是百分数呢？

甲：您想，一元钱和一百个一分钱的数目相等。把一元钱都给你换成一分钱的硬币，放在口袋里显多，买冰棍也方便哪！

乙：我不像你，总想吃冰棍。我给你出一个谜，“剃头”，打数学一名词，你猜猜。

甲：剃头？剃什么样式的？是分头、平头，还是光秃？我都会剃。我给你剃个光秃怎么样？凉快。

乙：我剃光秃干什么？你甭管剃什么头，你猜猜谜底是什么吧！

甲：（自言自语）剃头干什么？剃头是为了整容。整容不是数学名词啊！如果是整数还差不多。

乙：猜出来了吗？

甲：别着急嘛！剃头……剃光头……哦！我琢磨出来了。

乙：谜底是什么？

甲：是0。你看，把你头发剃光，你的脑袋多像个0呀！

乙：不像话！谜底是除法，借除发的音。

甲：噢！除发呀！有点意思。你再给我出一个。

乙：你还挺上瘾。这次考你一个难的，“娘俩分别”，打两个数学名词。

甲：这次多了一个。娘俩分别，一定是依依不舍呀！娘哭，儿也哭。这可打两个什么数学名词呢？哦！我想起来了，谜底是“不能分”。

乙：什么叫不能分哪？

甲：数学上有不能分呀！比如用尺规作图三等分任意角，就是不能分。

乙：不能分，娘俩怎么分别呀！告诉你吧，谜底是分子和分母。

甲：你可够狠的！又分子，又分母。

乙：你不灵。你连一个也猜不出来。

甲：你再出个试试，我准能猜出来。

乙：好吧。我出个简单点的吧，你听着，“摘掉穷帽子，挖掉穷根子”，打一个数量字。

甲：（边比画边想）把帽子摘掉扔了，再把根挖掉。对！这回有门儿！我猜出来了。

乙：是什么？

甲：是中国数字八。

乙：为什么是八？

甲：把穷字的上面宝盖去掉，再把下面的力字挖掉，不就剩下八了吗？

乙：这次还真叫你蒙对了！

甲：（得意地）什么叫蒙呀！我是没拿出真功夫来。各种谜语，见得多啦！“千条线、万条线，落到河里看不见。”“麻屋子，红……”

乙：（忙拦阻）行啦，行啦！我再考你一个。“添一笔，增百倍，减一笔，少九成”，打一个数量字。

甲：这一笔这么重要？哎呀……我猜出来了。

乙：谜底是什么？

甲：是阿拉伯数字 10。也就是左边一竖，右边一个 0。（得意）怎么样？咱猜的没治了吧！

乙：什么叫没治了？不对！

甲：你瞎说，你看，10 要是在它左边添上一笔，就成了 110 了。由 10 变成 110，不是增百倍吗？

乙：由 10 变到 110 是增百倍？

甲：那是当然！你如果把 10 的左边那个 1 去掉，就变成 0 了。这不是少九成嘛！

乙：亏你说得出“我在全班还是数学拔尖的哪！”连增百倍、少九成都搞不清楚。

甲：我哪儿错了？

乙：10 增百倍应该是 1000 呀！10 少九成应该是 1 呀！我告诉你吧，

谜底是中国数字十。

甲：咳！阿拉伯数字10和中国数字十，同是十，一样嘛！

乙：不一样。中国数字十，上面添一笔，就成“千”字了，这符合添一笔，增百倍。

甲：减一笔，少九成呢？

乙：把十的一竖去掉，不就剩一了吗？这就是减一笔，少九成。

甲：你这个人要赖！同样是十，你那个对，我那个就错！

乙：你那个10不能满足谜面的要求。

甲：这次我出一个谜吧。“格里格”，打一数量字。

乙：格里格？没听说过这个人哪！我知道有个德里格，他写过著名的德里格小夜曲。不知道格里格呀！

甲：怎么样？不知道了吧！告诉你吧，是中国数字四。

乙：这格里格的谜底怎么会是四呢？

甲：你小时候用尺子打过格没有？

乙：打过呀！

甲：“四”整体看是个格吧！可是里面还有三个小格。这不是格里有格、格里套格，格里格吗？

乙：噢，这么个格里格呀！

甲：咱出的谜语，不仅寓意深刻，还兼风趣幽默，实为谜语中之上品也！

乙：行啦，行啦！你这个格里格不怎么样。这次咱俩一人考一个，看谁出的谜语水平高！

甲：就这样办！你先出。

乙：“98.3”，打一个字。

甲：这个人可真够抠门儿的。四舍五入，就算98完了！还非多出一个“.3”。

乙：不成，就是 98.3，少一点也不成。

甲：死心眼！这个我猜不着。

乙：谜底是染色的染字。

甲：怎么会是染字呢？

乙：你看哪！（用手比画）九十八写在一起是个“杂”字。

甲：“.3”呢？

乙：在左上面点三个点，不就成了染字嘛！

甲：噢，“.3”是点三个点呀！你听我的，“八十一”，打一体育术语。

乙：八十一？体育术语？那是八一足球队。

甲：什么呀！八一足球队是体育术语吗？

乙：应该是什么呢？

甲：谜底是“平拉开”。

乙：怎么会是平拉开呢？

甲：你把平字拉开，不就是八、十、一吗？

乙：你把它全拆啦。我再说一个“门捷列夫周期表”，打一外国数学家的名字。

甲：我对外国数学家不熟。

乙：谜底是罗素，英国数学家。

甲：“老爷爷不甘落后”，打一位中国数学家。

乙：猜不着。

甲：祖冲之呀！

乙：祖冲之？

甲：爷爷是祖父吧，老爷爷不甘落后，必然是干劲冲天呀！合在一起不就是祖冲之嘛！

乙：咳！

谈 尺

甲：你近来个头见长，有一丈没有？

乙：我多大了还长个？再说我再长个，也长不到一丈啊！一丈合三米多哪！

甲：唉！你完了！

乙：我长不到一丈怎么就完了？

甲：你长不到一丈，就不能成为大丈夫了。

乙：那为什么？

甲：据说夏禹治水时，使用了圆规、直尺。夏禹把自己的身高定为一丈，其身高的十分之一定为一尺，“丈夫”一词，就是身高一丈之夫，也就是身高一丈的男子汉。

乙：夏禹真有三米多高？

甲：夏禹我没见过，我想不会那么高。古代的一丈和现代一丈不一样长。

乙：对了，可能那时候的丈短。

甲：古代的长度单位是五花八门，怎么规定的都有。

乙：你能给大家介绍介绍吗？

甲：先给你讲讲古埃及的尺吧。你把胳膊伸出来，手掌伸直（甲给乙弄直前臂和手掌）。

乙：干什么？掰腕子？

甲：从肘部至中指尖的长度叫一腕尺。

乙：用胳臂当尺？

甲：对！最早的长度单位，就是用人体的某一部位作标准。

乙：可是人的胳臂有长有短，这怎么统一呢？

甲：那没关系。你知道著名的埃及胡夫金字塔吧。

乙：知道。那是埃及最大的金字塔，塔高将近 150 米。

甲：它的底是个正方形，它的每边就是用古埃及王胡夫的腕尺来量的，恰好是五百腕尺。

乙：胡夫趴那儿，用胳臂来量也够费劲的。

甲：古希腊的尺也是用人体的某一部位作标准。你把双臂向左右伸平。

乙：（把双臂伸平）伸平干什么？

甲：你两中指尖的距离叫一寻。已经发现的公元前 6 世纪古希腊的大理石板上，就刻着这么个图形。这是古希腊长度单位—寻。

乙：这种规定有点意思。后来的码、英里、尺、寸又怎么规定的呢？

甲：立正！（乙立刻立正）向右转！齐步走！

乙：（高唱）革命军人个个要牢记，三大纪律……

甲：回来，回来。古罗马恺撒大帝时代，规定罗马士兵行军时，一千双步为一哩，是带口字旁的哩，也就是一英里。你看过京戏吗？

乙：我爱看京戏。

甲：你学一学皇上走路（甲嘴里打着锣鼓点，乙迈着方步往前走）。

乙：叫我这么走干什么？

甲：我国唐朝，唐太宗李世民规定，以他的双步，也就是左右脚各走一步作为尺的标准，叫作“步”，并规定一步为五尺，三百步为一里。后来，又规定中指的当中一节为一寸。

乙：走路、胳膊、小臂、手指，什么都能当长度单位。这长度单位只考虑上半身，下半身不用了吗？

甲：你把脚伸出来。（乙伸出右脚）你这脚不够大。

乙：还不够大？我穿 43 号鞋。

甲：公元 8 世纪，罗马帝国的查理大帝规定，以他的脚长为一新罗马尺。

乙：这回脚也用上了！

甲：你把手臂向前平伸。

乙：可真够折腾人的！

甲：（边比画边说）公元9世纪，英王亨利一世将他的手臂向前平伸，从他的鼻尖到指尖之间的距离为一码。英国又规定，以麦穗中36粒最大的麦粒头尾相接排成的长度为一英尺。

乙：好年景和坏年景的麦粒可不一样长啊！

甲：英王埃德加把他的拇指关节间的长度定为一英寸。伸开食指和拇指，你看多像“尺”字，这可以说是尺字的来源。

乙：这些规定都不科学啊！

甲：古代人也考虑这个问题了。比如德国人认为三十六粒麦粒的长度作为一英尺，不够准确。他们又规定以走出教堂的十六名男子左脚总长度的十六分之一作为一英尺。这就反映了人们想找一种长度固定不变的尺。

乙：上哪儿去找固定不变的尺呢？

甲：这时，人们就想起了地球。嘿，你认识康熙不？

乙：清朝皇帝？知道，就是没见过面。

甲：18世纪初，康熙皇帝在我国东北地区进行了大规模地测量。规定地球子午线上1度为200里，每里为1800尺。

乙：用地球作标准，可就精确多了。

甲：80年后，法国科学家提出，用从地球赤道到北极之间距离的一千万分之一作为一米尺。

乙：长度单位“米”产生了。

甲：法国科学院请数学家达朗贝尔和梅谢茵两人主持测量工作。他们从加来海峡开始，经过巴黎，越过比利牛斯山，直到地中海的福尔门特拉岛进行了实地测量，得出一米等于0.512074督亚士。

乙：托拉斯？

甲：什么托拉斯呀，督亚士！是法国古尺。

乙：是法国古尺，你别说外文哪！

甲：1875年十七国外交代表在法国巴黎签署了“米制公约”，正式确定米尺为国际通用尺，并用铂铱合金做成标准的尺，保存在巴黎国际计量局的地下室里，从此世界上有了一把统一的尺了。

乙：这次可再不用胳膊、脚、走步和鼻子尖喽！可算找到了一把精确的尺。

甲：随着科学技术的发展，人们发现地球的大小和形状也在不断变化，米尺也不够准确。

乙：那可怎么办?

甲：科学家发现单色光的波长是固定不变的，后来就用单色光作尺，接着又用激光作尺，这样，“光尺”就产生了。

乙：科学在不断进步！

甲：你今后哪怕再长十万分之一米，我们都能发现。

乙：为什么呢?

甲：你长高多少都可以用激光精确地量出来。

乙：我不长个了。

猫和字母的研究

乙：前些日子，你怎么总愁眉苦脸的?

甲：唉，别提了。从学代数那天起，我就成了放鸭少年了。

乙：怎么？你不上学，放鸭子去啦?

甲：咳，不是那个意思。自从上中学，学代数之后，我每次考试都得2分，不到半学期，我就得了一串2鸭子。

乙：噢！你是个放2鸭子的少年哪！这问题可不小啊！

甲：谁说不是哪！

乙：你到底哪儿不明白？

甲：我就弄不懂代数里的 a、b、c 这些字母。a 一会儿在这道题里代表 3，一会儿又在那道题里代表 -5，过一会儿它又跑到另外一道题里代表 $\sqrt{2}$。你说说，这个 a 到底有没有个准主意？

乙：唉！代数代数，它的特点就是以字母代替具体的数。

甲：对，老师也是这么讲的。可是也邪了，我就是弄不懂。老师看我总弄不懂字母的含意，就不叫我研究字母啦。

乙：那研究什么哪？

甲：研究猫。

乙：研究猫？这可真新鲜。这和学代数有什么关系？

甲：这招儿还真高！我一研究猫，结果是顿开茅塞，豁然开朗，方兴未艾，飞黄腾达。

乙：这形容词都合适吗？总之，你不放鸭子了。

甲：对。

乙：你能给大家讲讲，你是怎么弄明白的？

甲：可以。我先问你一个问题，你见过猫吗？

乙：瞧你这话问的！我这么大个子，连猫都没见过？我还告诉你，我家就养了一只大花猫。

甲：（用不信任眼光看着乙）你这个人可真够胆大的！你家里养了一只花猫，就敢说见过猫。我家里养着一只大黑猫，外加三只小猫，我都不敢说见过猫！

乙：（用手摸摸甲的前额）你是不是发烧，说胡话哪！

甲：我现在体温 36℃，清醒得很！我可以肯定地说，你没见过猫！

乙：你说我没见过猫，那我家的大花猫，你家的大黑猫都不是猫吗？

甲：大花猫就是大花猫，大黑猫就是大黑猫，它们不是抽象的猫，而是具体的猫；它们不是写在纸上，说在嘴上，印在书上的那个“猫”，而是整天咪咪叫，活蹦又乱跳，花猫用心逮老鼠，黑猫整天瞎胡闹，是这样的猫。你懂了吧?

乙：我……糊涂了。

甲：我的意思是：你见过许多只具体的猫，可是你从来没见过抽象的猫。这样吧，我用数学给你证明一下，你可能就明白了。

乙：还能证明？那你赶紧给我证证吧。

甲：假设你看见你的大花猫，就等于看见了猫。写成数学式子就是“大花猫＝猫”；又假设你看见我家的大黑猫，也等于看见了猫。写成数学式子就是“大黑猫＝猫”。由“猫＝猫”，就可以推出“花猫＝黑猫”。

乙：推出“花猫＝黑猫”又怎么样呢?

甲：那我就用我家的黑猫去换你家的花猫，我现在就去（说着就往外走）。

乙：（着急）回来！谁愿意拿一只能逮耗子的猫，去换你们家那只瞎胡闹的猫呀!

甲：你不愿意换，就说明花猫不等于黑猫。也就说明了你看见的只是花猫、黑猫，而没看见猫。

乙：这话听着可真别扭!

甲：“猫”这个概念，是从千千万万只具体的猫中抽象出来的。可以说，从古到今，谁也没见过抽象的猫，见到的都是具体的猫。

乙：这个抽象的猫究竟有什么用？咱们不要它成不成?

甲：不要抽象的猫，只要一个个具体的猫。那可不成!

乙：我看不要也没什么关系。

甲：咱们打个比方吧。比如，你晚上睡得正香。一群猫在房上打架，把你吵醒了。你母亲在那屋听到声音问你：“房上什么声音?”

乙：我就说：“猫打架!”

甲：那可不成。猫打架中的“猫”字，就是抽象的猫，你不是说不用了吗？

乙：那，我该怎么回答哪？

甲：你回答说，您先等等。然后你赶紧穿好衣服，拿上手电，蹬着梯子上了房。

乙：我上房干什么？

甲：（学用手电筒照猫的样子）你大声说："妈，我看见了。是东边张大妈家的大白猫，西边李大婶家的大黄猫，南边王大爷家的大黑猫，还有咱家的大花猫，在一起打架哪！您看，我应该采取什么紧急措施？"

乙：一个猫打架，还要什么紧急措施。轰开了就完了。

甲：由于你没有抽象的猫的概念，你必须一个一个具体说出来。

乙：这么说，还真少不了抽象的猫。

甲：不仅仅是猫。平常说的狗、牛、羊、土地、山川、河流都是抽象概念。你生活中一时一刻也离不开抽象。

乙：猫我懂了。这和数学有什么关系？

甲：有关系！我先来问你一个问题：你能用式子表示两个数相加吗？

乙：这个容易。$1+2$，$2+3$，$5+7$ 这些都表示两个数相加。

甲：我让你写出一个式子，表示任意两个数相加，行吗？

乙：这……实数有无穷多个，我哪写得完哪！写不了。

甲：我就能写。

乙：你写个看看。

甲：$a+b$，其中 a、b 表示任意实数。这个式子就表示任意两个实数相加。

乙：这个式子里的 a、b 算什么呢？

甲：字母 a、b 就像咱们刚才研究的猫一样，是从无穷多个实数中抽象出来的数。

乙：它能表示 $0.8+(-0.9)$ 吗？

甲：能啊！让 a 等于 0.8，让 b 等于 -0.9，这样 $a+b$ 不就表示 $0.8+(-0.9)$ 了嘛。

乙：（点头）是这么回事。

甲：如果不用抽象的字母来表示数，“两个数相加”只能用文字或语言来叙述，根本不能用数学式子来表示。

乙：听你这么一说，我还真有点明白了。

甲：不见得。遇到具体问题你可能还会糊涂。

乙：我告诉你，我再糊涂也不至于放 2 鸭子。

甲：你可能放不了 2 鸭子，很可能专门拣鸭蛋。

乙：啊！我净得 0 分呀！

甲：你还别不服。我出个简单问题考考你，你就清楚了。

乙：你考吧！

甲：$3a$ 和 $2a$ 谁大呀？

乙：那还用问，当然 $3a$ 比 $2a$ 大了。

甲：为什么？

乙：这不很简单嘛！同样大小的五个苹果，分成 3 个一堆和 2 个一堆，你准拿 3 个一堆的，因为这堆多。

甲：我不至于那么馋。

乙：3 只羊比 2 只羊多，你 3 岁时肯定比 2 岁时大，当然 $3a$ 比 $2a$ 大。

甲：如果 a 等于 -1 呢？

乙：那也一样：3 个 -1 是 -3，2 个 -1 是 -2，-3 大于 -2……哟，不对了。

甲：所以说 $3a$ 大于 $2a$ 不一定对！

乙：那应该怎么说才对？

甲：猫是从千千万万只猫中抽象出来的，所以，猫可以表示大猫，也可以表示小猫；可以表示公猫，也可以表示母猫；可以表示花猫，也可以表示不花猫。

乙：什么叫不花猫呀？

甲：同样，字母 a 代替数，a 是从无穷多个具体的实数中抽象出来的。它可以代表正数，也可以代表负数，还可以代表零。你只把 a 看成正数是不对的。

乙：（不好意思地）我不是看 a 前头没有负号嘛！你快告诉我，怎么说才对吧！

甲：正 a 不一定表示的就是正数，$-a$ 也不一定表示的是负数，那要看 a 代表什么数来定。

乙：是，你快告诉我怎么说才对吧！

甲：a 没写分母，它也不一定表示整数；$\frac{1}{a}$ 是分数形式，它也不一定就表示分数，那要看 a 具体代表什么数来定。

乙：（急了）我说，你怎么总打岔呀！你到底会不会写呀？

甲：怎么能不会写哪！由于 a 可以表示正数、负数和零。所以，当 a 大于 0 时，$3a$ 大于 $2a$；当 a 小于 0 时，$3a$ 小于 $2a$；当 a 等于 0 时，$3a$ 等于 $2a$。

乙：行！你对“猫”真没白研究。通过猫的抽象的道理，你还真懂了字母的抽象性。我宣布：从现在起摘掉你放鸭少年的帽子。

甲：我是明白了，你可还有点糊涂吧？我宣布，放鸭工作从现在起，由你来接任。

乙：我呀？！

不对称世界奇遇记

（甲、乙分别由左右上，甲一手捂着半边脸）

乙：哟！你左脸怎么肿了？

甲：咳！别提了。我到不对称世界旅行了一次，把我给摔肿了。

乙：这么说，你也摔得不对称了。你给我讲讲这是怎么回事？

甲：（突然又笑了）嘻嘻，真有意思。

乙：摔成这样子，你还笑哪，还有意思哪！

甲：这件事说起来太离奇了，太有意思了，哈哈……

乙：这个人八成有毛病。你倒说说怎么个有意思法。

甲：有一次我在杂志上看见一篇文章，叫作《谈谈不对称美》。我看了这篇文章很受启发。我想，对呀！咱们这个世界上对称的东西太多了，一多就俗了。

乙：那你的意思呢？

甲：如果有这么个世界，在这个世界里什么东西都不对称，那该多有意思呀！

乙：你哪儿去找这么个不对称世界呀？

甲：你还别说。有一天晚上，我躺在床上正琢磨着不对称世界如何如何美。忽听外面“砰、砰”有人敲门。

乙：都这么晚了，谁会来找你呢？

甲：我也是这样想，我穿好衣服打开门一看。我的妈呀！

乙：你怎么啦？看见什么啦？

甲：门口站着一个小怪人，他的长相就别提多丑了。半个脸大、半个脸小，左胳臂长、右胳臂短，左腿粗、右腿细。

乙：这长相是够邪的。会不会是外星人哪？你问问他。

甲：（颤抖着声音）你——是——谁呀？

乙：他怎么回答的。

甲：他很有礼貌，先向我行了个礼（伸右腿，伸右手，来个欧洲古典式的行礼）。

乙：这是要跳“天鹅湖”呀？

甲：他对我说：“亲爱的小毅同学，听说你特别喜欢不对称，我特地请你到我们不对称世界游览。”

乙：嘿！找上门来啦！你就快去吧。

甲：（犹犹豫豫）我没出过门。小怪人说：“那不要紧，我们一切都给你安排好了，门口有汽车接你。”

乙：汽车接？好大谱儿呀！

甲：别提汽车啦，我倒霉就倒霉在这辆汽车上啦。

乙：怎么啦？

甲：我出门一看，这辆汽车是一边鼓、一边瘪。人家小怪人要开车，他就坐到鼓的一边去了。

乙：那你坐哪边？

甲：我还能坐哪边？我爬进瘪的一边吧！爬进去根本坐不起米，只能躺在汽车里。

乙：好嘛，成救护车了。他为什么把汽车做成这样？

甲：是啊！我也是问他，你们为什么不把汽车做成两边一样高呢？

乙：他怎么说的？

甲：小怪人冲我一笑说：“两边一样高？像你们的汽车那样？那可不成，那样就左右对称了。在我们不对称世界中，没有一件东西是对称的。”

乙：得，你就舒舒服服地在汽车里躺着吧。

甲：要是能舒舒服服地躺着，那倒好喽。汽车一开动，可了不得啦，这汽车不但上下颠得厉害，而且左摇右晃，活像扭秧歌。

（甲做左摇右晃，快要倒地的姿势。乙赶紧扶住了他。）

乙：得、得。再摇晃你就散架了。

甲：我实在受不了，我大喊：“停车！”我下了车一看呀，差点没把我鼻子气歪了。

乙：怎么回事？

甲：四个车轱辘，楞没有一个是圆的。我冲小怪人说：“你这汽车轱辘怎么一个圆的都没有，这走起来谁受得了呀！”

乙：他怎么说的？

甲：小怪人一本正经地说：“圆是我们最讨厌的图形了。在圆内随便画一条直径，两个半圆关于这条直径都是对称的。在我们那儿严格禁止圆形物体出现。对不起，车轮不能做成圆的。”

乙：得！不对称世界中没有圆形。我看你怎么办？

甲：（无可奈何的样子）怎么办？我再钻进汽车吧。这一路，差点把我给摇晕了。好容易到了不对称世界，我爬出汽车一看，哎呀，妈呀！（装作害怕躲到乙的身后）

乙：你又怎么啦？

甲：这楼房要倒，快跑吧！（说完拉起乙就往台下跑）

乙：回来！哪儿的楼房要倒？

甲：我下车一看，不对称世界盖的房子七扭八歪，其中有斜三角形的，有梯形的，还有瘪茄子形的。

乙：这都是什么形呀！

甲：最使我害怕的是有的高楼像比萨斜塔一样向一侧倾斜着。看样子，过不了多会儿就会倒下来。

乙：多悬哪！怪不得你吓成这模样。

甲：小怪人还对我说：“你看，这些不对称的楼房多美呀！这里没有两座是一样的。不像你们那儿的楼房，方方正正像一个个大火柴盒，多枯燥、多单调。”

乙：他们的楼房倒是不单调，谁敢住啊！

甲：小怪人说：“该吃午饭了。”说着就领我走进他们的食堂。他给了我一个变了形的塑料碗，一长一短的两根筷子。我一看，嘿！这碗和筷子也都不对称啊！

乙：这双筷子怎么使?

甲：凑合吧。没过一会儿，小怪人端来了一只烧鸡。

乙：还猛一通招待。

甲：他掰下一只这么粗（用手比画）的鸡大腿，递给了我。

乙：这鸡大腿快赶上玉米棒子了。

甲：他又掰下一只这么细（用手比画）的鸡大腿，自己吃。

乙：这只鸡大腿成了柴火棍了。

甲：我一路上颠得真饿了，拿起鸡大腿就“吭哧”一口。

乙：你慢点吃。唉，你们俩吃的是一只鸡，还是两只鸡呀?

甲：一只鸡呀!

乙：一只鸡怎么会一条腿这么粗，另一条腿这么细呢?

甲：不对称世界的鸡也不对称嘛。

乙：咳！我忘了这茬了。不对称世界养的鸡也是怪鸡。

甲：吃完饭我帮人家收拾收拾吧。

乙：那应该。

甲：我把桌子上的碗摞起来，准备送走。可是我怎么摞也摞不起来。

乙：这是怎么回事?

甲：原来这碗是一个碗一个样，没法摞。出了食堂我打了个哈欠。

乙：这一路折腾得够累的，困劲上来了。

甲：小怪人看我有点困，就领我到一间斜着的房子去睡觉。

乙：对你还真照顾。

甲：这床一边高一边低，枕头是一头高一头矮。

乙：这怎么睡觉?

甲：困得没办法，我小心翼翼地爬上床，轻轻地枕上枕头。拉过一条被子，咦？我怎么找不到被头。

乙：被头呢?

甲：我一想这被子准不是长方形的，因为长方形是对称图形啊！这里不存在。我把被子胡乱盖在身上，就睡着了。

乙：困极了。

甲：突然一阵吵闹声，把我吵醒了。我一翻身，“轱辘、啪嚓、哎呀！”

乙：干什么哪，这么热闹?

甲：这是我起床三部曲呀！

乙：这轱辘——

甲：我一翻身，轱辘下床啦！

乙：啪嚓——

甲：我摔到地上了。

乙：哎呀——

甲：摔得我这个痛哟！我咬着牙爬起来，想看看表。哟？这表我怎么不认识呀?

乙：摔晕了吧！

甲：没有。小怪人听见声，进门看见我冲着表发愣，连忙解释：“我们这里的时间也和你们的不一样，白天11小时，上午6小时，下午5小时；夜晚15小时，前半夜8小时，后半夜7小时。”

乙：好嘛！连时间都不对称。怪不得你看不懂呢！

甲：这时我听外面挺吵，我趴窗台往外一看，嘿！外面正赛足球哪！

乙：你是个球迷，又是咱们学校著名的右前锋，还不下去踢两脚?

甲：我一听说踢球脚就痒痒，可是我一看这个足球场，劲头就下去一半。

乙：这和足球场有什么关系?

甲：这个足球场也太不合乎要求了，半个球场长，半个球场短，两个门也是一大一小，而且都歪歪扭扭。

乙：是没法踢！

甲：球赛还没开始，他们嚷嚷少一个人没法赛。

乙：双方都应该有十一名队员才能踢。

甲：我一数，两边都是十一个队员，正合适！小怪人在一旁说："双方人数不能一样多，一边 11 个人，另一边就得 12 人，这样才能保证双方布阵不对称。"

乙：真新鲜！

甲：小怪人拉着我说："你去就正合适了。"我没法子，就下去踢一场吧！

乙：你还是踢右边锋的位置吧。

甲：开球后，我们这边的一名后卫，一个大脚把球传到对方的门前，我急忙冲了上去，待球刚一落下，我来个漂亮的鱼跃顶球，只听得"唰"的一声。

乙：球顶进去了？

甲：我进球门了。

乙：球呢？

甲：找不着了！

乙：你外号"铁头"，头顶攻门一攻一准呀！

甲：我拿过足球一看，我这个气呀！

乙：足球又招你了？

甲：不是。这个足球根本不圆。这个球，这儿瘪进一块，那儿鼓出一块。这样足球别说我踢，就是把国际球星马拉多纳请来踢，他也踢不着！

乙：这球没法踢。

甲：我把这个南瓜样的足球用力往地上一扔，扭头就离开了球场。一回头，看见小怪人正在植树，我跑过去帮帮忙。

乙：你也种两棵？

甲：帮助挑水。我拿起扁担一看，一头粗一头细。

乙：扁担也不能对称。

甲：挑起水桶，一个桶大一个桶小。

乙：挑起来，两头不能对称。

甲：我从水井打满了两桶水往回挑，扁担两头总平衡不了。（一边说一边学挑水的动作）由于一头沉一头轻，走起来扁担一上一下，我跟着是一左一右。

乙：好嘛，扭起秧歌来了。

甲：等挑到地点，再一看水桶里的水。

乙：怎么样?

甲：只剩下一小半了。

乙：全晃荡出去了。

甲：我一想这个气呀！这不对称世界可真够邪的！什么事儿也干不好。我擦了头上的汗，找个地方坐会儿。

乙：唉，歇口气吧！

甲：我一看下水道盖挺干净。他们的下水道盖的样子也特别，既不圆也不方。

乙：圆的、方的都对称，不能要。

甲：我一屁股就坐到下水道盖上。这一坐可不得了，下水道盖这么一歪，我就“嗖”的一下掉进去了。

乙：(拉着甲着急地）那可不行，下水道里是又深又臭，掉进去危险！

甲：(手脚乱动）我高喊：“救命啊！来人啊！”

乙：有人救你吗?

甲：就听得“啪”的一声，屁股上重重地挨了一下。

乙：救人应该往上拉，哪有往下打的?

甲：哪呀！我在床上正在那儿蹬被子哪！我爸爸照我屁股给了一巴

掌，“还不起来上学？瞎嚷嚷什么？”

乙：噢，你这是做了个梦啊！

数学游戏

猜年龄

【道具】

事先按下图画好六张图表。

32	33	34	35	36	37
38	39	40	41	42	43
44	45	46	47	48	49
50	51	52	53	54	55
56	57	58	59	60	61
62	63				

（A）

16	17	18	19	20	21
22	23	24	25	26	27
28	29	30	31	48	49
50	51	52	53	54	55
56	57	58	59	60	61
62	63				

（B）

8	9	10	11	12	13
14	15	24	25	26	27
28	29	30	31	40	41
42	43	44	45	46	47
56	57	58	59	60	61
62	63				

（C）

4	5	6	7	12	13
14	15	20	21	22	23
28	29	30	31	36	37
38	39	44	45	46	47
52	53	54	55	60	61
62	63				

（D）

2	3	6	7	10	11
14	15	18	19	22	23
26	27	30	31	34	35
38	39	42	43	46	47
50	51	54	55	58	59
62	63				

（E）

1	3	5	7	9	11
13	15	17	19	21	23
25	27	29	31	33	35
37	39	41	43	45	47
49	51	53	55	57	59
61	63				

（F）

【游戏方法】

主持人宣布可以用六张图表卡片，猜出在座的不超过63岁的人的年龄。当被猜同学上来之后，主持人按A、B、C、D、E、F的顺序出示图表给这位同学看，让他回答图表上有没有他的年龄，最后说出被猜同学的年龄。

击鼓传花

【道具】

事先做好许多纸卷，纸卷上写着数学问题。

【游戏方法】

参加游戏的同学围坐成一圈，大家边唱歌拍手，边传纸卷，或一个人敲鼓大家传纸卷。歌声或鼓声一停，手拿纸卷的同学就要回答纸卷上的问题。答不出来就要表演节目。

下面的问题可供参考：

（1）根据任意两个有理数中间一定有一个无理数，任意两个无理数中间一定有一个有理数，是不是可以推出有理数和无理数的数目相等？

（2）9^{9^9}、9^{99}、99^9，这三个数中哪个最大，哪个最小？

（3）六十进位制最早是什么人发明的？

（4）负数最早是哪国人，在哪本书中提出来的？

（5）$3a>2a$ 对吗？为什么？

（6）对数发明人是谁？他是哪国人？

（7）边长为 π 的正方形和直径为 π 的圆，哪个面积大？

（8）已知方程 $x^2-6x+q=0$ 的两根相等，求 q 的值？

（9）以 a 和 $\frac{1}{a}$ 为根，写一个一元二次方程。

（10）《几何原本》是谁写的？他是什么时候的人？

过 五 关

【道具】

在教室四个角和中央共放上五把椅子，算作五关。由五名同学各把一关，把五关编上号。

【游戏方法】

做游戏的同学要按编号一关一关地“闯”。到哪关，由把关的同学提一个数学问题，如果答对就闯过一关，然后再到下一关去回答问题；如果第一关就没闯过，做游戏的同学就被淘汰。过了一关以上又没闯过，做游戏的同学就代替上一关把关的同学去把关。比如没有闯过第三关，他就代替第二关同学把关。过了五关才算胜利。

注意，问题不要提得太难，不要大量计算。

下面给出一些题目，供把关人参考：

（1）直径为一尺的大西瓜的体积是直径为半尺的小西瓜的体积的几倍？

（2）祖冲之算出圆周率的“约率”和“密率”各是多少？

（3）“勾三股四弦五”是不是就是“勾股定理”？

（4）一个人比另一个人大 12 岁，而他俩年龄的乘积等于 253，求这两个人的年龄？

（5）怎样的二次方程有一个根等于零？

（6）由 51 到 100 的所有自然数之和减去由 1 到 50 的所有自然数之和等于多少？

（7）为了能够求得以 10 为底 36、120、1.08、$\frac{4}{75}$ 的对数，只需有哪几个整数的对数就够了？

（8）知道 $\log_2 N=-0.1$，比较 1 和 N 的大小。

（9）已知时钟只在整点打响，一昼夜时钟一共打了几下？

（10）不重复地用数字 2、4、5 可写出多少个三位数来？

请 你 当 医 生

【道具】

在教室的一角布置一座“数学医院”，事先印好一些“病历”。

病 历

编号
表现：
诊断：
结论：

【游戏方法】

参加游戏的人都扮演实习医生，发给每人一张病历。实习医生在病历上填写诊断结果。诊断正确的，发奖。

下面给出 10 个病人表现材料，供参考。

【1】$-1=1$

由

$$2^7+3^2=3^2+2^2,$$

两边同时减去 $2\times2\times3$，得

$$2^2-2\times2\times3+3^2=3^2-2\times2\times3+2^2,$$

根据 $a^2-2ab+b^2=(a-b)^2$，得

$$(2-3)^2=(3-2)^2,$$

两边同时开平方

$$\sqrt{(2-3)^2}=\sqrt{(3-2)^2},$$

得

$$2-3=3-2,$$

即

$$-1=1。$$

【2】$2>4$

由

$$\frac{1}{4}>\frac{1}{16},$$

得

$$\left(\frac{1}{2}\right)^2>\left(\frac{1}{2}\right)^4,$$

两边同时取对数

$$\lg\left(\frac{1}{2}\right)^2>\lg\left(\frac{1}{2}\right)^4,$$

由对数性质，得

$$2\lg\frac{1}{2}>4\lg\frac{1}{2},$$

两边同除以 $\lg\frac{1}{2}$，得

$$2>4。$$

【3】$2=1$

设 $a=b$，有 $a^2=ab$，

两边同减去 b^2，得

$$a^2-b^2=ab-b^2,$$

分解因式，得

$$(a+b)(a-b)=b(a-b),$$

两边同用 $a-b$ 除，得

$$a+b=b,$$

因为 $a=b$，所以 $2b=b$，

两边同用 b 除，得 $2=1$。

【4】$\frac{1}{4}>\frac{1}{2}$

由 $\sin\frac{\pi}{6}=\sin\frac{\pi}{6}$，

两边同取对数，得

$$\lg\sin\frac{\pi}{6}=\lg\sin\frac{\pi}{6},$$

因为 $\lg\sin\frac{\pi}{6}+\lg\sin\frac{\pi}{6}>\lg\sin\frac{\pi}{6},$

所以 $$2\lg\sin\frac{\pi}{6} > \lg\sin\frac{\pi}{6},$$

由对数性质，得

$$\lg\sin^2\frac{\pi}{6} > \lg\sin\frac{\pi}{6},$$

因为底数大于 1，对数大的真数也大，

所以 $$\sin^2\frac{\pi}{6} > \sin\frac{\pi}{6},$$

由 $$\sin\frac{\pi}{6} = \frac{1}{2},$$

得 $$\left(\frac{1}{2}\right)^2 > \frac{1}{2},$$

$$\frac{1}{4} > \frac{1}{2}。$$

【5】$n+1=n$

由 $(n+1)^2=n^2+2n+1$,

两边同时加上 $-(n+1)(2n+1)+\frac{1}{4}(2n+1)^2$，得

$$(n+1)^2-(n+1)(2n+1)+\frac{1}{4}(2n+1)^2=n^2-n(2n+1)+\frac{1}{4}(2n+1)^2,$$

利用 $(a-b)^2=a^2-2ab+b^2$，得

$$[(n+1)-\frac{1}{2}(2n+1)]^2=[n-\frac{1}{2}(2n+1)]^2,$$

两边同时开平方，得

$$\sqrt{[(n+1)-\frac{1}{2}(2n+1)]^2}=\sqrt{[n-\frac{1}{2}(2n+1)]^2},$$

即 $$(n+1)-\frac{1}{2}(2n+1)=n-\frac{1}{2}(2n+1),$$

$$n+1=n。$$

【6】$\frac{1}{2}=-1$

设 $$\frac{x}{y+z}=\frac{y}{x+z}=\frac{z}{x+y},$$

得 $\frac{x}{y+z}=\frac{x+y+z}{y+z+x+z+x+y}=\frac{x+y+z}{2(x+y+z)}=\frac{1}{2}$，

又得 $\frac{x}{y+z}=\frac{x-y}{y+z-(x+z)}=\frac{x-y}{y-x}=-1$，

所以 $\frac{1}{2}=-1$。

【7】蚊子重量＝大象重量

设蚊子重量为 x，大象重量为 y，$x+y=2V$；

由 $x+y=2V$，移项得 $x-V=V-y$，

两边同时平方，得 $(x-V)^2=(V-y)^2$，

因为 $V-y=-(y-V)$，

所以 $(V-y)^2=[-(y-V)]^2=(y-V)^2$，

可得 $(x-V)^2=(y-V)^2$，

两边同时开平方，得

$$\sqrt{(x-V)^2}=\sqrt{(y-V)^2},$$

$$x-V=y-V,$$

$$x=y,$$

即 蚊子重量＝大象重量。

【8】直径不等的圆，半径却相等

两个直径不相等的同心圆，固定在一起。

让大圆沿着直线转动一周。

这时，AA'＝大圆的周长＝$2\pi R$，

由于两圆固定在一起，所以小圆也旋转一周，

BB'＝小圆的周长＝$2\pi r$，

因为 $AA'=BB'$，

所以 $2\pi R=2\pi r$，

$R=r$。

即 大圆半径＝小圆半径。

【9】善跑的勇士追不上乌龟

阿基里斯是古希腊神话中善跑的勇士，但是他却追不上一只在他前面爬的乌龟。

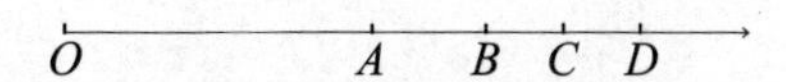

假设乌龟从 A 点起在前面爬，阿基里斯从 O 点出发在后面追。当阿基里斯到达乌龟的出发点 A 时，乌龟同时向前爬行了一小段，到了 B 点；当阿基里斯从 A 点再追到 B 点时，乌龟又向前爬行了一小段，到了 C 点。依此类推，阿基里斯每次都需要先追到乌龟的出发点，而在阿基里斯往前追的同时，乌龟又向前爬行了一小段。尽管阿基里斯离乌龟的距离越来越近，可是永远也别想追上乌龟。

【10】少了2分钱

卖鱼老人有 5 角钱的鱼要卖，同行三人想买，但是每人口袋里最少钱币是 2 角，老人又无钱可找。

三人商定给老人 6 角钱买下 5 角钱的鱼。三人走后，老人越想越不合适。他想法子换成零钱，然后去追买鱼的三个人，在追的过程中要过一条河，过河坐船用去 2 分钱。追上三人，老人说要留下 2 分钱回去坐

船用，结果退给每人2分钱。每人拿出2角又退2分钱，折合每人花1角8分，三个人共用5角4分，老头又花了4分钱，加在一起是5角8分，比6角钱少了2分钱。为什么少了2分钱?

淘 汰 赛

【道具】

15个白围棋子和15个黑围棋子，在一张硬纸上转圈画上30个圆圈，在某一个圆圈旁画上一个五角星。

【游戏方法】

把30个围棋子交给做游戏的人。叫他把围棋子放到30个圆圈中，从画五角星的圆圈数起，按顺时针方向数，从1数到10，凡是数10的棋子就淘汰。

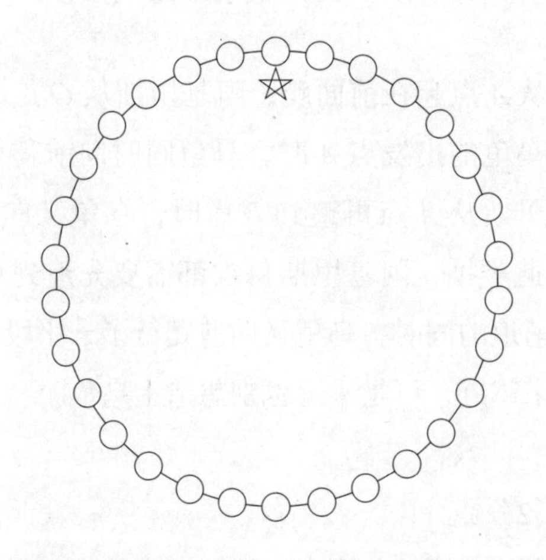

谁能设计出一种摆法，使得黑棋子全部被淘汰，而白棋子全部留下，谁就获胜。限定3分钟内摆完。

（更多“数学游戏”内容，参看《李毓佩数学科普文集·数学传奇与游戏》。）

答　案

猜　年　龄

主持人应该注意各表中的第一个数。凡是被猜同学回答“有”时，主持人就记下这张表所对应的数；如果被猜同学回答“无”时，主持人就记个 0。最后把所有数相加就是年龄。

表	A	B	C	D	E	F
数	32	16	8	4	2	1

例如一个同学回答结果如下

表：A　B　C　D　E　F

回答：无　无　有　无　有　有

计算：$0+0+8+0+2+1=11$（岁）。

原理：这六张图表是一种编码，把被猜的年龄编成一个由“有”和“无”组成的有次序的序列。把“有”用 1 表示，“无”用 0 表示，这样这个序列就变成一个二进位数的信息了。

为什么变成二进位数就可以猜出年龄来呢？

这需要从十进位和二进位的关系谈起，十进位由 0～9 这十个数字组成，是“逢十进一”；二进位只有 0、1 两个数字，是“逢二进一”。可以列一个从 1 到 10 的对照表：

十进位制	0	1	2	3	4	5	6	7	8	9	10
二进位制	0	1	10	11	100	101	110	111	1000	1001	1010

把一个二进位数写成十进位数也很简单，比如 1101，可写成：

$$1\times2^3+1\times2^2+0\times2^1+1\times2^0=8+4+0+1=13。$$

由上面的互化，就可以明白了为什么主持人应该记住图表和一组数的对应关系。实际上，六张图表代表了二进位数的不同位数，“有”和“无”各代表着“1”和“0”。

那么，图表又是怎样列出来的呢？

把64以内的数都变成二进位数，凡是第一位（即末位）为1的数放到（F）表中，第二位为1的数放到（E）表中，依次类推，第六位为1的数放到（A）表中，这样图表就造好了。

击鼓传花

（1）不能。

（2）9^{9^9}最大，99^9最小。

（3）是古代巴比伦人发明的。

（4）负数是中国最早提出来的，见于《九章算术》一书。

（5）当$a>0$时，$3a>2a$；

当$a=0$时，$3a=2a$；

当$a<0$时，$3a<2a$。

（6）十六世纪的英国人耐普尔。

（7）正方形面积大。

（8）$q=9$。

（9）$x^2-(a+\frac{1}{a})x+1=0$。

（10）是古希腊的欧几里得，他是公元前3世纪的人。

过五关

（1）8倍。

（2）约率为$\frac{22}{7}$，密率为$\frac{355}{113}$。

（3）不是，“勾三股四弦五”是“勾股定理”的特殊情况。

（4）11 岁，23 岁。

（5）常数项为 0。

（6）2500。

（7）2、3、5。

（8）$N<1$。

（9）156。

（10）6 个。

请你当医生

【1】$-1=1$

问题出在“由$\sqrt{(2-3)^2}=\sqrt{(3-2)^2}$，得 $2-3=3-2$”这一步上。

$\sqrt{(2-3)^2}$表示算术根，数学上规定：算术根不能取负值。因此，$\sqrt{(2-3)^2}\neq 2-3$，正确的是$\sqrt{(2-3)^2}=|2-3|=3-2$。最后结果应该是 $3-2=3-2$。

结论：算术根概念不清。

【2】$2>4$

问题出在“$2\lg\frac{1}{2}>4\lg\frac{1}{2}$，两边同除以 $\lg\frac{1}{2}$，得 $2>4$”这一步上。

$\lg N$ 表示以 10 为底的对数，当 $N>1$ 时，$\lg N>0$；当 $0<N<1$ 时，$\lg N<0$，因此 $\lg\frac{1}{2}<0$。不等式两边同用负数乘或除时，不等号要改变方向。

正确做法是，$2\lg\frac{1}{2}>4\lg\frac{1}{2}$，两边同除以 $\lg\frac{1}{2}$，

$\because\ \lg\frac{1}{2}<0$，$\therefore\ 2<4$。

结论：对数和不等式性质没有掌握好。

【3】$2=1$

问题出在“$(a+b)(a-b)=b(a-b)$，两边同用 $a-b$ 除，得 $a+b=b$”这一步上。

由于题设 $a=b$，则 $a-b=0$，而用 0 作除数是没有意义的。因此，不能用 $a-b$ 去除。

正确做法是，因为 $a=b$，$a-b=0$，所以，

$(a+b)(a-b)=b(a-b)$，

$(a+b)\times 0=b\times 0$，

$0=0$。

结论：恒等变形没有很好地掌握。

【4】$\frac{1}{4}>\frac{1}{2}$

问题出在“$\lg\sin\frac{\pi}{6}+\lg\sin\frac{\pi}{6}>\lg\sin\frac{\pi}{6}$”这一步上。

由于 $\sin\frac{\pi}{6}=\frac{1}{2}$，所以 $\lg\sin\frac{\pi}{6}<0$；$\lg\sin\frac{\pi}{6}+\lg\sin\frac{\pi}{6}$ 是两个负数相加，数值变小，不可能变大。

正确做法是，$\lg\sin\frac{\pi}{6}+\lg\sin\frac{\pi}{6}<\lg\sin\frac{\pi}{6}$，$2\lg\sin\frac{\pi}{6}<\lg\sin\frac{\pi}{6}$，因为 $\lg\sin\frac{\pi}{6}<0$，所以两边同用 $\lg\sin\frac{\pi}{6}$ 除，不等号应该变号，得 $2>1$。

结论：对数性质没掌握好。

【5】$n+1=n$

与“$-1=1$”类似，也出在算术根上。

由 $\sqrt{[(n+1)-\frac{1}{2}(2n+1)]^2}=\sqrt{[n-\frac{1}{2}(2n+1)]^2}$

得不出 $(n+1)-\frac{1}{2}(2n+1)=n-\frac{1}{2}(2n+1)$。

原因是 $n-\frac{1}{2}(2n+1)=n-n-\frac{1}{2}=-\frac{1}{2}<0$，

因此$\sqrt{[n-\frac{1}{2}(2n+1)]^2} \neq n-\frac{1}{2}(2n-1)$。

正确做法是，

因为$n-\frac{1}{2}(2n+1)<0$，

所以，由$\sqrt{[(n+1)-\frac{1}{2}(2n+1)]^2}=\sqrt{[n-\frac{1}{2}(2n+1)]^2}$，

得 $(n+1)-\frac{1}{2}(2n+1)=\frac{1}{2}(2n+1)-n$，

$(n+1)+n=\frac{1}{2}(2n+1)+\frac{1}{2}(2n+1)$，

$2n+1=2n+1$。

结论：算术根概念不清。

【6】$\frac{1}{2}=-1$

问题出在“$\frac{x+y+z}{2(x+y+z)}=\frac{1}{2}$，$\frac{x-y}{y-x}=-1$”同时成立上。

要使$\frac{x+y+z}{2(x+y+z)}=\frac{1}{2}$成立，必须$x+y+z\neq 0$；

要使$\frac{x-y}{y-x}=-1$成立，必须$y-x\neq 0$，即$x\neq y$。

要使$\frac{x+y+z}{2(x+y+z)}=\frac{1}{2}$与$\frac{x-y}{y-x}=-1$同时成立，

必须$x+y+z\neq 0$且$x\neq y$。

方程$\frac{x}{y+z}=\frac{y}{x+z}=\frac{z}{x+y}$为不定方程，有无穷多组解。

如果把这无穷多组解分类，可以分为两类：或者$x=y=z\neq 0$，或者$x+y+z=0$。但是$x=y=z\neq 0$与$x+y+z=0$不能同时成立，因为由$x=y=z\neq 0$可得$x+y+z=3$，$x\neq 0$。

如果$x=y=z\neq 0$成立，必有$x+y+z\neq 0$。此时，

$$\frac{x}{y+z}=\frac{x+y+z}{2(x+y+z)}=\frac{1}{2},$$

但是$\frac{x}{y+z}=\frac{x-y}{y-x}$中，分母$y-x=0$无意义，不可能得出$\frac{x-y}{y-x}=-1$来；如果$x+y+z=0$成立，必有$x=y=z\neq0$不成立。此时，

$$\frac{x}{y+z}=\frac{x-y}{y-x}=-1,$$

但是$\frac{x}{x+z}=\frac{x+y+z}{2(x+y+z)}$中，分母$x+y+z=0$，无意义，不可能得出$\frac{x+y+z}{2(x+y+z)}=\frac{1}{2}$来。

总之，$\frac{x+y+z}{2(x+y+z)}=\frac{1}{2}$与$\frac{x-y}{y-x}=-1$不能同时成立，

得不出$\frac{1}{2}=-1$。

结论：方程的性质没有很好掌握。

【7】蚊子重量＝大象重量

与“$-1=1$”类似，问题出在算术根上。由于V等于蚊子和大象重量和的一半，显然$V>x$，$x-V<0$。因此，

$\sqrt{(x-V)^2}\neq x-V$，而是$\sqrt{(x-V)^2}=V-x$。

正确做法是，

由$\sqrt{(x-V)^2}=\sqrt{(y-V)^2}$

得　$V-x=y-V$

$x+y=2V$。

结论：算术根概念不清。

【8】直径不等的圆，半径却相等

问题出在大圆转动时，同心小圆不是纯粹的转动，而是转动中有滑动，是连转带滑。这时BB'就不等于小圆的周长，比小圆周长要长。

结论：没有分清滑动和滚动。

【9】善跑的勇士追不上乌龟

这是不可能的。可以通过计算来说明阿基里斯肯定能追上乌龟：

假定阿基里斯的速度是10米/秒，乌龟的速度是1米/秒。乌龟的出发点是A，阿基里斯的出发点是O，$OA=9$米。

O A B C D

当阿基里斯用0.9秒跑完9米到了A点，乌龟在0.9秒的时间内，向前爬行了0.9米，到了B点；阿基里斯再用0.09秒跑完0.9米，追到了B点，乌龟同时又向前爬行了0.09米，到了C点……

阿基里斯一段一段地向前追赶，所用的总时间t和总距离s是

$t=0.9+0.09+0.009+\cdots$

$s=9+0.9+0.09+\cdots$

因为$0.9+0.09+0.009+\cdots=0.999\cdots=1$，

所以，当$t=1$秒，

$s=10\times(0.9+0.09+0.009+\cdots)$

$=10\times1=10$（米）。

计算表明，在上述条件下阿基里斯只用了1秒钟，跑了10米路就把乌龟追上了。

结论：错用“有限”的方法处理“无限”问题。

【10】少了2分钱

这种计算方法不对。每人开始拿出2角钱，卖鱼老人退还每人2分钱，实际上每人拿出1角8分钱，三个人共拿出5角4分钱。其中5角钱买鱼，4分钱老人用来坐船，一分钱也不少。

问题出在4分钱包括在5角4分钱里面，不能把5角4分钱和4分钱相加与6角钱对上账。6角钱与5角4分钱的差额6分钱已经退给三

个买鱼人了。

结论：已知未知没有分清。

淘 汰 赛

按下图摆，可将黑棋子全部淘汰。

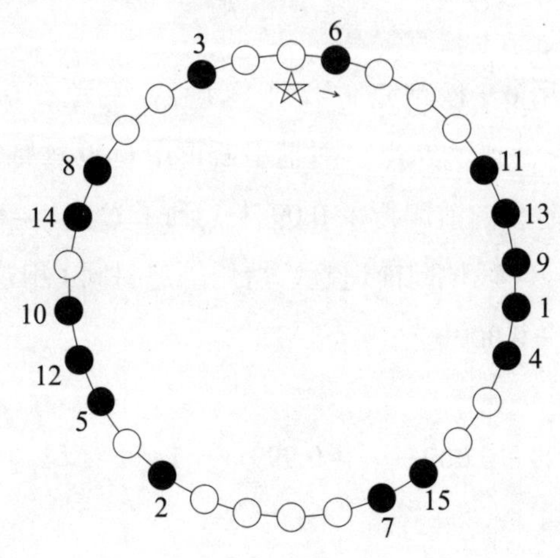

数学童话

数9初访字母国

离整数王国大约有10千米的地方，新搬来一个字母王国。俗话说：“远亲不如近邻。”整数王国的零国王决定派遣见多识广的数9，带着礼品前去访问这个新邻居。

零国王对数9传旨：“我委派你作为整数王国的全权代表去出访字母王国。听说字母王国数学水平很高，你要虚心学习人家的新思想、新方法。”数9答应:“遵旨。”带着零国王准备好的厚礼直奔字母王国去了。

在字母国的城门口迎接数9的有a、b、c、d……双方寒暄了几句，宾主共进贵宾府。

至贵宾府，宾主落座。数 9 首先提了个问题："请问，你们 a、b、c、d……究竟谁最大呀？"

"谁最大？"数 9 提出的问题使他们莫名其妙。他们同声回答："我们之间说不上谁大谁小。"

数 9 惊奇地问："这么说，你们之间没大没小喽？"

字母 a 站起来解释说："你们整数之间是能确定大小的。比如，您数 9 就比 0～8 内的任何一位整数都大。"

数 9 面露得意之色说："好说！好说！"字母 a 接着说："但是，我们都是字母呀！我们每个字母都可以代表任何数，判断我们的大小可要特别留神。"

数 9 不以为然地说："可笑！难道我大名鼎鼎的数 9，连个大小都不会判断？"

这时字母 a 离座出屋。片刻，过来 5 个同样的 a，三个 a 站在左边，两个 a 站在右边。字母 b 说："尊敬的客人，左边是 $3a$，右边是 $2a$，左右两边哪边大呀？"

数 9 毫不犹豫地回答："当然是 $3a$ 大于 $2a$，左边大于右边啦。"听了数 9 的回答，字母国臣民哄堂大笑。字母 b 笑出了眼泪，字母 c 笑弯了腰。

数 9 发火了："你们笑什么？难道 3 头牛不比 2 头牛多？3 块糖不比 2 块糖多？3 不大于 2？"

字母 b 止住了笑，他问数 9："尊敬的客人，3 乘以 0 等于什么？2 乘以 0 等于什么？哪个乘积大？"

"都等于 0，一样大。"

"3 乘以 -1 等于多少？2 乘以 -1 等于多少？哪个乘积大？"

"3 乘以 -1 等于 -3，2 乘以 -1 等于 -2，当然 -2 大于 -3。问我

这么简单的问题干什么?”数9有点不耐烦了。

字母b耐心地解释说:“您怎么忘了，字母除去代表正数，还可以代表零和负数哪！请看!”字母b用手一指，喊了声，“a变1。”随着喊声，下面的五个a倒地一滚，都变为1。出现了式子：$3\times1>2\times1$。

数9高兴地站起来说:“怎么样？左边比右边大吧！我的话还有错?”数9话音未落，字母b用手一指，喊了声:“a变0。”下面的a又都倒地一滚，都变成了0，出现了式子：$3\times0=2\times0$；字母b再用手一指，喊了声，“a再变-1。”下面又出现了式子：$3\times(-1)<2\times(-1)$。

数9像泄了气的皮球，慢慢地坐了下来。他嘴里嘟嘟囔囔地说:“字母是和我们数不一样啊！他一个a就可以表示正数、负数和零。”数9眼珠一转，忽然来了精神，他说，“我预料你们字母国不久就要大乱!”

所有的字母都瞪大眼睛问:“为什么会大乱?”

数9慢条斯理地说:“原因嘛，很简单。国有国法，家有家规。你们字母国是个没规律的国家，连$3a$和$2a$谁大谁小都说不准，将来怎么会不乱?”

字母c说话了:“尊敬的客人，您这话可说错了。一国有一国的国法，一家有一家的家规。您不能拿整数王国的规律，硬套在我们字母王国上啊。”

数9问:“你们字母王国也有规律?”

“当然有啦。”字母c说，“就拿比较大小来说吧。人们把数或表示数的字母用加、减、乘、除、乘方、开方等运算符号联结而成的式子叫作代数式，比较两个代数式的大小，要根据字母取值不同进行讨论。”

数9似有所悟，说:“我明白了。遇到两个代数式比较大小时，都要根据字母取大于0、小于0、等于0这三种情况进行讨论。”

字母c问:“你说都要分这三种情况讨论?”

数9蛮有把握地说:“没错，就是分这三种情况讨论。”

字母 b 对字母 c 说："你去表演一下。"c 走出去不久，进来一个 c^2 站到了左边，又进来一个 c 站到了右边。

字母 b 说："尊敬的客人，请您比较 c^2 和 c 的大小吧。c 可以按您的口令变化。"

数 9 觉得挺好玩，站起来用手一指说："c 变成 2。"下面的 c 倒地一滚，立刻出现了式子 $2^2>2$，数 9 微笑地说，"你们看，c 取大于 0 的数时，左边肯定大于右边。"

数 9 用手又一指说："c 变成 0。"下面立刻出现了 $0^2=0$，数 9 满脸堆笑地说，"怎么样？c 取 0 时，两边相等吧。"

数 9 用手再一指说："c 变成 -2。"下面出现了 $(-2)^2>-2$，数 9 脸上的笑容一下子消失了，"嗯？怎么不对了。字母取小于 0 的值时，应该是右边大、左边小啊！"

字母 b 站起来说："你再来看看。"说着用手一指，"c 变 1"。

下面出现 $1^2=1$。数 9 糊涂了，他问："c 等于 1 时，两边也能相等？"字母 b 又一指说："c 变 $\frac{1}{2}$。"立刻又出现了 $(\frac{1}{2})^2<\frac{1}{2}$，数 9 瞪大眼睛说："怎么？$c$ 大于 0，左边也能小于右边！"

数 9 双手捂着头说："一切又都乱套啦！难道不是分三种情况讨论？"

一直没说话的字母 d 走了过去，说："对于字母取值的讨论，不是一成不变的。来，咱俩也给他们表演表演。"数 9 回头，发现字母 d 已经变成一个 d^2 和一个 d。他们拉着数 9 的手摆出了一个式子：$d^2+9>d$。

d^2 说："不管 d 取什么数，咱俩之和总大于 d。"

数 9 又高兴了，他说："这次用不着分几种情况讨论啦。"

表演完毕，数 9 向诸字母一拱手说："此次访问字母国获益匪浅。我回去向零国王陛下汇报，有机会请零国王亲自来访问，开开眼界。"

"欢迎、欢迎！"

零国王初访字母国

零国王听了数 9 的汇报，十分兴奋。心想：字母国可真是个神奇莫测的国度。既然人家发出了邀请，便决定带着文武大臣前往字母国访问。

国王出访，当然要气派多了。前有仪仗，后有卫队，乐队吹奏着《英勇的零国王进行曲》，一路上旗锣伞盖，前呼后拥，吹吹打打，好不热闹。

来到字母国，字母国人倾城出迎。a、b、c、d……排成一行，依次和零国王握手，表示欢迎。

欢迎仪式开始，先奏整数王国国歌。整数王国国歌通俗易懂、曲调简单，“哆、来、咪、发、梭、拉、西”。接着奏字母国国歌，字母国国歌洋味十足，“唉、必、塞、地、易、爱夫、冀”，鸣礼炮 24 响。

字母 a 致欢迎词：“尊敬的零国王陛下，尊敬的全体整数，这次零国王陛下亲自来我国访问，是我们字母国的光荣。零国王陛下是伟大的国王。虽然与正整数相比，零的出现是比较晚的。但是，零的出现使数学发生了巨大的变化。第一，零的出现使数的表示法趋于完善，包含 0 在内的阿拉伯数字，得到了全世界的承认；第二，零是正、负数的分界点，是唯一的中性数；第三，零有许多奇妙的性质，比如，任何数加零还得任何数，任何数减零还得任何数，任何数乘零得零，用不是零的数去除零还得零，一个不是零的数的零次幂永远得 1……”

由于说得太快，也因为零的性质太多，字母 a 一口气没上来，硬是憋晕过去了。大家一阵忙乱，有的给他盘腿，有的给他捶腰，好一阵才把字母 a 救了过来。

大家刚把字母 a 抬上担架，字母 a 挣扎着坐起来说：“最要紧的是，零不能作除数，不能作分母，这一条万万不可忘记！”字母 a 被送进了医院。

零国王致答词：“尊敬的 a、b、c、d，这次我来贵国访问，是向贵国学习的。我头脑里有个问题，一直没能解决，有了我们整数王国，还有个小数王国，各种计算问题都可以解决了，为什么偏偏多出一个字母王国？你们的存在，嗯……恕我直言，是不是有点多余？这次访问能把这个问题搞清楚，就不虚此行……”

欢迎仪式完毕，零国王被迎进贵宾府，宾主坐定。突然，字母 b 提出了一个问题：“尊敬的零国王，您说 1 只兔子有几条腿?”

零国王听了这个问题就是一愣。心想：我堂堂零国王，难道连一只兔子有几条腿都不知道？零国王随口答道：“1 只正常的兔子有 4 条腿。”

字母 b 又一本正经地问：“那么，2 只兔子有多少条腿呢?”

零国王心想：你真把我当作小孩子啦。零国王一脸不高兴地说：“2 只兔子 8 条腿呗！”

字母 b 好像没看见零国王满脸不高兴，又继续问：“那么，3 只兔子又该有多少条腿呢?”

零国王发怒了，他大声说：“12 条腿，12 条腿！来呀，凡是 4 的正整倍数都站出来。”零国王一声令下，整数们哪个敢怠慢。只见 4、8、12、16、20…一个个陆续排好，排成了有头无尾的一字长蛇阵。

零国王站起来对字母 b 说：“你问吧，不管你问几只兔子，它们的腿数都在这个队伍之中。”

字母 b 微微一笑，对零国王说：“请零国王息怒。为了回答这么一个简单的兔子腿问题，竟劳零国王调动了这么一支大队伍。”

零国王余气未消地说：“我要不把所有 4 的正整倍数挑出来，你的这个兔子腿问题会问个没完。”

字母 b 笑着说：“我们要回答这个问题，可就用不着这么复杂。”

零国王瞪大眼睛问：“噢，你们有办法？请讲讲。”

字母 b 喊了一声：“请 n 出来！”转脸又对零国王说，“请借数 4 一用。”然后让 4 和 n 并肩站好，列出个算式：$4n$。

字母 b 指着 $4n$ 说：“它表示 n 只兔子有 $4n$ 条腿，也表示所有兔子的腿数。”

零国王半信半疑地问：“我要问 21 只兔子有多少条腿呢?”

字母 b 对下面喊了一声：“n 变成 21。”话声刚落，n 倒地一滚，$4n$ 就变成了 4×21，接着字母 b 再喊了一声，“变!”4×21 立刻变成了 84。

字母 b 笑嘻嘻地说：“21 只兔子有 84 条腿。”

零国王咬咬牙说：“如果有 87654 只兔子，该有多少条腿?”字母 b 如法炮制，令 n 变成 87654，$4n$ 得到 350616。字母 b 笑嘻嘻地说：“共有 350616 条腿。”

零国王恍然大悟，伸出大拇指称赞说：“高，实在是高！我只能一个一个地去算兔子的腿数，算一个就是一个。而你用 $4n$ 把兔子数和兔子腿数之间关系给表达出来了，这可深刻多了。”

字母 b 说：“过奖了。不过没有我们字母就没有各种公式了，比如 $C=2\pi R$，这是计算圆周长的公式；$S=\frac{1}{2}ah$，这是计算三角形面积的公式。这些公式中哪个能少了我们字母?”

零国王点点头说：“嗯，光有我们这些整数和分数，是写不出来任何公式的。如果没有公式，数学能解决多少问题呢?”

由于零国王国事繁忙，不能久留，便和各字母告别回国去了。

零国王在回国途中，口中总念叨：“我们整数只会计算一道道具体的数学题，可人家字母研究的却是数学规律啊！”

零国王参观展览

国际数学会举办了一个《数的发展史》展览会，邀请零国王前往参观。

这天，零国王带着 1 司令和 2、3、4、8 等几个贴身的卫兵启程前去参观。路上，零国王对 1 司令说：“数，有什么好展览的。把从 0 到 9 咱们这十个数，往展览会上一摆，一切都有了。”

1司令说：“对嘛！有了咱们这十个数，不管是多大的数，也不管是多小的数都可以把它表示出来。”

数8也插话说：“从0到9，逢十进一，可以说咱们十个数，包揽一切。”其他卫兵也随声附和，大家越说越得意，不一会儿就来到了展览会。

展览会的主持人陈教授在门口迎接零国王。

展览里介绍了各种进位制。零国王看到一幅画，画的是个远古时代的人正在掰弄手指头。零国王自言自语地说：“这个人在干什么哪？”

“我在数数。”画上的人突然说起话来，把零国王吓了一跳。陈教授在一旁解释说：“我们这里展出的画都是受最新式电子计算机控制的，当参观的人提出问题时，画上的人能够解答，还能表演。您有什么问题，尽管向画中人提出来。”

“您先参观，我去办点事，失陪了。”说完陈教授便走了。

零国王又听到画上的人一边掰弄手指头，一边说话：“由于人长了十个手指头，从一数到十之后又要重新从一数起，所以人们采用了十进位制，逢十进一。”零国王听画中人说得有道理，不由得点了点头。

零国王又看到一幅画，画的是一个美洲土人在掰弄脚趾头。零国王摇摇头说：“抠脚丫子多脏呀！”

画上的土人也说话了。他说：“我不是在抠脚丫子，我是在数数。”

零国王笑了笑说：“数数用手指头就行了，掰脚趾头干什么？”

画上的土人说：“在我们的部落里，数数时是先数手指头，再数脚趾头。”

零国王忙问：“那……你们使用的是多少进位制？”

画上的土人回答：“二十进位制呗。”

零国王听罢摇了摇头说：“真没想到，还有二十进位制，逢二十进一。”

零国王顺着画廊往前走，又被另一幅画吸引住了。画上画了一个古代巴比伦人正在分一个角。零国王问他：“喂！巴比伦人，你度量角度是使用十进位制吗?”

画上的巴比伦人回答：“不是。尊敬的零国王，我们巴比伦人使用的是六十进位制。”

这下子可把零国王搞糊涂了，零国王说：“十进位制是因为人长了十个手指头，二十进位制是因为人除了长有十个手指头，还有十个脚趾头。这六十进位制可从哪儿说起呢？把人的胳臂、腿都加在一起也不够六十呀!”

巴比伦人说：“六十进位制的来源和十进位制不一样。六十进位制主要是为了便于等分，比如分一度的角，最常见的分法是 2、3、4、5、6、10 和 12 等分，为了使分得的结果为整数，我们取了这七个数的最小公倍数 60 作为进位制的依据，规定 1 度等于 60 分，1 分等于 60 秒。”

零国王问：“把一度的角分成 5 等分，每一份是多少度呀?”

巴比伦人回答：“是 12 分。”

“要是三等分呢?”

“每等分角为 20 分。”

零国王满意地点了点头说：“果然方便。在十进位制下，把 1 分成三等分，每一等分是 $\frac{1}{3}$，这是一个无限循环小数，显然不如六十进位制方便。”

1 司令说：“六十进位制虽然等分方便，但是运算起来可比十进位制麻烦多了，它需要逢六十进一。”

零国王感慨地说：“天下的事哪有十全十美的！有好的一面就有不足的一面。不管它是十进位制也好，二十进位制也好，六十进位制也好，反正离不开咱们从 0 到 9 这十个数。你们说对吧!”1 司令和几个卫兵都点头称是。

突然，零国王被一种“嗒、嗒”的声音所吸引，他循声望去，看见一台机器正在工作。零国王好奇地问道："你是什么机器?"

机器回答："国王陛下，我是电子计算机。"

零国王对这个新鲜玩意儿产生了浓厚的兴趣。零国王说："你既然是计算机，里面一定少不了我们的0到9这十个数，让我们进机器里参观参观吧!"说完领着其他几个数字就要往里钻。

电子计算机赶紧拦住说："且慢，在我们电子计算机里工作的只有0和1两个数，其他数不准进去。"

数8听罢勃然大怒："怎么?只有零国王和1司令才能进，连我们这些著名的整数都不许进，真是岂有此理!"

电子计算机赶忙解释说："请数8息怒，电子计算机的运算是靠电路来控制，运算时只有两个'动作'，一个用1来表示，一个用0来表示，我们采用的是二进位制，逢二进一。"

数8又问："难道你们电子计算机，就不承认有2以上的数吗?"

电子计算机说："承认，承认。不过在我们机器里，2以上的数也都要用0和1来表示，请看显示器上的对照表。"

显示器上立刻出现了对照表:

十进制	0	1	2	3	4	5	6	7	8	9
二进制	0	1	10	11	100	101	110	111	1000	1001

数9高兴地说:"嘻嘻，真有意思。在这二进位制中我成了四位数了。喂!电子计算机，你能用二进位制给我们做个加法看看吗?"

电子计算机说："当然可以。请你在显示器上随便写道加法题吧。"

数9在显示器上写了个5+5。显示器上立刻就出现以下算式:

$\because$ 101+101=1010（二进制）

$\therefore$ 5+5=10（十进制）

1司令在一旁边看边摇头说:"真怪，1加1不等于2，却等于10了。"

数 2 悲观地说："看来随着科学技术的发展，3 到 9 这七个数将被淘汰了。"

这时，陈教授正赶回到这里，听到了数 2 的话就解释说："不会的。虽然现在存在着各种不同的进位制，但是十进位制还是最常用、最方便的一种进位制。二进位制用的数虽然少，只有 0 和 1，但是运算起来却很麻烦。只是由于电子计算机运算速度快，每秒可达上亿次，才克服了运算麻烦的缺点。如果用笔算，二进位制就不如十进位制好使。"

零国王说："对嘛！用不着悲观失望。还是我那句老话，天下事哪有十全十美的，有好的一面，就有不足的一面。"

小壁虎学本领

小壁虎亨亨长大了。它已经能够跟妈妈一样，在窗户上、墙壁上捕捉小虫子吃。

有一天，小壁虎对妈妈说："原来捉虫子就这么简单呀?"

"简单！你说说怎么捕捉小虫?"壁虎妈妈问。

小壁虎说："当发现小虫子时，要一动不动地趴在那里，眼睛死死盯住它。趁它不防备的时候，以最快的速度扑过去，一口把小虫子咬住，就完事了。"

壁虎妈妈说："我们捉小虫子固然是要靠快，靠突然袭击。"

壁虎妈妈停了一停又说："可是怎样才能快呢？一要爬行速度快，二要会选择最短的路径。爬行速度快要靠平时多练习，可是如何选择最短路径，这需要懂得一些数学知识才行。"

小壁虎对妈妈说："妈妈，那您就教给我一些数学知识吧！"

壁虎妈妈说："我知道的数学知识也不多。平时我总是在墙壁、窗户这些平面上捉小虫子，只知道在平面上，两点之间直线最短。所以，我捉虫时总是走直线。对于复杂一点的地形，什么样的路径最短，我就不知道了。”壁虎妈妈想了一下又说，“小亨亨，你已经长大了，应该到各处走走。向那些懂得数学的叔叔、阿姨学习，多学些本领。”

小壁虎恋恋不舍地告别了妈妈，独自向远方爬去。

路边有一节大水泥管，开口向上，立在那里。小壁虎好奇地爬上水泥管的上口，趴着边儿往里看。突然，它发现在管子的内壁上落着一只苍蝇，苍蝇正在那里悠闲地梳洗着自己的翅膀。而在苍蝇对面，位置稍微靠下一点的内壁上，正一动不动地趴着一只大壁虎。

说时迟，那时快，只见大壁虎以闪电般的速度，沿着内壁爬到苍蝇身旁。没等苍蝇把梳洗的翅膀放下来，大壁虎已经把它吞进了嘴里。

“好！”小壁虎不由得喊了一声。大壁虎见是小壁虎亨亨在叫好，就得意地爬了过来。

小壁虎很有礼貌地问：“叔叔，您刚才爬行的路径是不是最短的路径呀？”

大壁虎说：“是呀！”

小壁虎又问：“我知道在平面上两点间的最短路径是直线，可是圆柱面上两点间最短路径又是什么呢？”

“是通过这两点的螺旋线。”（图 6）

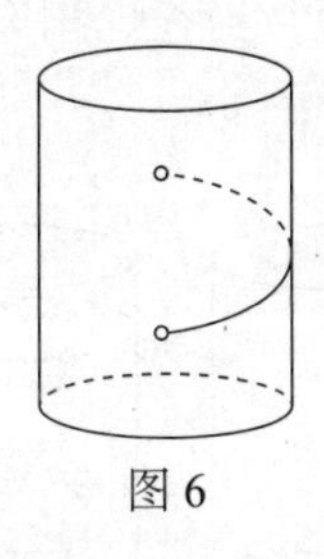

图 6

“什么是螺旋线呀？”

大壁虎说：“你见过弹簧吗？弹簧就是按螺旋线做成的。”

小壁虎又问：“弹簧我倒是见过，可是为什么圆柱面上，通过两点的最短路径是螺旋线呢？”

大壁虎点点头说：“嗬，这孩子还爱刨根问底，有出息。我给你讲讲，跟我来。”大壁虎带着小壁虎爬下水泥管，找了张长方形的纸。在纸上画了两个点，通过两点又画了一条直线。

大壁虎说：“你已经知道平面上两点的最短路径是通过这两点的直线。如果把这张纸卷成一个圆柱形的筒，这平面上的直线在圆柱面上就成了螺旋线了。圆柱面上的螺旋线就相当于平面上的直线，因此它是两点之间最短的路径。”（图 7）

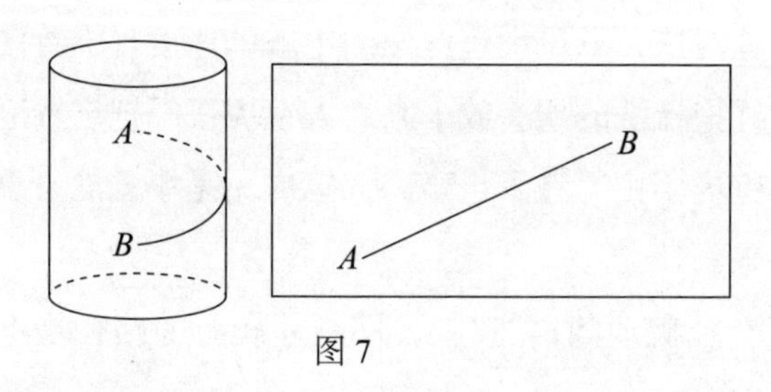

图 7

小亨亨高兴地摇了摇尾巴说：“原来是这么回事，把圆柱面剪开摊平就成了一个长方形平面，圆柱面上的螺旋线就是长方形平面上的直线，所以通过两点的螺旋线最短。我懂了，我懂了。”

大壁虎又说：“不过，还有两点要注意。当苍蝇和你在同一条竖直线上时，还是沿直线路径最短；当苍蝇和你在同一水平面上时，以通过这两点的圆弧，路径最短。”（图 8）

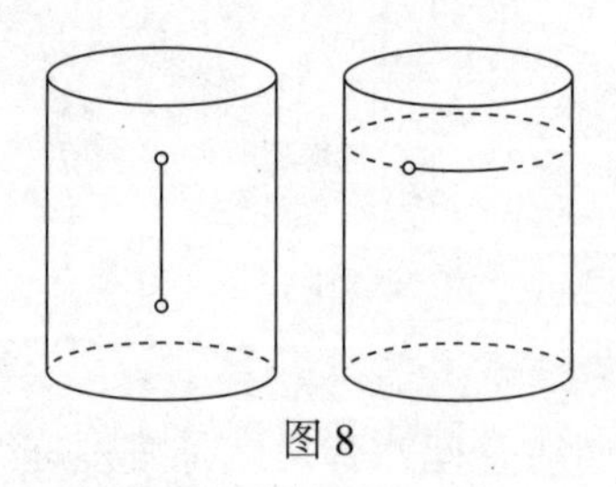
图 8

告别了大壁虎，小壁虎又往前爬去。前面有一幢工字形的楼房，两面砖墙互成直角，一面墙上落有一只大飞蛾，趴在那里装死，另一面墙上有一只老壁虎，在那里扬着头死盯着飞蛾。不一会儿，只见老壁虎飞快地从一面墙爬到另一面墙上，张口咬住了飞蛾。

等老壁虎把飞蛾完全吞进了嘴里，小壁虎赶上前去问："老爷爷，请问您刚才爬行的是最短路径吗?"

可能是飞蛾还没有完全咽下去，老壁虎没说话，只是点了点头。

小壁虎又问："在两面互相垂直的墙上，您沿什么路径走最短?"

老壁虎伸了伸脖子，只听嗓子里"咕噜"响了一声，他说："你想知道我走的最短路径? 那我告诉你一个'等角原理'吧。"

"什么是'等角原理'?"

"两面墙相交的墙缝是一条直线。从一面墙爬到另一面墙上，只要能保证你的爬行线与墙缝所成的两个夹角相等，那么你爬行的路径必定是最短的。"(图 9)

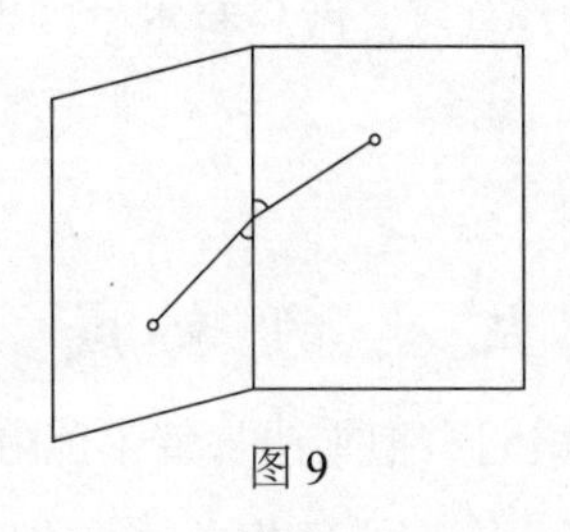

图 9

"那是为什么呢?"

"你这孩子还挺好学的，有出息。我给你详细讲讲。"说着老壁虎领着它爬下了墙，也找到一张长方形的纸。

老壁虎在纸中间竖着画了一条线说："这就是那条墙缝。"它又在直线的两旁各画了一点说，"我在这儿，飞蛾在这儿。平面上的两点之间直线最短。你把这两点连上，看，这条连线与墙缝直线间的两个夹角叫对顶角，它们总是相等的。沿这条直线把纸折成直角，就成两面互相垂直的墙了，这条直线也就成了墙缝。"说着老壁虎把纸折了起来，果然成了两个垂直的平面。（图 10）

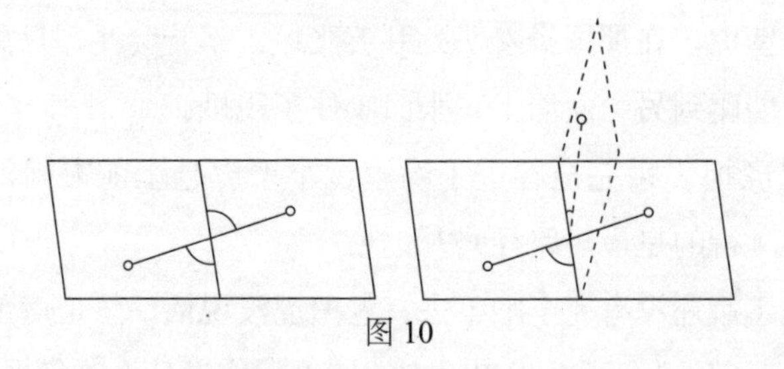

图 10

老壁虎说："折完之后，爬行线与墙缝夹角仍然是相等的。因此，你只要按照'等角原理'去爬行，保证你所走的路径是最短的。"

小壁虎高兴地摇动尾巴说："原来是这么回事。把成直角的两面墙放平，按'等角原理'爬行的路径就变成了直线，因此这条路径就最短了。"

老壁虎高兴地点点头说："对，是这个道理。"

小壁虎说："我要努力学习，做只有本领的壁虎。"说完告别了老壁虎，又向前爬去了。

陌 生 的 亲 戚

"咚、咚、咚"一阵敲门声把乘法从梦中惊醒。乘法揉了揉眼睛，伸了个懒腰，从被窝里钻了出来，心里想：这是谁呀？大清早就来敲门！

乘法问了声："谁呀？"

"是我，我是乘方，是你的亲戚。"

"乘方？亲戚？我怎么不知道有这么门亲戚呢？"乘法随手打开了门。"呼"的一声，乘方和清晨的寒风一齐挤进了小屋。

乘方拉住乘法的手热情地说："我的好亲戚，你可想死我啦！"乘法越听越糊涂，问："你是乘方，我是乘法，你怎么会是我亲戚呢？"

乘方先是一愣，接着一拍大腿说："咳！闹了半天，你还不认我这门亲戚呀！好，我问你，2×3×4 是什么法？"

“乘法呀！”

“$2\times2\times2$ 是什么法？”

“还是乘法呀！”

乘方又问：“这两个乘法有什么不同？”

“不同？”乘法琢磨了一会儿说，“要说不同么，前一个乘法是三个不同的数相乘，后一个乘法是三个相同的数相乘。”

“对喽！”乘方拉长了声调说，“数学家特别把几个相同的数相乘的运算叫乘方。我乘方呀，也是从乘法来的。”

听乘方这么一说，乘法高兴了：“看来咱们真是亲戚了，可是……”说到这儿，乘法又犹豫起来，“有了我乘法不就够了么，还规定你乘方有什么用？”

“噢，是这么个问题呀！”乘方信手从书架上抽出一个小笔记本，打开最后一页，问，“这上面印着 32 开，你知道这是什么意思吗？”乘法摇摇头。

乘方从口袋里拿出一件东西，扬手把它抖开，原来是一张大纸。乘方说：“这叫整开纸。”他把大纸对折裁开说，“这叫对开纸，也叫 2 开。”接着又把对开纸对折裁开说，“这叫 4 开。”他又对折裁开、对折裁开……乘方嘴里不停地说，“这是 8 开、16 开、32 开、64 开……”

乘法像看变魔术一样，看得直发愣。过了一会儿乘法问：“这种对折裁纸和你乘方有什么关系？”

“你看。”乘方在纸上写出：

$$2, 4, 8, 16, 32, 64, \cdots$$

$$2^1, 2^2, 2^3, 2^4, 2^5, 2^6, \cdots$$

“这 32 开，就是 2^5 开，一张整张纸，要裁成 32 开纸，可以裁出 $2\times2\times2\times2\times2=32$（张）。”

“真有意思！”乘法越听越有趣。

乘方提出个问题："一张整张纸，按我刚才方法对折，对折 10 次裁开，你说能裁出多少张小纸?"

乘法说："我会算。每对折一次就等于多乘一个 2，对折 10 次就是 10 个 2 相乘，这要一个一个慢慢乘，可要算一阵子呐!"

"不用乘了，等于 1024。"

"你怎么算得这么快?"

乘方说："10 个 2 相乘就是 2^{10}，而 $2^{10}=2^5\times2^5$，刚才我们已经算出来 $2^5=32$，这样 $2^{10}=32\times32=1024$ 嘛!"

乘法有点佩服这个亲戚了。乘法又问："你只是在裁纸的计算上有用吧?"

乘方也不答话，只顾用眼睛在屋里扫了一下。忽然，他发现桌子底下卧着一只老母鸡。乘方高兴地把老母鸡抱了起来，拍了一下老母鸡，说了声："下!"说也奇怪，老母鸡就"噗、噗"下了两个蛋。乘方把鸡蛋托在手里，说了声，"变!"两只鸡蛋立刻变成两只小母鸡。乘方喊了声，"长!"两只小母鸡立刻长成了大母鸡。乘方又喊道，"下!"每只大母鸡又各下出两个蛋，乘方嘴里不停地喊着"变""长""下"……不大一会儿，满屋是大大小小的母鸡。

乘方笑嘻嘻地问："我一共说了九次'下'，你算算这屋里有多少只母鸡呀?"

"这……"乘法摇了摇头。

"其实也不难算。"乘方边写边说，"原来你只有一只老母鸡，我说声'下'就多出两只母鸡；我又说声'下'又多出 4 只，也就是 2 只母鸡，我要再说声'下'呢?"

"又多出 8 只，也就是 23 只母鸡呗!"

"对！我一共喊了九次'下'，总的母鸡数是 $1+2+2^2+2^3+\cdots+2^9$。"

乘法为难地说："这么一个大式子，怎么算啊!"

“好算，你可以设 $S=1+2+2^2+2^3+\cdots+2^9$，两边同用 2 乘，得

$$2S=2+2^2+2^3+2^4+\cdots+2^{10},$$

下式减去上式 $2S-S=2^{10}-1$，

$$S=2^{10}-1=1024-1=1023。$$

你屋里有 1023 只母鸡，够你吃的了吧。”

乘法热情地拥抱乘方说：“我的好亲戚，你可真有能耐啊！对了，你还没吃早饭吧？我们一起吃吧！”说着就支起方桌，铺上一块白桌布。

乘法又想起一件事，他说：“叫我乘法，是指着运算来说的，我运算的结果叫积。那么，乘方是指你的运算呢？还是指你运算的结果呢？”

“乘方是指我的运算，我运算的结果叫幂。”

“蜜？”乘法显然没听清楚，“是甜蜜蜜的蜜呀？”

“不是那个蜜字。”说着在纸上写了个“幂”字。

“幂又是什么意思？”

乘方用手指着桌布说：“幂就是盖桌子布。”

“什么？盖桌子布！”

“对！提到幂字可就话长了。‘幂’字有十二画。在中国古代写作‘冖’，只有两画，意思就是盖桌子布。你看，‘冖’字上面是桌面，两旁还各垂下一小块布来。”

乘法点点头说：“是像盖桌子布，可是这和你乘方有什么关系呀？”

“如果用 a 表示正方形的边长，a^2 表示什么？”

“表示这个正方形的面积呀！”

“对嘛！后来就用‘冖’表示盖桌子布的面积。这样一来，幂字就和乘方挂上了钩。”

乘法认真地琢磨着这件事，他又问：“这么说幂字最初只和 a^2 相联系喽！”

“是这么回事。你知道 16 世纪法国有个数学家叫韦达吗？”

“知道。表示一元二次方程根与系数关系的定理不是叫韦达定理吗?”乘法回答。

“韦达这位老先生可有意思了。他把 a、a^2、a^3…都不叫作幂。”

“那叫什么呢?”

乘方站起来双手往后一背，迈着方步，学着韦达的样子说：“a 表示长度，就把 a 叫作长度吧；a^2 表示以 a 为边长的正方形的面积，就把 a^2 叫作面积吧；a^3 表示以 a 为棱的正立方体的体积，就把 a^3 叫作体积吧。”

“那，a^4 该叫什么呢?”

“这个嘛……咦，有了，把 a^4 叫面积－面积。”

“可真有你的，a^9 又叫什么呢?”

“9 次方嘛——叫体积－体积－体积吧，三三得九!”

乘法又问：“如果是 a^{90} 该叫什么呢?”

“那就叫作体积－体积－体积……哎呀，我的妈呀！这口气差点没把我憋死。”

“哈、哈……”乘方和乘法爽朗地笑了，“还是叫幂或叫多少次方吧，韦达这种叫法真叫人受不了。”

乘方吃完早饭，站起来说：“我该走了，很多计算工作在等着我呐!”

乘法拉着乘方的手，依依不舍地说：“我们俩虽然是亲戚，由于各自工作忙，没有机会来往，成了陌生的亲戚。欢迎你以后有空来串亲戚。”

“好的，再见了!”

“再见!”

找欧几里得去

小毅升入初中二年级了，又开始学一门新课——几何。晚上做几何证明题时，小毅边做边想，几何可真不好学啊!

一会儿是定义和定理，一会儿是公理和证明。特别是证明最难了，每一步都要有根有据。唉！干吗要这么严格呢？明明是一眼就可以看出来，也偏要证明，真是没事找事。听老师说，平面几何是2000多年前古希腊数学家欧几里得整理出来的，我要是能见到欧几里得呀，我非问问他不可！想着想着，上下眼皮就打起架来了……

小毅被一个穿着古怪服装的老爷爷叫醒了，小毅揉了揉眼睛问道：“老爷爷，您是谁？我怎么不认识您呀？”老爷爷笑着说：“我叫欧几里得，听说你要找我。小朋友，你找我有什么事啊？”小毅听说他就是欧几里得，高兴极了。他就把“有些几何题为什么要证明”的问题提了出来。

欧几里得问：“照你这么说图形的几何性质，只要用眼睛一看，就可以看出来了？”

小毅回答：“对呀！我的眼睛特别好使，我一看准没错！”

欧几里得在纸上画了三条线，又在线上画了许多斜线（图11），然后问小毅：“你看这三条直线平行吗？”小毅立即回答：“当然不平行喽！中间的直线上面往右倒，下面往左歪。”欧几里得让小毅实际量一下。小毅一量就纳闷儿了。怎么？这三条直线是平行的！

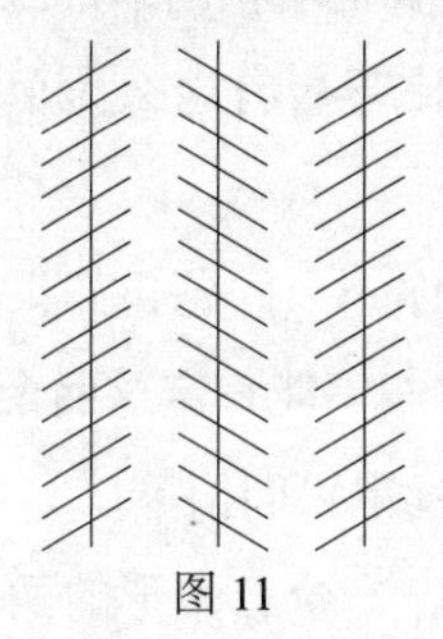

图11

欧几里得又画了一个图（图12），让小毅看看上下两条线是直的呢？还是弯的？这次小毅可不敢轻易回答。他揉了揉眼睛，左看看右看看，看了好半天才说：“不是直线，在中间有一点点弯，如果不细看，还真看不出来哪！”欧几里得又让他拿直尺比一下，小毅把这两条线比了又比，最后像泄了气的皮球，承认自己看错了，这确实是两条直线。

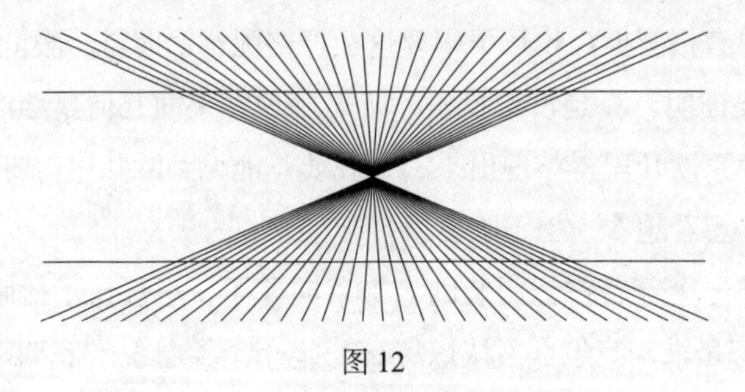

图12

小毅挠了挠头说：“看来单靠眼睛看是靠不住的。可是，要说明两个三角形全等，也用不着那么麻烦的证明呀！”

欧几里得问：“你有什么好办法？”

小毅说：“那好办，把这两个三角形先都画在纸上，然后把其中一个三角形用剪刀剪下来，贴到另一个三角形上去，再放到窗玻璃上照一照，看看它们是重合呢还是不重合，这不就成了么！”

欧几里得说：“放在窗玻璃上照一照？如果要按照图纸修建一个100米高，外形是三角形的塔。修好之后，你怎么才能知道修好的塔和图纸上画的是否相符呢？是不是要把塔和图纸都放到窗玻璃上比一比呀？”

小毅摇头说：“那怎么比呀！有这么大个的窗户，也没有这么大的图纸呀！”

欧几里得说：“我再问你一个问题，如果有两个三角形，它们的两条边和一个角对应相等，你能不能肯定这两个三角形全等呢？”

小毅回答：“完全可以肯定它们相等！”

欧几里得又问：“那么，一个三角形的两条边和一个角固定了，这个三角形的形状还能改变吗？”

小毅毫不犹豫地回答：“肯定不变。因为所有这样的三角形都全等，形状都一样。”

欧几里得没再说什么，领着小毅来到一个大水池的旁边。小毅探头往水池里一看，吓了一跳。水池里游动着好几条大鳄鱼，鳄鱼张着血盆大口，真可怕！

不知是谁，在水池边修了两个形状完全一样的钝角三角形架子。在架子下边还各放着一把椅子。欧几里得让小毅在一把椅子上坐下，自己坐在另一把椅子上。

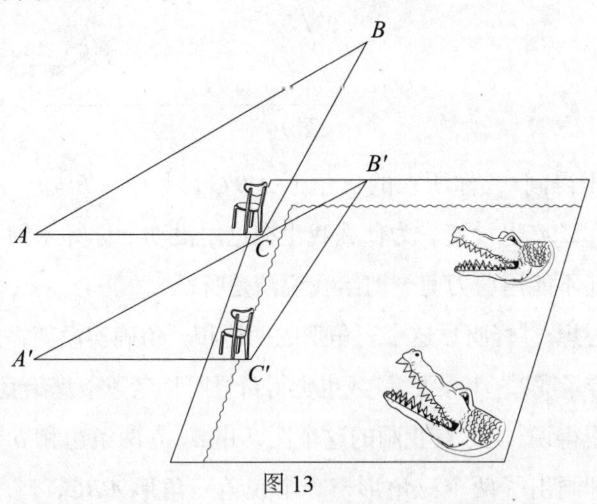

图 13

欧几里得指着三角形架子说："这两个钝角三角形架子，$AB=A'B'$，$BC=B'C'$，$\angle A=\angle A'$。是两条边和一个角对应相等，照你刚才说的它俩应该全等，形状不会再改变了。"

小毅点头说："对！一点也不会变了。"

忽听欧几里得喊了声："变！"小毅觉得身体"呼"地一下，背后的一条边带着自己坐着的椅子，沿着一条弧线飞了起来，自己一下子就到了水池的上空。只因为小毅抓住了椅子的扶手，才没有掉进水池里。池里的鳄鱼以为又要投进什么美餐，一下子就围拢到小毅的座椅下面。

欧几里得说："小朋友，你不用害怕，椅子上有保护装置，你不会掉下去的。我们来继续讨论问题吧。"小毅吓得没敢出声，只向欧几里得点了点头。

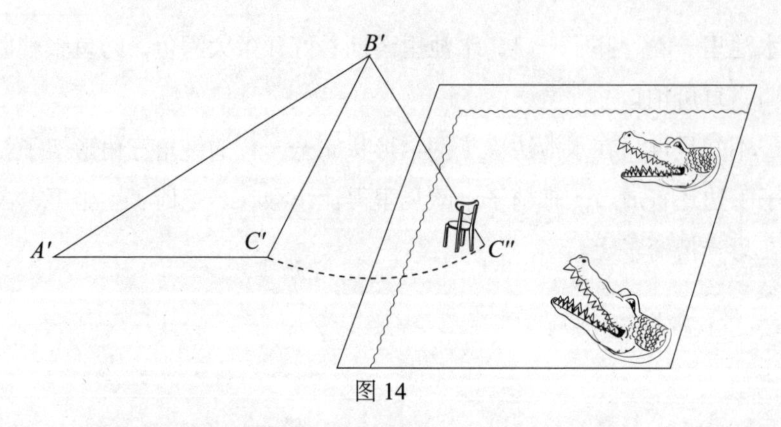

图 14

欧几里得问："你所在的三角形 $A'B'C'$，其中 $A'B'$ 边，$B'C'$ 边的长度都没变，$\angle A'$ 也没变。为什么我坐在这里没动，你却跑到池子上空去了呢？你能不能用剪刀剪一剪给我说清楚呀？"

小毅心想："怪呀！这个三角形的两边和一角确实没变，三角形的形状怎么变样了呢？"小毅说，"我也觉得奇怪呀！老爷爷您给我讲讲吧。"

欧几里得说："你看我画的这个图，用 a、b 两条边和 b 边所对的锐角 B，我却画出了两个三角形：一个锐角三角形 $A'BC$，一个钝角三角形 ABC。这两个三角形显然不相等，可是这两个三角形确实是有两条边和一个角对应相等。这说明什么呢？"

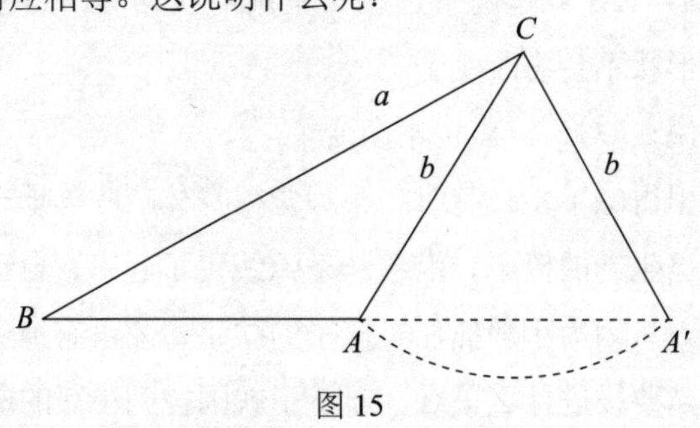

图 15

"说明什么呢？"小毅也跟着问了一句。

欧几里得笑着说："说明不进行全面的分析，严格的证明，就不能全面认识图形的性质。你同意吗？"

小毅赶紧说：“我同意，我明白了。”

欧几里得高兴地点了点头说：“你既然明白了，我就走了。”说完人就不见了。小毅急着喊：“老爷爷别走，我还在水池上面呢！”

妈妈推醒了小毅，说：“你喊什么呢？趴在桌子上就睡着了。”小毅急忙往下面一看，发现脚下是地面而不是水池子，这才松了口气。

（更多“数学童话”，请参看其他《李毓佩数学科普文集》内容。）

数学魔术和哑谜

不谋而合

【道具】

四块小黑板，编上号一、二、三、四，黑板架、粉笔、黑板擦。

【表演】

先把四块黑板分别放在黑板架上，按编号顺序摆成一排，面朝观众。表演者走到台前，对观众说：“现在我给大家表演一个小节目，叫作‘不谋而合’。不过，得请大家帮帮忙。请上来四位观众，每个观众可任意默想一个数，然后，我站在黑板的背面，给你们出题进行四则运算。你们运算完毕后，我能立即说出运算结果，并且保证四个人的得数一样。”

四位素不相识的观众，从不同的座席上被请到台上。表演者走到黑板背面（这时他根本看不到黑板的正面）。

表演者问：“你们四人都默想好一个数了吗？请写在黑板上。现在开始计算。就以你们每人所想的数为基数，请一号加上 28，二号加上 36，三号乘以 5，四号乘以 6；（稍停片刻，待四人算完）以你们的运算结果为基数，一号乘以 128，二号乘以 309，三号加上 51，四号加上 68；（稍停片刻，待四人算完）以你们这个结果为基数，一号除以 8，二号除以 3，三号乘以 66，四号乘以 51。（待四人算完）把你们的得数乘以 9，得出的结果如果是个多位数，请把这个多位数上的各个数字相加，如果得出的还是多位数，还要相加，直到加到一位数为止。例如，1991 这个数，可变成 $1+9+9+1=20$，再把 20 变成 $2+0=2$。”

表演者待四人算完后说：“你们的得数都是 9。”四人看果然如此。

这时表演者还要分别问一下四人原来所想的数各是多少，以证明四个数不相同，使观众信服，确实是不谋而合。如果有人不信，还可再找几位观众表演一次。

神机妙算

【道具】

扑克牌一副。

【表演】

表演者手里拿着 1～13 共十三张扑克牌。请一位观众到台上，把扑克交给他，让他随意洗牌，并背着表演者默记其中一张牌，然后把扑克弄整齐，交给表演者。表演者接过扑克，对那位观众说：“请你把刚才记住的那张牌的点数乘以 2，再加上 3，然后乘以 5，最后减去 25。把最后的得数告诉我，我能立即找出你所记的那张扑克牌。”

比如，那位观众告诉表演者运算结果是 60，表演者迅速从扑克中找出 7，这张扑克牌恰好就是那位观众开始时所记的那张。

心中有数

【道具】

扑克牌一副。

【表演】

表演者拿出一副扑克牌，对一位观众说："请你任意想一个数（1～13中的任意一个），以它为基数，我抽出一张牌，你就默默加上1，再抽出一张牌，你又加上1。例如，你想的是5，那么，我抽出一张牌，你就默数6，再抽一张牌，你就默数7，依此类推，默默数到25时就停止，这时，我所抽出的这个第'25'张扑克牌就一定是你心中所想的那个数。"

说完，表演者请观众上台，自己将扑克牌展开成扇形。当观众想好一个数后，表演开始。表演者每抽一张牌后，稍停片刻，又插入牌中，然后还这样做。观众随着表演者的抽牌动作往上加1。当抽了若干张牌后，表演者又抽出一张牌，正待插入牌中，观众马上说："25。停止！"表演者便将此牌拿住，问观众："你所想的数是几?"观众答："是8。"表演者将最后所抽出的那张牌交给观众看时。果然是8。

暗中找牌

【道具】

扑克牌一副。

【表演】

表演者将一位观众请上台，把一副崭新的扑克牌交给他，请他洗过。表演者说："你洗完牌之后，请你暗中看一张牌（不要超过第25张），并要默默记住这张牌从上边数是第几张，然后把这副扑克牌交给我，只要经我的手一摸，我就可以找出你所看到的那张牌。"

观众看完一张牌后，表演者接过扑克，拿在背后（不让观众看到），稍停片刻，又将已经理齐的扑克放在桌子上，扑克牌正面朝上。表演者对观众说："现在请你以刚才看到的那张牌是第几张的序数为基数，拿掉一张牌，就默默加上1。例如，你看的是第八张牌，那么，拿掉一张，就默数9，再拿掉一张就默数10。这样做，一直数到25。这个第'25'张扑克牌，保证就是你刚才看到的那一张。"

观众照此办理，果然如此。

分牌求和

【道具】

扑克牌一副。

【表演】

表演者将一位观众请上台，把一副扑克牌交给他，请他洗牌。表演者对观众说："现在请你以任一张扑克牌上的点数为基数（A、K、Q、J和大、小王的点数为1），往上添牌加数，每添一张牌（不计点数）均算加上1。例如：以扑克牌的3为基数，添一张牌为4，再添一张牌为5……加到10为止，摞成一摞。用这种方法，你可随意将扑克牌分成若干摞，分时可秘密进行。然后，只要告诉我分了几摞，还剩几张牌，我就能立即说出所有作为基数的那些扑克牌上的点数之和是多少。"

表演者说完，即让那位观众分摞。例如：观众将扑克牌分成9摞，把剩下的7张牌交给表演者。表演者立即说："总和是52。"观众将作为基数的那些牌掀开一看，果然如此。

又如：观众将扑克牌分成7摞，一张牌也没剩。表演者又立即说："总和是23。"这个答案也准确无误。

按序排列

【道具】

扑克牌一副。

【表演】

表演者拿出10张扑克牌，展成扇形，把正反面向观众交代后，把牌合上，对观众说："这些扑克牌分别是1、2、3、4、5、6、7、8、9、10，但现在的排列顺序是杂乱的，刚才大家已经看到。现在我隔一张，排列一张，用我的‘魔法’，可以把牌按从小到大的顺序给排列好。”

说完，表演者当众表演。这10张合在一起的牌，他用左手拿着，右手将最上面一张放在最底下，将第二张放在一边；又将左手那摞牌最上面一张放到最底下，将第二张接第一次放在一边的那张牌依次排列，再将左手一摞牌最上边一张放到最底下，将第二张接第二次放在一边的那张牌依次排列……如此往复多次，将左手的牌全部重新排列后，表演者领请一位观众上台来看一看，重新排列的扑克牌的顺序如何。

观众上台一看，牌的顺序果然是：1、2、3、4、5、6、7、8、9、10。

巧手寻牌

【道具】

扑克牌一副。

【表演】

表演者将一副扑克牌展开成扇形，反复向观众做交代。然后将扑克分成两堆，两手各持半副牌。请两位观众上台。表演者同时伸出左右手，请两位观众各抽出一张牌，让他俩看清各自所抽的牌，并默记住点数，然后又将这张牌插回原来的扑克中。这时表演者把这两堆牌分别交给两个观众各洗一遍。表演者接过牌，对观众说：“现在我能准确无误地找出你们刚才所抽的那张牌。”说着，表演者真的从这两堆扑克里找出了观众所抽的牌。

身手不凡

【道具】

扑克牌一副。

【表演】

表演者从一副扑克中拿出若干张牌，向观众交代，证明无任何秘密后，表演者将牌合上，面朝下，请一位观众抽出张牌，并默记住花色和点数，然后再将这张牌插入原扑克中。表演者当众将牌洗过数遍，对观众说：“现在我能找出你所抽的那张扑克牌。”说着，表演者从扑克中找出了观众抽的牌。

神秘纸圈

【道具】

纸圈、剪子。

【表演】

表演者手里拿着一个纸圈向观众展示：“这是一个普通的纸圈，如果用剪刀沿纸圈一周把它剪开，大家一定会想到，将会变成两个纸圈。现在我施用魔术，却会另有奇观。”

说完，表演者当众用剪刀把纸圈剪了一周，这时出现在观众面前的是一个连环圈，如右图。

表演者又拿起一个纸圈，用剪刀在纸圈上剪一周，这时表演者将剪完的纸圈展示给观众看，奇怪！既不是两个纸圈，也不是连环圈，而是变成了一个大一倍的纸圈了。

表演者这时请一位观众上台，让他把这个比原来大一倍的纸圈再沿纸条中间剪一周，这时，这个大纸圈又会变成连环圈。

心 理 学 家

【道具】

六张纸上分别写着数字，如下图：

1	3	5	7	9	11	13	15
17	19	21	23	25	27	29	31
33	35	37	39	41	43	45	47
49	51	53	55	57	59	61	63

（一）

2	3	6	7	10	11	14	15
18	19	22	23	26	27	30	31
34	35	38	39	42	43	46	47
50	51	54	55	58	59	62	63

（二）

4	5	6	7	12	13	14	15
20	21	22	23	28	29	30	31
36	37	38	39	44	45	46	47
52	53	54	55	60	61	62	63

（三）

8	9	10	11	12	13	14	15
24	25	26	27	28	29	30	31
40	41	42	43	44	45	46	47
56	57	58	59	60	61	62	63

（四）

16	17	18	19	20	21	22	23
24	25	26	27	28	29	30	31
48	49	50	51	52	53	54	55
56	57	58	59	60	61	62	63

（五）

32	33	34	35	36	37	38	39
40	41	42	43	44	45	46	47
48	49	50	51	52	53	54	55
56	57	58	59	60	61	62	63

（六）

【表演】

表演者对观众说：“我是心理学专家，我可以通过人的面目表情，判断出他心里在想什么。比如，这是六张数字卡片，最小的数是1，最大的数是63。你们哪位可随便想个数（不超过63），只要告诉我你所想的数在哪几张卡片上有，我能立即说出你所想的那个数。”

例如：观众说他所想的数在第一、四、五张卡片上有，那么表演者可立即说出他所想的数是25。

又如：观众说他所想的数在第三、五、六张卡片上有，表演者可立即说出他所想的数是52。

组成等式

【道具】

信封、数字卡片、胶水。

【表演】

表演者拿出一个未封口的信封向观众做交代，证明信封内无任何秘密。表演者把信封放在桌子上，又拿起五张用纸做成的卡片，上面分别写着2、2、+、=、4，向观众一一交代后，当众将这五张卡片装入信封，再用胶水将信封口封上。表演者将信封夹在两手掌中间，上下摇动，再抛向空中，又用手接住，吹一口“神”气。这时将信封口撕开，把原来的五张卡片掏出向观众展示，竟连在了一起，变成了一个算式：2+2=4。

智力过人

【道具】

黑板、黑板擦、粉笔。

【表演】

甲、乙二人走上台。

甲：我的智力是过人的，这个优点您知道吗？

乙：啊？当着这么多人的面，说大话，也不怕风伤了舌头？

甲：哟！你怎么小看人呢？

乙：你不就是玩过两天数学游戏吗？这有什么值得大惊小怪的？

甲：你若不信，咱们可当场测验。

乙：好啊，你说怎么测验吧。

甲：请你在黑板上任意写一个四位数，我再写一个四位数，你再写一个四位数，我又写一个四位数，你最后再写一个四位数。这时，我能马上说出这五个四位数的总和是多少。

乙、甲按上述要求在黑板上写出了五个四位数。例如：

乙写：1245

甲写：8754

乙写：3796

甲写：6203

乙写：3892

甲马上说："总和是23890。"

乙用笔在黑板上算一算，果然正确，连说"对、对"。

乙：不怪你先夸口，确实还有两下子。不过光我说你有两下子还不行。因为咱俩是一伙的，观众可能会认为咱俩事先核计好了。

甲：其实，我还真没同你核计。观众同志们，我这确实是真才实学呀。

乙：我说你就别表白了。干脆请上来一位观众和我们共同表演吧，你看怎么样?

甲：可以。

（乙请一位观众上台）

甲：这回我们变一下表演方式。（对乙）你和他（指观众）在黑板上写数，我站在黑板后面，不看。

乙：那你可怎么计算呢?

甲：这个用不着你担心，只要他（指观众）把最后写的一个四位数告诉我，我就能立即说出黑板上所写的五个四位数之和是多少。

乙：你可千万别出丑啊。

甲：你就把心放到肚子里吧。

甲：走到黑板后面。那位观众写出了第一个四位数，乙接着写出第二个四位数，观众接着写出第三个四位数，乙接着写出第四个四位数，观众接着写出了第五个四位数，写完之后告诉了甲。例如他写的是2856，甲马上说："总和是22854。"观众用笔在黑板上重新计算了一下，果然正确。

暗中妙算

【道具】

黑板、黑板架。

【表演】

甲、乙二人走上台，站在黑板两边。

甲：今天由你当助手，我来表演一个数学魔术。

乙：怎么表演?

甲：我站在黑板后面（说完走到了黑板后面），这样我就看不到黑板正面了，对吧?

乙：（走到黑板后面，假装看，然后又回到黑板前面）是看不到了。

甲：那好，现在你任意在黑板上写一个数，然后按我的要求进行加减乘除运算，只要告诉我结果，我能立即说出你最开始写的那个数是什么。

乙：真的？你可别骗人。

甲：当然是真的。不信，你来试试。

乙：（拿起粉笔欲写）哎呀，不行！

甲：出什么事啦?

乙：不是出事啦。我觉得，咱们俩在表演，就是表演得十分成功，人家观众也不一定佩服你。

甲：为什么?

乙：这不是秃子头上的虱子——明摆着吗！谁能相信咱俩事先不预谋。

甲：也是，要我是观众，也得这样想。

乙：依我看，还是请一位观众给你当助手吧，要是这样，你能表演成功，大家才会服你的。有把握吗?

甲：这叫什么话呀！无论谁当助手，我都胸有成竹。（对观众）哪一位观众上来帮帮忙?

一位观众来到台上，在黑板上写了一个数，对甲说：“写好了。”甲让他乘以4，得出的结果加上4，得出的结果除以4，得出的结果减去4，得出的结果告诉甲。假设那位观众写的是125，乘以4后等于500，加上4等于504，除以4等于126，减去4等于122。那位观众做这一系列动作，甲在黑板后面根本看不到，但当那位观众将“122”这个数告诉甲后，他立即说：“你原先写的数是125。”

耳朵辨数

【道具】

信封、白纸、糨糊。

【表演】

甲：你知道今天晚上这里在干什么吗?

乙：那还用说呀，今天晚上这里在开数学文艺晚会，台下是观众，台上是演员。

甲：这话不错。不过我有点纳闷儿。

乙：纳什么闷儿?

甲：今晚进行的是数学晚会，那你到台上干什么来了？为什么不好好在台下当观众！你往下瞅瞅,哪位观众不是稳稳当当坐在那儿看演出。谁像你，竟然跑到台上跟我套近乎来了。

乙：谁跟你套近乎啦？咱俩不是有言在先，要一起为大家表演吗?

甲：表演？今天是数学晚会，你知道不?

乙：知道啊。

甲：那为什么明知故犯?

乙：我犯什么啦?

甲：你根本不懂数学，1+2等于几，还得现掰脚巴丫子算，你还为大家表演呢！

乙：我说你也太小瞧人啦。听你这口气，你对数学一定是精通了？

甲：精通倒不敢当，但这方面的知识还是渊博得很。

乙：嗬，你真是走道儿拣个喇叭——有吹的啦。既然如此，光空嘴儿说白话，广大观众是不会买你的账的，最好能当众露一手才行。

甲：露一手就露一手，那有啥？今晚不是数学晚会吗？

乙：是呀。

甲：那你给我当助手，我为大家表演一个数学魔术。

乙：我？就连1+2等于几还得掰脚巴丫子算。给你当助手？够格吗？

甲：你还有点自知之明。没关系，这个助手也就是跑跑腿，只要你听从我的调遣就行。

乙：承蒙信任，不胜感激。

甲：不客气。现在表演开始。

两位助手从后台抬出一张桌子放到台中央，上面放着若干信封和白纸。甲从桌子上拿起若干个信封、若干张白纸，交给乙，说："你可任意把白纸发给若干人，每人一张，同时给他一个信封。（对观众）观众同志们，当你们接到信封和白纸后，请任意在白纸上写出一道算术题，并算出答案，再把自己的名字写上，然后装进信封，交给他（指乙）。这些信封我不用看，只要用耳朵一听，就知道里面写的是什么内容，是谁写的。请大家注意，写时，字迹一定要清楚，并要记住自己所写的那道算术题。"

乙来到台下，将一个个信封和一张张白纸发给几位观众。十余个信封和同样数量的白纸发出后，待他们一一写好，并自己装入信封后，乙全部收回来，拿到台上，放在桌子上。并当众用糨糊把信封口一一封好。

甲从中拿起一个信封，放在两个耳朵处轮换听一听，说："我已经听出来了，这里边的白纸上写的是'2×3=6'，是张杰写的。"于是他问台下的观众，“有没有叫张杰的?”台下观众站起来说：“我叫张杰。”甲问：“你写的算术题是2×3=6吧?”张杰说：“是。”甲请张杰坐下，然后将这个信封拆开，核对一番，放在桌子上，自语道：“果然猜对了，没丢丑，我要乘胜前进。”

说着，甲又拿起一个信封，同样放在耳朵处听了听，说：“这里边的白纸上写的是‘10×5=50’，是李明写的。哪位观众叫李明？请站起来一下。”一观众站起来，说：“我是李明。”

“你写的是不是10×5=50？”

“是。”

“好，请坐下。”

甲当众又把这个信封撕开，拿出白纸核对一番，放在桌子上，自语道：“又说对了。（对乙）怎么样？我有两下子吧?”说着，甲按着前面的做法，将十余个信封都听对了。对此，观众一定感到莫名其妙。

趣味黑板

【道具】

黑板、用硬纸板剪成的数字1、2、3、4、5、6、7、8、9、0。黑板立在桌子上，数字放在桌子上。

【表演】

表演者手拿用硬纸板剪成的数字向观众交代，突然助手从后台走来，要看表演者手中的数字块，表演者不给，助手便抢。这一抢不要紧，二人竟将这个数字块撕成两截。助手做个鬼脸欲下，被表演者叫回。

表演者说：“我出一道题请你算算。至于你算得正确与否，我不用说话，这块黑板就能检查出来。”于是，表演者用粉笔在黑板上写了“1+0=　”。助手一看，很生气，说：“我是学龄前儿童啊？你这不是当着观众的面寒碜我吗！等于8！”

表演者对观众说：“大家听见了吧，他（指助手）说$1+0=8$，究竟对不对呢？请看黑板的检验。”说着，表演者从桌上拿起数字8，放在黑板上算式的等号后边，一松手，这个数字便掉了下来。表演者对助手说，“你看到没有，这个8放在等号后边，它不在那里待，这就说明你算错了。”表演者拿起数字1放在等号后边，奇怪得很，1竟待在那儿掉不下来了。表演者说，“怎么样，1之所以能待在那里，是因为$1+0$正好等于1。现在请你任意写个算式，它的答案是多少，不用我算，我这里的相应数字块能自觉地待在等号后边。”

助手写了“$x+2=8$

$x=$　　”

表演者拿起好多数字，分别将其中的1、2、3、4、5一一放在等号后边竖直偏上一点，结果松手后一个个都一滑到底。当他拿起6放在黑板上时，6向下滑到等号后边处竟停住了。助手见状非常惊讶，又接写了几个算式，试了几次，结果都同上，只有那个正确的答案数滑到等号后边就站住了。这是怎么回事呢？

自动解题

【道具】

薄塑料板（不透明）。

【表演】

表演者拿出一沓薄塑料板，用手拿其一端，展开向观众交代，让观众看清正反面都没有字。

如图①。

交代完毕，把塑料板合拢在一起，在空中晃动几下，把手一挥，这时迅速将塑料板展开，竟出现一道数学题，如图②：

“$x+3=8$，$x=$？”

表演者又将塑料板合拢在一起，做几个虚假动作，再将塑料板展开，又出现奇迹，如图③：

“$x+3=8$，$x=5$”

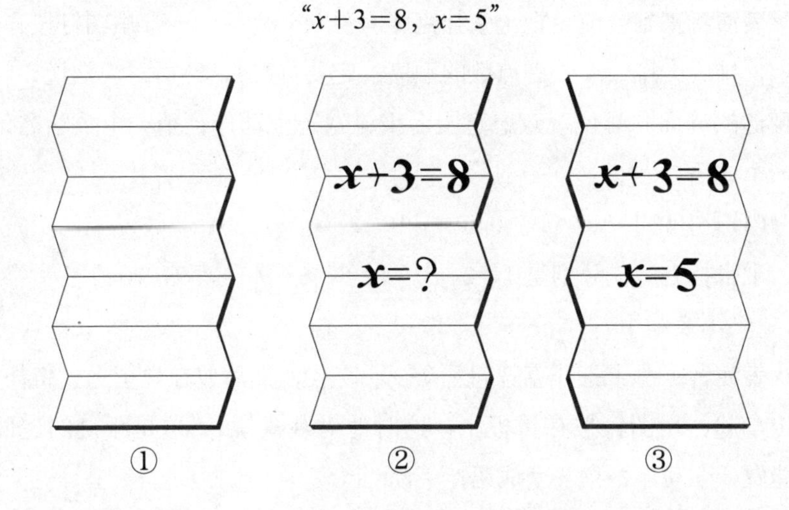

哑　谜

所谓哑谜，同其他谜语大体是一样的，有谜面，也有谜底。只是在猜法上有区别。其他谜语的猜法是用语言或文字指明谜底，而哑谜的猜法是通过做动作来揭示谜底。因此，猜哑谜是一项非常有趣的活动，在节假日或晚会上，这个节目是很受欢迎，同时也是必不可少的。这里，向大家介绍几则。

(1)【道具】

十张扑克牌，分别是 1、2、3、4、5、6、7、8、9、10。

【表演】

表演者拿出这十张牌向观众一一交代后，放在桌子上。只见他把扑克牌 8 拿起，用图钉按在黑板上，对观众说：“现在以这些扑克牌为谜面，请猜谜者做一个动作，猜一个成语。”

(2)【道具】

十张扑克牌，分别是 1、2、3、4、5、6、7、8、9、10。

【表演】

表演者来到台前，把十张扑克牌向观众交代后，一一用图钉按在黑板上，排成一排（十张牌点数的顺序一定要打乱），然后对观众说：“这是哑谜的谜面。哪位观众愿意上台来，做一个动作，猜一个数学名词，猜一个成语。”

(3)【道具】

十张扑克牌，分别是 1、2、3、4、5、6、7、8、9、10。

【表演】

表演者手拿十张扑克牌向观众一一交代，然后放在桌子上，将扑克牌 1 拿起，用图钉按在黑板上。这时他对观众说：“这是哑谜的谜面。谁能做一个动作，猜一个成语?”

(4)【道具】

十张扑克牌，分别是 1、2、3、4、5、6、7、8、9、10。

【表演】

表演者把十张扑克牌一一向观众交代。然后，把十张扑克牌全部用图钉按在黑板上，排成一排（顺序随便）。表演者对观众说：“以这张扑克牌为谜面，请猜谜者做一个动作，打一个成语。”

(5)【道具】

三张纸块，分别写着 1、7、8。

【表演】

表演者把三张纸块向大家交代后，用图钉按在黑板上组成如下算式：

$$8-7$$

表演者对观众说：“以这个算式为谜面，请猜谜者把这三张纸块重新组织一下，猜一个成语。”

(6)【道具】

十五根筷子，七根黑色，八根白色。

【表演】

表演者一手拿着黑色筷子，一手拿着白色筷子，向观众交代清楚。然后把两手的筷子混合在一起，放在桌子上，对观众说："以这十五根筷子为谜面，请猜谜者做一个动作，猜三个成语。"

(7)【道具】

一只闹钟。

【表演】

表演者手拿一只闹钟，向观众交代说："这是一只走时相当准确的闹钟。现在是北京时间 ×× 点 ×× 分整（表演此节目的当时是什么时间，表演者就说什么时间）。"说完，将闹钟放在桌子上，手指闹钟对观众说，"如果我就以这只闹钟作为谜面，打作家茅盾的一部著作，谁能默不作声，只通过做一个动作，来揭示出这个哑谜的谜底?"

(8)【道具】

图钉、黑板，两张长条纸片，上面都写着"3 两"二字。

【表演】

表演者拿起两张纸条一一向观众作交代后，分别用图钉按在黑板上。对观众说："以这两张纸条为谜面，哪位观众能做一个动作，猜一个成语?"

(9)【道具】

储钱罐，硬币。

【表演】

表演者把一个储钱罐和五枚 5 分、一枚 2 分、三枚 1 分的硬币放在桌子上，并一一向观众交代清楚。然后，表演者说："以这几样物品为谜面，谁能做一个动作，猜两个数学名词?"

(10)【道具】

黑板、扑克牌。

【表演】

表演者把扑克牌 1、3、4、5 用图钉按在黑板上（顺序随便），对观众说："这就是哑谜的谜面，请猜谜者做一动作，打一成语。"

数学魔术的奥秘

不谋而合

这里能不谋而合，关键在于最后都乘以 9。原来 9 有这样一个特性：任何一个数乘以 9（0 除外）后，其积的各位数字一直相加到个位数时，必定是 9。所以，每个人的最后结果当然都是 9。至于在乘以 9 之前的几步运算，一个是避免被乘数是 0，二是为了迷惑观众。

注意，在表演时，如果没有黑板，也可以放几张小桌，为每人准备几张纸。在请观众时，任意请几个都可以。在进行运算时，表演者可任意让每个人做若干步运算，但必须注意，在进行除法运算时，一定要心中有数，让每个人的数都能被除尽。要做到这一点，通常是在进行乘法运算后再进行除法运算。比如，你要他先乘以 16，16 是 4 的倍数，那么进行除法运算时，你就叫他除以 4，或 2 或 8。以此类推，就不会出现问题了。

神机妙算

表演者之所以能准确无误地找出所要找的扑克牌，是因为利用了一个方程式。这个方程式的左边是 $10x-10$，对方告诉表演者运算结果是多少，那么表演者就在方程的右面添上多少。比如结果是 60，这个方程便是 $10x-10=60$。解答这个方程式是非常容易的。因此，表演者当然可以迅速、准确地找出所要找的扑克牌了。

为什么要用 $10x-10$ 呢？因为任何一个未知数（用 x 表示），当 $(x\times2+3)\times5-25$ 时，结果正好是 $10x-10$。我们还以前面的数为例，可列出方程 $(x\times2+3)\times5-25=60$，这实际上便是 $10x-10=60$。

另外，当 x 为任何一个数时，只要乘以 2，加上 3，然后再乘以 5，减去 25，其得数都是带 0 的整数。这样，就为准确迅速地求解 $10x-10$ 提供了方便和可能。

心中有数

表演者抽牌时，首先要自己心中有数，也就是要遵循一定的规律。开始抽牌时，可任意抽 11 张（抽这 11 张牌，表演者要默数准确），然后再抽牌时，一定要抽 K（即 13），再抽牌一定要抽 Q（即 12）……依此类推，按从大到小的顺序抽牌。这样，当对方说“停止”时，你所抽的牌的点数就保证是观众原来所想的数了。

这是为什么呢？这是因为观众所想的数与所抽牌的次数之和是 25，而扑克牌点最大是 13，$25-13=12$。当抽第 12 张扑克牌时，正好是 13，这样从 13 点牌抽到 1 点牌，观众正好数到 25。这实际上是一个大循环，所以当然不会错。

这种魔术，还有一种表演方法。表演者从扑克中抽出 1～13 的牌。将这 13 张牌任意打乱顺序在桌上摆成一个圈（面朝上）。然后，请一位观众默默确定其中一张牌，并以那张牌上的点数为基数，表演者每用手点一次牌，就让那位观众默默加上 1，当默加到 25 时，停止，这时，表演者所点的那第“25”张牌，正好是观众所指定的那张牌。

这个魔术的原理同前面的是一样的。也就是说：表演者用手点牌时，前 11 张可胡乱点，从点第 12 张开始，要按 13，12，11，…的顺序从大到小点。

注意：13张牌的顺序一定要打乱，这样，才不易被观众看出破绽。

这类魔术在表演时，为了增强趣味，表演者还可灵活些。

前两次不都是让观众默数到25吗？其实这个数可随意变换，即默数到任意一个数，比如数到29或30，或38……为止都行。甚至表演者让观众自己定，数到哪一个数为止。但一点需要注意：不论所默数到为止的那个数怎样变换，表演者都要心中有数。即，用所要默数到为止的那个数减去14，得出的数是多少，表演者在往外抽牌时，就先随意抽出多少张。然后再抽牌时，就按从大到小K、Q、J……顺序抽牌。比如，确定默数到23为止，则23－14＝9，表演者抽牌时，心中要有数，可随意抽出9张牌，然后再抽牌时，按从大到小的顺序抽，就保证准确无误。

暗中找牌

当观众在开始时暗中看了一张扑克牌，并默默记住这张牌从上边数是第几张以后，表演者从观众手里接过扑克牌，拿在背后，将这副扑克牌从下边往上边拿过30张，即可达到表演时的要求。

这是因为一副扑克牌共54张，观众是从上边看的，从下边往上拿过30张后，还剩24张，这里即有观众所看的那张牌。如果他看的是第8张，那么当他拿到第17张时，便应是他所看的那张牌，而25减去17正好等于8；又如他看的是第5张牌，那么只有当他拿到第20张扑克牌时，才应是他所看的那张牌，而25减去20正好等于5……依此类推，表演者就是根据这个道理来进行成功的表演的。

（如果观众半信半疑，表演者还可再表演若干次）

为了增强表演效果，表演者可在表演过程中随时变换“招术”。前面在表演时，不是让对方默数到25吗？现在你可让他默数到18或29……也可让对方自己确定默数到何时为止。但万变不离其宗，表演者应根据默数到为止的那个数的变化，在背后拿牌时，数量上要做相应的变化。一副扑克只有 54 张，对方绝不可能要求到默数 55 以上。表演者须用 55 减去默数到为止的那个数，得数是多少，表演者在背后就从下边往上拿过多少张牌。这样，就能做到准确无误。比如，默数到 31 为止，55－31＝24，即表演者应从下边往上拿过 24 张牌。

分 牌 求 和

表演者是按下列公式解答的：摞数×11＋剩下的扑克牌张数－54，即是作为基数牌上的点数之和。例如，前面所举例：9×11＋7－54＝52，7×11－54＝23。

这个公式是怎么来的呢？大家知道，当以 1 为基数数到 10 为一摞，这摞牌有 10 张；以 2 为基数数到 10 为一摞，这摞牌有 9 张……以此类推，得出：基数增加 1，扑克牌张数减少 1。

另外，如果将一摞分成两摞，比如，10 张一摞的，无论分成怎样的两摞，则这两摞上作为基数牌上的点数之和必定是 12，即比原来的一摞的点数增加 11。由此得出，每增加一摞时，总和即增加 11。可用数学表示：摞数×11。但在这个数字中包括已经用了的若干张牌数，因为多用一张扑克牌，总数即少 1，所以必须减去所用的牌的张数，即：54－剩下的张数＝所用的张数。列成综合算式是：

摞数×11－(54－剩下的张数)，为了运算时方便，去掉括号，可将上式变成：摞数×11＋剩下的张数－54。

按 序 排 列

表演者在表演前已将这十张扑克牌做了如下排列：8，1，6，2，10，3，7，4，9，5。

这个顺序是按一定规律排列的。即先把十张牌从小到大进行排列，然后从后面开始拿牌：把10拿起，把9放在10上边，摞成一摞，把这摞最底下一张拿到上面；把8放到最上面；再把最底下的一张拿到最上面……如此往复，最后把1放在最上面，再把最底下一张放到最上面。此时，即可表演。

用这种方法，无论扑克牌多少张，都可做出正确的解答。

巧手寻牌

表演者是利用扑克的“奇”“偶”数来完成这个魔术的。扑克牌中有从1～13的数字（K为13，Q为12，J为11），表演者在表演前，将扑克按“奇”“偶”数之别分成两份（大、小王都算作偶数，放在偶数一份里）。表演时，一手拿着奇数牌，一手拿着偶数牌。当他趁两位观众各自抽出一张扑克牌后并不注意自己时，迅速将两手所拿的扑克牌交换一下。表演者让两位观众把所抽的牌插入原来的扑克里，表面上看确实是插入了原扑克里，而实际上是：抽出去的偶数牌插入了奇数扑克里；抽出的奇数牌插入了偶数扑克里。因而无论观众怎样洗牌，表演者都会准确无误地找出所要找的那张牌。

身手不凡

在这个魔术中，表演者巧妙地利用了扑克的点数与花色。比如扑克中的四个7，每张牌上的点的排列上下是有区别的，如：

这四张牌，无论哪一张，从上面看时，去掉下边一行，还剩5点；

从下面看时，则是 4 点。

另外，扑克牌 3（方块 3 除外）、5（方块 5 除外）、6（方块 6 除外）、8（方块 8 除外）、9（方块 9 除外）的每一张上的图案的排列也是上下有别的，即尖朝上的与朝下的数目是不相等。根据上述这些特点，表演者在表演前，把上面这些牌先挑出来放在一起。然后把所有扑克牌上的图案尖朝上的点多的一端朝上。排好后，放在一副扑克牌的上面。表演时表演者装作无意的样子拿出这些牌让观众检验，表演者趁观众把牌抽出观看之际，迅速把手中的扑克转过 180°。观众把牌插入后，表演者在洗牌时，注意不要再把牌转个儿。

这样，表演者就可按扑克上的点的尖端朝上的多少找出观众所抽出的牌。比如，观众抽出红桃 3，待表演者把手中的牌转过 180° 后，将红桃 3 插入。这时，将手中牌展开，你就可发现，红桃 3 这张牌上的尖端朝上的“多”与“少”同其他牌上的尖端朝上的“多”与“少”方向是不一致的，从而即可断定红桃 3 是被抽出去的牌。

神秘纸圈

表演者事先制作纸圈时，把纸条的一端扭转 360° 后，将纸条两端粘在一起，如图，将这个纸圈剪开后，即出现第一次表演的情况：连环圈。

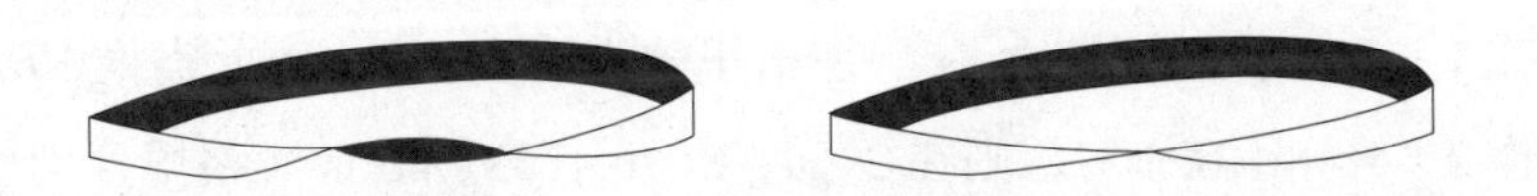

如果在纸条两端没粘在一起之前，将纸条一端扭转 180° 后再将两端粘在一起，如上右图形状，将这个纸圈剪开，即变成了一个比原圈大一倍的圈。这个大一倍的纸圈，同将纸条一端扭转 360° 后，粘成的纸

圈基本相似，所以将其剪开后，又成为一个连环圈。

这个问题在数学上叫作牟谋比乌斯带。

注意，制作纸圈时，不宜太小，以免被观众察觉其中秘密；当然也不能过大，因为过大了，就不像纸圈了，倒像个很长的纸条了。

心理学家

表演者之所以能“猜”的既迅速又准确，并非他懂“心理学”，而是利用了事先巧妙地编制的那六张卡片的缘故。只要对方说出他所想的数在哪几张卡片上，那么那几张卡片上的第一个数之和就保证是他所想的数。

因为这六张卡片是按如下规律缩制的。即每张卡片上的第一个数值是等比递增的。第一张卡片的第一个数是1，第二张卡片是$1\times2=2$，第三张卡片是$2\times2=2^2$（4），第四张卡片是$4\times2=2^3$（8），第五张卡片是$8\times2=2^4$（16），第六张卡片是$16\times2=2^5$（32）。已知$1+2+4+8+16+32=63$，1～63中的任一个数都可用1、2、4、8、16、32中的几个数来表示，例如，$3=1+2$，$5=1+4$，$6=2+4$…编制表格时，将上述六个数依次排在每张表格的第一位。那么剩下的那些数如何排列呢？把每一个数分别拆开成1、2、4、8、16、32，被拆的数能够拆成为上述六个数中的哪几个数，那么就将被拆的数放入有那几个数的表格里。

例如：3可看作$1+2$，则在1和2所在的表格里分别写上3；5可看作$1+4$，则在1和4所在的表格里分别写上5……依此类推，62可看作$2+4+8+16+32$，则在2、4、8、16、32所在的表格里分别写上62；63可看作$1+2+4+8+16+32$，则在1、2、4、8、16、32所在的表格里分别写上63。

组成等式

表演前，用牛皮纸特制一个信封，这个信封的制法是：里面有一夹层纸，其宽度比信封的宽略窄，比信封短一厘米，如下图。

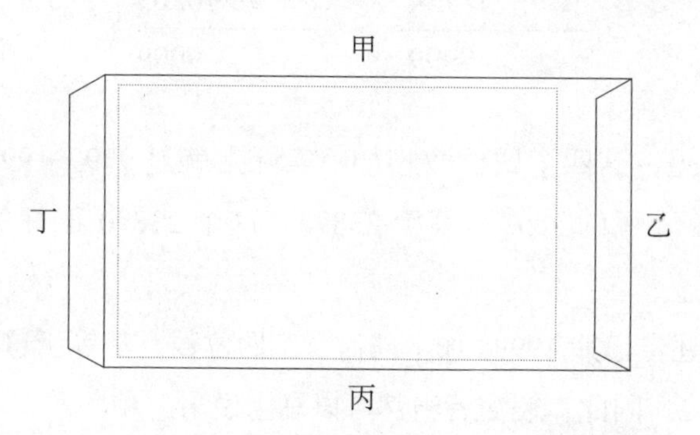

图中虚线是一张同信封一样颜色的纸，将这张纸的甲、丙、丁边用胶水粘在信封的一侧，将一条写着 2+2=4 的薄纸条（大小要与向观众交代的那五张卡片连起来的大小相同），从乙边装入信封，然后将乙边信封口封上。表演时，表演者主要向观众交代丁边，将五张卡片从丁边装入信封后，将丁边口封死，表演时用手摇动信封，又抛向空中，又吹气，只不过是渲染气氛。接住信封后，将乙边的信口撕开，拿出来的是连在一起的卡片，即事先装入的薄纸条。

注意，信封的乙、丁边要有所区别，应在乙边上做一个不明显、只有自己才能注意到的小小记号，例如：用钢笔点个点，以防最后误将丁边为乙边撕开而出丑。

智力过人

甲和乙的表演是：乙任意写出一个四位数后，甲接写的四位数时，一定要使这个数的各位，同乙所写的四位数相对应的位的数之和等于 9；乙再写一个四位数后，甲写数时仍遵循这个“原则”。这样，当乙写完了最后一个四位数，甲只要将这个数加上 2 万，减去 2，即是五个四位数总和。以前面表演时所写的数为例：

$$\begin{array}{r} 乙写1245 \\ +\ 甲写8754 \\ \hline 9999 \end{array} \qquad \begin{array}{r} 乙写3796 \\ +\ 甲写6203 \\ \hline 9999 \end{array}$$

由此可见，这四个四位数相加，实际上就是9999＋9999＝19998，再加上乙最后写的3892，等于23890。这个23890正好等于3892＋20000－2。

综上所述，已知19998加上任何一个四位数，都等于这个四位数加上2万减去2。因此，表演者当然可以马上说出总和。

当乙在同那位观众背着甲写数时，乙也是遵循着甲写数的“原则”，只不过观众不知道而已，因此，甲就无须知道前四个四位数究竟是多少(反正其和一定是9999＋9999＝19998)，只要知道了最后所写的四位数，将其加上2万，减去2，就求出了五个四位数的总和了。

暗 中 妙 算

只要把对方运算的结果加上3，即是他原先写的数。这是因为这里运用了恒等式的方法。这个式子是：

$$\frac{4x+4}{4}-4=x-3。$$

假设那个人所写的数为x，运算后的数是122，列方程：

$$\frac{4x+4}{4}-4=122,$$

解：$x-3=122$， $x=122+3$。

所以对方运算的结果只要加上3，便求出了这个答案。

耳朵辨数

原来，表演者事先准备一个封好口的信封，里面的白纸上写着“2×3＝6，张杰写”。这个信封事先就放在桌子上。而张杰是表演者的暗中助手，是事先安排在观众席上的。等乙把观众写的信封都收上来封好口后，就放在事先准备的“张杰”的信封上面。

表演时，甲第一次拿出听的信封，并不是“张杰”写的，是谁写的，写着什么内容，甲也不知道。他“听”了一阵后，却说是“张杰写的，写的是2×3＝6”。待张杰回答后，甲撕开信封，假装核对，趁机仔细看清白纸上写的是什么，比如是“10×5＝50，李明写”，那么，甲拿起第二个信封听了一番，就说这张白纸上写的是“10×5＝50，李明写”。甲撕开这个信封拿出白纸“核对”时，其实又趁机看清了上面所写的内容。这时当拿起第三个信封听了以后，说白纸上写的内容时，就说第二次那张白纸上的内容……依此类推，将十余个信封一一听完，最后听的那个信封就是事先准备的“张杰”的那个信封。这样就可准确地“听”出观众所写的算术题及其名字。

为了不让观众发现破绽，准备的信封、纸张颜色、大小要一样，还要多准备一些，即除了乙拿走一些分发给观众外，桌上还应剩一些信封和白纸，这样桌子上事先准备好的“那个信封”就不易被观众发觉或怀疑。

趣味黑板

原来，在这块黑板上事先开了一个小孔，找一块小磁铁（广播喇叭上的即可）装在用尼龙线编制的小网里，固定在小孔处。黑板正面糊一块黑纸正好盖住小孔。这样，观众在台下就看不出黑板上的秘密。表演者再准备两套用硬纸剪成的0～9的数字块，再准备一套用薄铁片制作的0～9的数字块。演出前都放在桌子上。表演者向观众交代数字块时，安排的助手抢数字，并把数字撕成两截的场面，其目的是要观众知道并相信这数字块是用纸做的。

写出算式后，正确的答案数字之所以能停在等号后边，是因为表演者用了铁片制作的，而一滑到底的都是纸做的。注意，写算式时，一定要安排好适当的位置，即无论如何要把等号写在小孔的左边，以便在小孔处放上得数，从而构成个书写标准的算式。表演者放数字时，要放在等号后边竖直偏上一点的地方，手一松，数字则会自已向下滑。这个魔术在事先要反复练习。黑板立在桌子上，角度多大合适，要自已掌握，剪数字块用的硬纸不能太轻，因为太轻了，就不能往下滑了。至于多重合适，也要根据黑板的角度和下滑时的实际情况，掌握好分寸。

自动题解

秘诀在这沓塑料板上。表演者找来 11 块大小、颜色完全一样的薄塑料板，先将 7 块用小铁环连接起来，再把剩下的 4 块分别连接在已经连在一起的那 7 块塑料板的两面，每面两块，作为活动板，数学题就写在这里面。连法如图。每面的这两块活动板可上下活动自如。数学题写在其中的一面上。

表演时，向观众交代塑料板，之所以甲乙两边都没见字，是因为活动板垂在下边，字写在里面观众看不到。第一次出现了数学题，是表演者趁机将这沓塑料板上下倒个个，所以一展开，活动板又垂向下边，里面写的字就露了出来。此时，在这七块板的背面的两块活动板也垂向下边，也露出了数学题及答案，但观众看不到。表演者又将塑料板合拢，趁机将正反面换位置，这样一展开，就出现了第二次的情

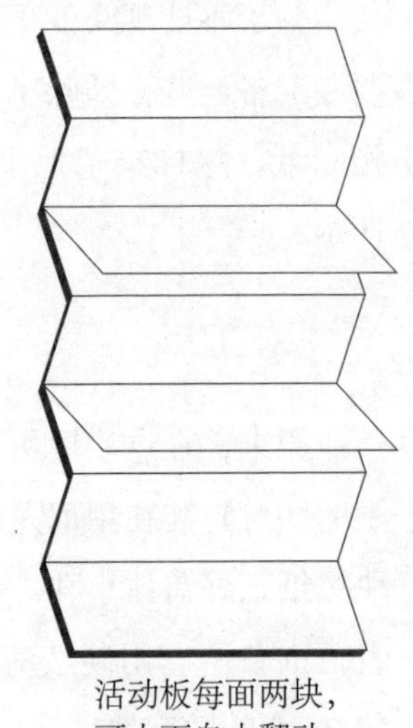

活动板每面两块，
可上下自由翻动

况，既有数学题，又有答案。

哑谜谜底

（1）猜谜须将扑克牌 8 从黑板上拿下来，从桌上拿起扑克牌 7，用图钉按在黑板上。

谜底：七上八下。

（2）猜谜者先分别将扑克 1、3、5、7、9 从黑板上取下来，再把剩下的五张牌按点数从大到小的顺序重新排列下。此时，黑板上的五张牌的顺序是：10、8、6、4、2。

谜底：数学名词“倒数”，成语“无独有偶”。

（3）猜谜者把桌子上的扑克牌2、扑克牌3拿起，接黑板上的扑克牌1，用图钉依次按在黑板上。此时，黑板上三张扑克牌的顺序是：1，2，3。

谜底：接二连三。

（4）猜谜者将扑克牌 3 和扑克牌 4 从黑板上取下来。

谜底：丢三落四。

（5）猜谜者要用三张纸块组成一个分数，即$\frac{7}{8}$，用图钉按在黑板上。

谜底：七上八下。

（6）猜谜者从 15 根筷子中，把黑白两色筷子分开，各合拢在一起，将 7 根黑色筷子横放在 8 根白色筷子上面，组成为一个“十”字形，8 根白色筷子为“十”字形的“竖”，7 根黑色筷子为“十”字形的“横”。

谜底：黑白分明、七上八下、横七竖八。

(7) 猜谜者要将表的指针拨到十二点。

谜底：《子夜》。

(8) 猜谜者将其中一张纸条摘下，从“3”和“两”中间撕开，把“3”按在另一张纸条前面，把“两”按在那个纸条后面。此时黑板的情形是：33两两。

谜底：三三两两。

(9) 猜谜者将硬币一枚一枚地放到储钱罐里。

谜底：积分、三角。

注：储钱罐可用空罐头盒及小方纸盒，但须在上面标明储钱罐字样，或口头向观众说明以此作为储钱罐。

(10) 猜谜者把黑板上的扑克牌4拿掉，用手举起，即猜中谜底。

谜底：举世（四）无双。

数学故事会

他领先了一千年

历史上如何评价一个国家、一个民族的数学水平呢？许多数学家都认为，圆周率的计算，在某种程度上反映出了一个时代和一个民族的数学水平。

1000多年以前，祖冲之计算出的圆周率，精确到第七位小数的近似值为3.1415926。这一成绩，在世界上领先了1000年，为我们民族争得了荣誉。

祖冲之是我国南北朝时期范阳遒（今河北涞水）人。因为当时北方经常打仗，后来搬到江南居住。一家有几代人研究历法，祖父掌管土木建筑，懂得一些科学技术，所以，祖冲之从小就有机会接触家传的科学知识。祖冲之一方面勤奋好学，阅读各种有关天文、数学方面的书籍；另一方面很注重实践。他在数学、天文、机械制造等方面都有重要的贡献。

在数学上，祖冲之著有内容十分丰富的《缀术》一书，可惜的是早已失传了。圆周率的计算，是他在数学上的杰出成就。我国在秦汉以前，人们以“径一周三”作为圆周率，也就是$\pi=3$，这是“古率”。后来，人们发现古率误差太大，圆周率应该是“圆径一而周三有余”，也就是说应该比3多一点。但是究竟“余”多少呢？结论就不一样了。如天文学家张衡采用$\pi=\sqrt{10}$，近似等于3.162，还有人采用$\pi=3.15$。直到三国时魏国人刘徽才提出计算圆周的科学方法——割圆术，用圆内接正多边形的周长来逼近圆周长。刘徽计算到192边形，求得$\pi=3.14$；并且指出，内接正多边形的边数越多，求得的圆周率就越精密。

祖冲之究竟用什么方法，算得小数点后第七位那样精确的数字，现已无从查考。如果祖冲之也用的是“割圆术”，他必须算出圆内接正

24576 边形的周长。计算这样一个圆内接正多边形的周长是相当繁杂的，除去加、减、乘、除运算，还要乘方和开平方。开平方尤其麻烦，估计他计算的时候，得保留 16 位小数，进行 22 次开平方。当时还没有算盘，只能用一种叫作“算筹”的小竹棍摆来摆去进行计算，可见祖冲之计算圆周率花费多大的劳动！大约又过了 1000 年，阿拉伯数学家阿尔·卡西才把圆周率推算到小数点后面第 17 位。

祖冲之不仅用小数形式表示了圆周率，他还以分数形式表示圆周率，提出“约率”为$\frac{22}{7}$，“密率”为$\frac{355}{113}$。$\frac{22}{7}$约等于 3.142；$\frac{355}{113}$约等于 3.141592，小数点后有六位准确数字。

为了纪念祖冲之的功绩，有些外国数学史专家建议把“密率”叫作“祖率”。

魏晋以来，生产有了一定的发展，而当时通行的历法有重大错误。比如冬至、夏至日差一天；太阳、月球的方位往往要差三度；金、木、水、火、土，五星的出没，有的要差 40 天。祖冲之决心改革旧的历法，在他 33 岁时编制成功新的历法，起名《大明历》。新历法中，将过去沿用的十九年七闰，改为 391 年中有 144 个闰年，这在当时是一项重大的革新。另一项革新是破天荒将“岁差”引入历法中，开辟了历法史的新纪元。所谓“岁差”早在汉初就被我国天文学家发现，意思是说，“冬至点”并非永久固定在一处，而是“冬至所在，岁岁微差”。祖冲之定出了简明计算法，首次把岁差引入了历法。

公元 462 年，祖冲之上表给宋孝武帝刘骏，建议用《大明历》。这样优良的历法，理应受到赞扬，可是皇帝不懂历法，叫大家讨论研究。在讨论中，朝廷中最得势的人物、皇帝的宠臣戴法兴带头反对。祖冲之和戴法兴展开了激烈的辩论。祖冲之指出从公元 436 年到 459 年间的 4 次月食，和他自己预测的丝毫不差，而戴法兴的预测竟差 10 度多。戴法兴在事实面前强词夺理，说什么历法是圣人传下来的，“非凡夫所测”。

祖冲之又用天体运行的规律说明历法不是什么神奇古怪不可捉摸的东西，形体可供观察考验，数据可以计算推测，据理驳斥了戴法兴的“非凡夫所测”论。

尽管戴法兴被祖冲之驳得哑口无言，可是戴法兴是宠臣，没有人敢反对他的意见，《大明历》还是没有被朝廷接受。直到公元510年，在祖冲之儿子祖暅的再三推荐下，才开始施行《大明历》，这时祖冲之已去世10年了。

祖冲之测得一年为365.24281481天，与现代测得的一年天数只差50秒钟。他又测得交点月（太阳两次经过白道升交点的时间）等于27.21223日，和现在公认的27.21222日相差还不到1秒钟。除此之外，祖冲之还创造出水碓磨、千里船等多种机械。

1959年10月4日，苏联发射第三艘宇宙飞船，首次揭露了月球背面的秘密。苏联科学院将月球背面的一座环形山，定名为祖冲之山。伟大的中国古代数学巨匠祖冲之的名字，将与日月同辉！

关于无理数的惨案

一个正方形，它的边长是1，对角线长就是$\sqrt{2}$。我们都知道，$\sqrt{2}$是无限不循环小数，是一个无理数。

可是在历史上，居然有人否认无理数的存在。此人是大名鼎鼎的数学家，古希腊的毕达哥拉斯。

数学的第一次危机

公元前6世纪，古希腊有个毕达哥拉斯学派，为首的就是毕达哥拉斯。

毕达哥拉斯学派主要研究“四艺”：几何学、算术、天文学和音乐。毕达哥拉斯本人非常重视数学，企图用数来解释一切。这个学派有一个习惯，就是把一切发现都归功于学派的领袖；他们还规定，学派成员谁敢把自己的发现泄露出去，就要处以极刑——活埋。

毕达哥拉斯认为，任何两条线段之比，都可以用两个整数的比来表示，两个整数相比实际上包括了整数（如$\frac{4}{1}$）和分数，因此，世界上只存在着整数和分数，除此以外，不会有别的数了。尽管毕达哥拉斯提出的这个理论并没有经过严格的证明，但是出于毕达哥拉斯的威望，学派中绝大部分人都把它视为真理。

后来毕达哥拉斯发现了勾股定理，即在一个直角三角形中，如果两直角边分别是a、b，斜边是c，则$a^2+b^2=c^2$。他觉得这是件了不起的大事，宰了一百头牛来庆祝，后来有人把这个定理称为“百牛定理”。这里要顺便说明一下：我国发现勾股定理要比毕达哥拉斯早。

可是不久就出现了一个问题：若一个正方形的边长为1，对角线的长为l，按照勾股定理有$l^2=1^2+1^2=2$。那么，l到底等于多少呢？是整数呢？还是分数呢？

l显然不是整数。因为$1^2=1$，$2^2=4$，而$l^2=2$，l一定比1大，比2小。毕达哥拉斯认为世界上只有整数和分数，那么l一定是个分数了。可是，他和他的门徒费了九牛二虎之力，也找不出这个分数。

对角线l到底是多长呢？如果说l是个分数，那为什么找不出来？如果说l既不是整数，又不是分数，毕达哥拉斯不就得承认自己的学说是错误的吗？这个问题让毕达哥拉斯派的学者很苦恼。有人说，这是数学上的第一次危机。

希伯斯的“背叛”

毕达哥拉斯学派中有个叫希伯斯的青年人。他对正方形的对角线问题很感兴趣，花费了很大的精力去钻研这个问题。他先研究了正五边形，发现正五边形的对角线l和边a之比是不能用分数来表示的。接着，他又研究了正方形，发现正方形的对角线和边长 a 的比也不能用分数来表示。

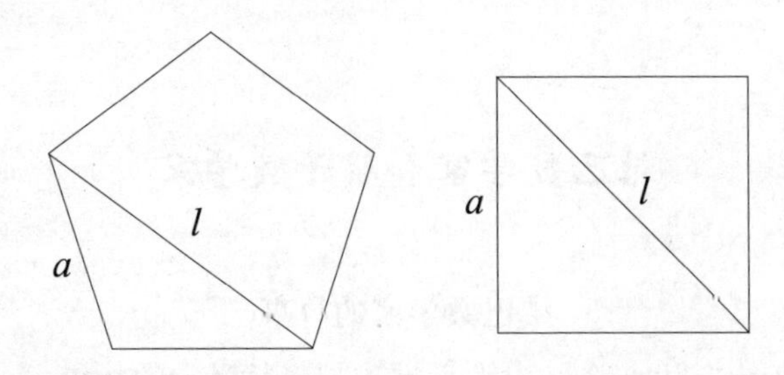

希伯斯发现边长为 1 的正方形，它的对角线长为 $\sqrt{2}$。$\sqrt{2}$ 既不是整数，也不是分数，而是当时还没有认识的一种新数。后来人们给这种新数起名叫无理数。

无理数并非“无理”，只是在当时，人们觉得整数和分数容易理解，就把整数和分数起名叫有理数；而希伯斯发现的这种新数不好理解，便取名叫作“无理数”了。

希伯斯之死

希伯斯发现了无理数，推翻了毕达哥拉斯认为数只有整数和分数的结论，动摇了毕达哥拉斯学派的基础。毕达哥拉斯的门徒十分惊慌，下令严密封锁希伯斯的发现，如果谁敢泄露出去，就处以学派的极刑。

真理是封锁不住的，尽管毕达哥拉斯学派内部纪律森严，希伯斯的发现还是被许多人知道了。他们追查泄密的人，追查的结果，发现泄密的不是别人，正是希伯斯自己!

这还了得，希伯斯竟敢背叛自己所在的学派，一定要活埋希伯斯。由于朋友的帮助，希伯斯逃走了。他在国外漂流了许多年，后来想偷偷返回故乡。他哪里知道，毕达哥拉斯学派的人一直在追捕他。后来，希伯斯乘船经地中海返回故乡的途中，被毕达哥拉斯学派的人发现了，他们残忍地将希伯斯扔进海里淹死了。

希伯斯虽然被害死了，但是他的伟大的发现在数学史上占有光辉的一页。

结巴数学家和骗子数学家

结巴数学家的故事

今天我给大家讲一个结巴数学家和骗子数学家的故事。

我只有一张嘴，不能两个数学家的故事一齐说，那么就先说结巴数学家的故事，后说骗子数学家的故事吧。

死 里 逃 生

这个结巴名叫塔尔塔里亚，是16世纪意大利的大数学家。塔尔塔里亚是他的外号，意思就是口吃的人。他的本名叫尼科洛·丰塔纳。由于大家叫外号习惯了，甚至把他的本名都忘记了。

他为什么成了一个口吃的人呢？他不是像某些人说话习惯不好，逐渐变得结结巴巴的，而是因为有一段悲惨的童年生活。

1500年，他出生在布雷西亚的一个马夫家庭里。在他6岁的时候，也就是1506年，意大利和法兰西打仗，布雷西亚被法军占领了，很多老百姓都跑到一座教堂里去避难。为什么跑到教堂去避难呢？因为当时教会的权力很大，无论什么人，无论犯了什么法，只要逃进教堂里，官吏士兵就不敢进教堂去捕捉。所以他的父亲就背着小尼科洛跟着大家躲进了教堂。

可是，法国兵哪里管这一套呢？他们冲进教堂里，拿起大刀，一阵乱砍乱杀，把老老小小杀得一个不剩。

法国兵退走以后，躲在别的地方的小尼科洛的妈妈，跑进教堂里去找他们父子俩。在一堆堆的尸首中，她找到了尼科洛父亲的尸首，怀里还紧紧抱着不省人事的小尼科洛。妈妈将尼科洛抱过来一看，头上有三处刀伤，上下牙床都被刀砍碎了。妈妈发现小尼科洛身上还有点热气，对他抱着一线希望，将他抱回了家。

由于家里非常穷，没钱买药，尼科洛的妈妈就学着老猫给小猫舔伤的样子，用自己的舌头给儿子舔伤。过了几个月，小尼科洛居然好转了，伤口也平复了。只是由于嘴巴受伤过重，说话不灵便，结果就成了一个口吃的人，也就获得了塔尔塔里亚的外号。

许多生理上有缺陷的人，常常能够避短扬长，使自己成为一个对社会有益的人。塔尔塔里亚也是这样，他虽然口吃，但努力学习，终于成为一个伟大的数学家。

数学比赛

塔尔塔里亚家里很穷，没有钱供他上学，他借了邻家孩子的旧书，自己学了起来，不懂的地方就到处请教，恭恭敬敬地学；没有钱买纸和笔，他就捡了些白色的小石条当作粉笔，在青石墓碑上写字、演算。在这样困难的条件下，经过 20 多年的刻苦学习，他终于成了一个很有学问的人，还不到 30 岁，就当上了威尼斯大学的数学教授。

1530 年，有个人提出几个数学问题，请教塔尔塔里亚。其中有一个题目属于三次方程，当时还没有见过哪本书上谈到过它的解法。塔尔塔里亚经过一番钻研，居然找出了一个不是很完备的解法。于是他声明：自己知道怎样解答这个问题。

碰巧，在波隆那大学有个数学家叫菲俄，他也公开说，只有他才知道三次方程的解法。当时的塔尔塔里亚年轻，刚当上大学教授，非常好强，以为菲俄是吹牛皮，放空炮，于是向他挑战，两人约定：1535 年 2 月 22 日公开比赛。

约定好了，塔尔塔里亚才听得人说，菲俄的确知道三次方程的解法。原来，菲俄的老师是波隆那大学的数学教授，名叫费罗。费罗精心研究过阿拉伯数学，所以知道部分三次方程的解法。他把这个方法传给学生菲俄以后，还没有来得及公开发表论文，就于1526年死去了。

塔尔塔里亚听到这个消息，大吃一惊，后悔不该夸口，但是既然约好了比赛，就只好临阵磨枪，刻苦钻研起来。到了1535年2月12日，也就是比赛前10天，塔尔塔里亚居然发现了比较完备的解法。

比赛在米兰的一个大教堂里举行，双方各出30道题，规定50天内，解答得最多的得胜。塔尔塔里亚只用了两个小时，就把题目全部做完了，而菲俄对于塔尔塔里亚出的30道几何和代数题，一道也没做出来。塔尔塔里亚大获全胜，还作诗纪念这件事。许多人都跑来向他请教，可是他也像当时别的学者一样：知识私有，保守秘密，不肯教人。

1541年，塔尔塔里亚又找到了三次方程问题的一般解法。他想等自己将欧几里得和阿基米德的书从希腊文全部翻译好以后，再自己著一本书，在这书中发表他的解法，为这本书增添光彩。

结巴数学家的故事讲完了，你还想听骗子数学家的故事吗?

骗子数学家的故事

我再给你们讲讲骗子数学家的故事吧。大家也许感到稀奇，骗子能成数学家吗? 既然是骗子，怎么会懂数学? 可是，这两个矛盾的概念居然在卡尔达诺这个人的身上统一起来了。

卡尔达诺也是意大利人。1501年生，比塔尔塔里亚小一岁。那时候社会风气不好，说谎骗人是常事。卡尔达诺虽然还没坏到去偷扒抢劫、杀人放火的程度，但是赌博、欺诈、吹牛，却是他的看家本领。他还会卜卦看相、行医治病，很懂得一些江湖上的诀窍。

当他在米兰行医的时候，忽然对数学产生了兴趣，经过努力钻研，混进了米兰的学校教起数学来。当他听到塔尔塔里亚和菲俄比赛的消息，就写了一封信给塔尔塔里亚，称自己是意大利的贵族，愿意接待他，和他一起讨论学问。

塔尔塔里亚是个老实人，就应邀前往相见。卡尔达诺立即恳求他传授三次方程的解法。

“不、不，不行!”塔尔塔里亚知道上了当。

卡尔达诺再三恳求，保证决不传给别人，即使他突然死了，也决不在纸上留下一点痕迹。

塔尔塔里亚见他这样热心，又立下了誓言，不好再拒绝，就把三次方程的解法全教给了他。

卡尔达诺是个不讲信用的人，他把三次方程的解法骗到手以后，随即把这个方法教给了他的学生费拉里，同时在自己著的《大法》上发表了。这本书在 1545 年出版，成为当时权威性的著作。虽然在书上说明了这个方法要归功于友人塔尔塔里亚，但是一般人都误认为是卡尔达诺的发现，从此卡尔达诺的名声大振。

气死塔尔塔里亚

塔尔塔里亚得知卡尔达诺背信弃义，发表了三次方程的解法，简直气坏了。因为他本来准备自己写一本不朽的巨著，可是现在最精彩的部分却被人家骗去抢先发表了。

塔尔塔里亚赶紧写了一本书，叙述他自己发现三次方程解法的过程。可是这本书没有引起广大读者的注意，许多人仍然认为这个方法是卡尔达诺发现的。这是多么不公平啊!

塔尔塔里亚气不过，就约卡尔达诺公开比赛，地点仍然是十年前他和菲俄比赛的地方。

卡尔达诺这个人狡猾透顶，满口答应参加比赛，可是到期却派了他的学生费拉里前往应战。这样，即使比输了，他也有借口可以推托了。比赛的办法是双方各出 31 个题目，15 天里先交卷的获胜。塔尔塔里亚只用了 7 天就解答了大部分问题。可是卡尔达诺呢，拖了 5 个月还没有答复。

后来，答案送来，只有一个做对了。

卡尔达诺善于狡辩，把这次比赛结果糊弄过去了；同时又提出问题求解，继续搞竞赛。塔尔塔里亚虽然胜利了，可是他不善于宣传，所以许多人仍然相信卡尔达诺。

10 年之后，也就是在 1556 年，塔尔塔里亚才开始出版著作，可是书还没有写到三次方程，他就在 1557 年死了。

塔尔塔里亚的书写的篇幅很长，他搜罗的材料非常丰富，而且有很多精彩的地方。其中有很多商业问题，可以想象当时社会的实际情形；另外还有很多数学游戏问题，非常有趣。

现在的三次方程解法中，仍然有称作卡尔达诺解法的实际上是费罗和塔尔塔里亚的发现。不过，费罗和塔尔塔里亚的方法没有公开发表过，是不是完全一样，还弄不清楚。

卡尔达诺之死

卡尔达诺出版了很多书，名声越来越高，最后获得了波隆那大学数学教授的头衔。

1562 年，他写了一篇名为《基督传》的文章，中间有批判耶稣基督的地方，这本来是合理的，可是却触怒了基督教会。他被关进了监狱。后来，他出狱了，然而没有人再理睬他，他感到绝望，在 1576 年自杀了。

另外有人传说，卡尔达诺晚年移居罗马，给人占卜算卦，迷信的人把他当成活神仙，生活很阔气。后来他预言了自己的死期，可是，死期快到了，他还没有死的感觉。这下，牛皮将会戳穿，今后占卜再也骗不了人，所以他就自杀了。

卡尔达诺还是一个赌博专家，运用数学中的概率论方法进行赌博。在他死后的1663年出版过他的一本遗著《赌博术》，讲得头头是道，是数学中博弈论的内容之一。现代的博弈论又叫对策论，在近代物理、地球物理、自动控制、通信理论、生物学、医学以及工农业生产上都有重大作用。

卡尔达诺的学生费拉里，本来是他的仆人，由于聪明好学，得到他的赏识，于是就收为弟子。费拉里发现了四次方程的解法，卡尔达诺也将它收进了自己著的《大法》里。

他一生写了四百篇论文

1707年4月15日，大数学家欧拉诞生在瑞士第二名城巴塞尔。父亲保罗·欧拉是位基督教的教长，喜爱数学，是欧拉的启蒙老师。

欧拉幼年聪明好学，他父亲希望他“子承父业”，学习神学，长大后当牧师或教长。

1720年，13岁的欧拉进入了巴塞尔大学，学习神学、医学、东方语言。由于他非常勤奋，显露出很高的才能，受到该大学著名数学家约翰·伯努利教授的赏识。伯努利教授决定单独教他数学，这样一来，欧拉同约翰·伯努利的两个儿子尼古拉·伯努利和丹尼尔·伯努利结成了好朋友。这里要特别说明的是，伯努利家族是个数学家族，祖孙四代共出了10位数学家。

欧拉16岁大学毕业，获得硕士学位。在伯努利家族的影响下，欧拉决心以数学为终生的事业。他18岁开始发表论文，19岁发表了关于船桅的论文，荣获巴黎科学院奖金。以后，他几乎连年获奖，奖金成了他的固定收入。欧拉大学毕业后，经丹尼尔·伯努利的推荐，应沙皇叶卡捷琳娜一世女王之约，来到俄国的首都彼得堡。在他26岁时，担任了彼得堡科学院的数学教授。

欧拉在彼得堡异常勤奋地做研究，为俄国政府解决了好多科学问题。我们举一个七桥问题为例。

巧解七桥问题

哥尼斯堡（现俄罗斯加里宁格勒）有一条河，叫布勒格尔河。这条河上，共搭有七座桥；河有两条支流，一条叫新河，一条叫旧河。它们在城中心汇合，在合流的地方中间有个岛形的孤立地带，是哥尼斯堡的商业中心。

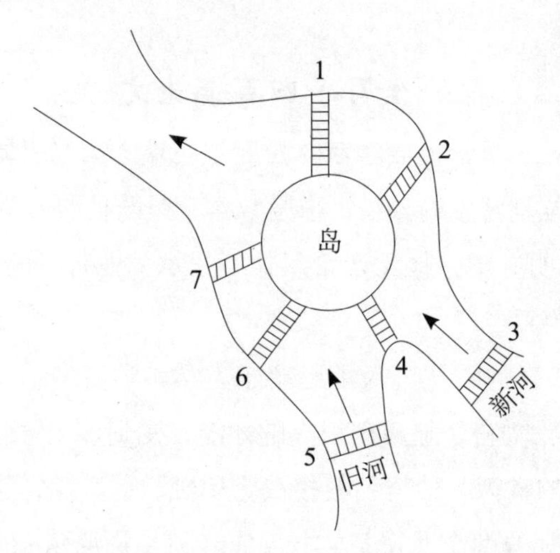

居民经常到河边散步。于是有人提出了一个问题：一个人散步，能否一次走遍七座桥（每座桥只通过一次），最后仍回到起点?

如果对七座桥沿任何可能的路线都走一下的话，共有5040种。这5040种走法中存在不存在着一条既都走遍又不重复的路线呢？这个问题谁也回答不了。

欧拉研究了这个问题，他回答说："不存在这样一条路线!"那么欧拉是怎样解决这个问题的呢？首先，他把七桥问题抽象为一个纯数学问题。把每座桥都看作一条线，这样七桥问题就变成了由四个点、七条线组成的几何图形了，这个几何图形在数学上叫作网络。

“一个人能否一次走遍七座桥，最后仍回到起点。”就变成为“从四个点中任一点出发，一笔把这个网络画出来。”欧拉又进一步把问题深化，他发现一个网络能不能一笔画出来，关键在于这些点的性质。如果从一点引出来的线是奇数条，就把这个点叫奇点；如果引出来的线是偶数条，就把这个点叫偶点。如下图中的 M 就是奇点，N 点就是偶点。

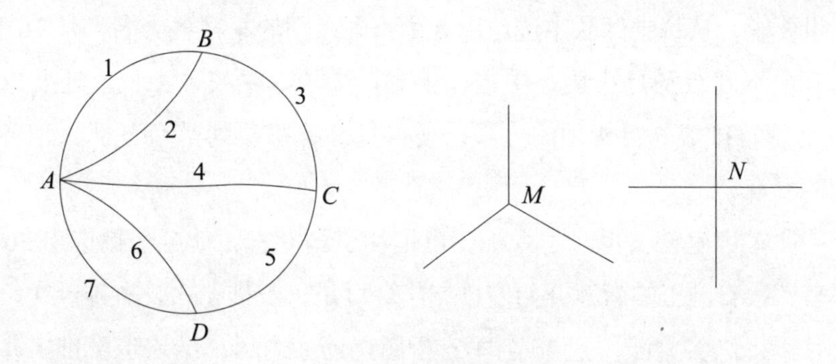

欧拉发现，只有一个奇点的网络是不存在的，无论哪一个网络，奇点的总数必定为偶数。

欧拉又发现，一个网络如果能一笔画出来，那么该网络的奇点数目或是 0 或是 2，除此以外都画不出来。七桥问题中，网络有四个奇点，因此一笔画不出来。欧拉对哥尼斯堡七桥的研究，开创数学上一个新分支——拓扑学的先声。

与灾难搏斗

在沙皇时代，欧拉虽然身为教授，可是生活条件还是比较差的。有时他一手抱着孩子，一手写作。1735 年，年仅 28 岁的欧拉，由于要解决一个计算彗星轨道的难题，奋战了三天，用他自己发现的新方法圆满地解决了。过度的工作，使欧拉得了眼病，不幸就在那一年，他的右眼失明。

欧拉勤奋的工作，大量的研究成果，使他在欧洲科学界享有很高的声望。这期间，普鲁士国王弗雷德里希二世，标榜要扶植学术研究。他说："在欧洲最伟大的国王身边也应有最伟大的数学家。"于是弗雷德里希二世邀请欧拉出任柏林科学院物理数学所所长，还要求给他的侄女讲授数学、天文学、物理等课程。在这里，欧拉写了几百篇论文。

在柏林期间，欧拉遇到了一个有趣的"36个军官问题"。一年，弗雷德里希二世要举行一次阅兵式。普鲁士当时有6支部队，弗雷德里希二世要求，从每支部队中选派出6个不同级别的军官各一名，共36名。这6个不同级别是少尉、中尉、上尉、少校、中校、上校。还要求这36名军官排成6行6列的方阵，使得每一行每一列都有各部队和各级别的军官。

弗雷德里希二世一声令下，可忙坏了司令官。他赶忙挑选出36名军官，按着国王的旨意开始安排方阵。可是，左排一次，右排一次，司令官累得满头大汗，把36名军官折腾得筋疲力尽，结果也没排出弗雷德里希二世要求的方阵。没办法，司令官跑去找欧拉。

欧拉先从16名军官组成的4行4列方阵着手研究，他发现这种方阵可以排出来。接着又排出了由25名军官组成的5行5列方阵。但是，欧拉也没排出36名军官组成的6行6列方阵，欧拉猜想这样的方阵是排不出来。经过以后数学家的研究，证明欧拉的猜想是对的。

欧拉59岁时，沙皇女王叶卡捷琳娜二世诚恳地聘请欧拉重回彼得堡。欧拉到了彼得堡不久，左眼视力衰退，只能模糊地看到物体，最后双眼失明。这对于一个热爱科学的欧拉，是多么沉重的打击！

灾难接踵而来，1771年彼得堡燃起大火，欧拉的住宅也着了火。双目失明的欧拉被围困在大火之中，虽然他被人从火海中抢救了出来，但是他的藏书及大量研究成果都化为灰烬。

接二连三的打击，并没有使欧拉丧失斗志，他发誓要把损失夺回来。

眼睛看不见，他就口述，由他儿子记录，继续写作。欧拉凭着他惊人的记忆力和心算能力，一直没有间断研究，时间长达 17 年之久。

欧拉能熟练地背诵大量数学公式，能背诵前 100 个质数的前六次幂。欧拉的心算并不限于简单的运算，高等数学中的问题一样用心算完成。一次，欧拉的两名学生各把一个颇复杂的收敛级数的前 17 项加起来，算到第 50 位数字相差一个单位。欧拉为了确定究竟谁对，用心算进行了全部运算，最后把错误找了出来。

欧拉始终是个乐观和精力充沛的人。1783 年 9 月 18 日下午，欧拉为了庆祝计算气球上升定律的成功，请朋友们吃饭。那时天王星刚发现不久，欧拉提笔写出计算天王星轨道的要领，还和他的孙子逗笑，和朋友们谈论的话题是海阔天空，大家喜笑颜开。突然，欧拉烟斗掉在了地上，他喃喃自语：“我死了。”就这样，欧拉停止了计算，也停止了呼吸，享年 76 岁。

欧拉对数学的贡献是巨大的，仅就数学符号来说，许多是欧拉创造的。比如用 i 表示 $\sqrt{-1}$，用 e 表示自然对数的底，用 $f(\quad)$ 作为函数的符号，提倡用 π 来记圆周率，等等。

欧拉生在瑞士，工作在俄国和德国，这三个国家都把欧拉作为自己的数学家而感到骄傲。

欧洲的数学王子

在数学史上有一位数学巨星，与阿基米德、牛顿齐名，被人们誉为欧洲的数学王子，他就是著名数学家高斯。

勤奋好学

高斯于 1777 年 4 月 30 日出生在德国的不伦瑞克。祖父是个农民，父亲是个喷泉技师，后半生做园艺工人，有时还给人家打打短工、干点杂活。高斯的父亲性格刚毅，比较严厉；高斯的母亲性格温柔，很聪明。由于父母都没受过教育，高斯在学习上得不到父母的指导。高斯的舅舅是个织绸缎的工人，他见多识广，心灵手巧，常给高斯讲各种见闻，鼓励高斯奋发向上，是高斯的启蒙教师。

有一天，高斯的父亲算一笔账，左算一遍，右算一遍，总算得出了一个数。在一旁看父亲算账的小高斯却说："爸爸，你算错了，总数应该是……"父亲感到很惊讶，赶忙再算一遍，发现真是自己算错了，孩子的答数对。这时的高斯还没上小学哪！

高斯上小学了，教他们数学的老师叫布德勒，他是从城里到乡下来教书的。布德勒错误地认为乡下的穷孩子天生就是笨蛋，教这些孩子简直是大材小用。他教学不认真，有时还用鞭子惩罚孩子。

有一天，也不知谁得罪了这位教师，他站到讲台上命令同学说："今天，你们给我计算 1 加 2 加 3 加 4……一直加到 100 的总和，算不出来，不许回家吃饭！"然后他坐到一旁，独自看小说去了。

布德勒刚刚翻开小说，高斯拿着写着解答的小石板走到了他的身边。高斯说："老师，我做完了，您看对不对？"

做完了？这么快就做完了？肯定是瞎做的！布德勒连头都没抬，挥挥手说："错了，错了！回去再算！"

高斯站着不走，把小石板往前伸了伸说："我这个答数是对的。"

布德勒扭头一看，吃了一惊。小石板上端端正正地写着 5050，一点也没错！更使他惊讶的是，高斯没用一个数一个数死加的方法，而是从两头相加，把加法变成乘法来做的：

$$\begin{aligned}&1+2+3+\cdots+99+100\\=&(1+100)+(2+99)+\cdots+(50+51)\\=&50\times101\\=&5050。\end{aligned}$$

这是他从未讲过的计算等差数列的方法。

高斯的才智教育了布德勒，使他认识到看不起穷人家孩子是错误的！布德勒见人就说："高斯已经超过了我。"从此，高斯在布德勒的指导下，学习高深的知识。布德勒还买了许多书送给高斯。

高斯小学毕业，考上了文科学校。由于他古典文学成绩很好，一开始就上了二年级。两年后，他又升到高中哲学班学习了。

高斯是个读书迷。有一次，高斯回家，边走边看书，不知不觉地闯入了斐迪南公爵的庄园，碰巧公爵夫人在那里。公爵夫人和高斯谈话，发现他竟能完全明白书中深奥的道理，很是惊讶。公爵知道后，派人把高斯找来，亲自考查，发现高斯的确是个难得的人才，决定资助高斯学习。

专啃硬骨头

高斯 15 岁进入了卡罗琳学院学习语言学和高等数学。他攻读了牛顿、欧拉、拉格朗日的著作，打下了坚实的数学基础。

高斯 18 岁时在公爵的推荐下，进入了格丁根大学，这时高斯面临痛苦的选择。他非常喜欢古代语言，又热爱数学。究竟是学语言学呢？还是学数学呢？数学上的成功，使他终于决定学习数学。

高斯对数学的研究，是专啃硬骨头，专找前人或名家没能解决的问题来研究。

在大学的第一年，高斯就发明了重要的"最小二乘法"。数论中的"二次互反律"是著名数学家欧拉、勒让德反复研究都没能解决的，而他却给证明了。

几何学中的"尺规作图"问题，一直吸引着数学家。从古希腊的欧几里得，到后来的许多著名数学家，他们用圆规和直尺作出了正三角、正四边形、正五边形、正六边形、正八边形、正十边形、正十五边形，等等。可是，一直作不出正七边形、正九边形、正十一边形、正十三边形、正十七边形。这些正多边形中，很多边数是质数，于是数学家就猜想，凡是边数为质数的正多边形，用圆规和直尺是作不出来的。

1796 年 3 月 30 日，19 岁的高斯完全出乎数学家们意料之外，用圆规和直尺把正十七边形给作出来了，解决了 2000 年来的一大难题，轰动了当时的数学界。但是高斯并不满足这一成果，他继续研究边数为质数的正多边形中哪些可以用尺规作出来，哪些作不出来。他从理论上证明了只有边数为 $2^{2^n}+1$ 型的质数（称费马型素数）（$n=0, 1, 2, \cdots$）时，这样的正多边形才能用圆规和直尺作出来。其他质数边数的正多边形作不出来。比如 $n=0$，1，2 时，由 $2^{2^n}+1$ 得到 3，5，17 都是质数，所以正三边形、正五边形、正十七边形都能用尺规作出来。而正七边形则作不出来。

紧接在 17 以后的两个“费马素数”是 257 和 65537。后来，数学家黎西洛真的给出了正 257 边形的完善作法，写满了整整 80 页纸的手稿。

数学家赫尔梅斯按照高斯的方法，得出了正 65537 边形的尺规作图法，他的手稿装满了整整一只手提箱，至今还保存在格丁根大学里。这道几何题是最烦琐的了。

在大学读书的几年里，高斯的数学成就简直像喷泉一样的涌流而出，它涉及数论、代数、数学分析、几何、概率论等许多方面。

大学毕业后，高斯回到自己的家乡布隆斯维克。1799 年他向赫尔姆什塔特大学提交了博士论文，在这篇论文中第一个给出代数学基本定理以严格的证明。对这个重要定理，前辈许多著名数学家，如达朗贝尔都试图证明而未能成功。后来，高斯又给出了这个定理第二个、第三个证明。

代数学基本定理为什么重要呢？这个定理告诉我们，任何一个一元 n 次方程式至少有一个根（实根或复根）。由这个定理很容易推出一元 n

次方程一定有 n 个根。这就使数学家放心了，不管什么样的代数方程，根一定存在，问题是如何把根算出来。

寻找“没有尾巴的星”

1801 年 1 月 1 日凌晨，意大利天文学家皮亚齐在西西里岛上的巴勒莫天文台核对星图。他发现金牛座附近有一颗星与星图不合，第二天此星继续西移，他怀疑是一颗“没有尾巴的彗星”。他连续观测了 40 个夜晚，直到累倒了。皮亚齐写信给欧洲的其他天文学家，要求共同观察。可是，由于战争，地中海被封锁。直到 9 月份天文学家再去观察，这颗“没有尾巴的彗星”已经无影无踪了。

24 岁的高斯得知这一消息，经过研究，创造了只需三次观测数据，就能确定行星运行轨道的方法。高斯根据皮亚齐观测的有限数据，算出了“没有尾巴的彗星”运行轨道。天文学家按着高斯算出的方位一找，果然重新找到了这颗星，并确定它不是“没有尾巴的彗星”，而是人类发现的第一颗小行星，命名为“谷神星”。隔了不到半年，天文学家又发现了第二颗小行星——智神星。

高斯生前发表了 155 篇论文，这些论文都有很深远的影响。高斯治学作风严谨，他自已认为不是尽善尽美的论文，绝不拿出来发表。他的格言是“宁肯少些，但要好些”。人们看到高斯论文是简练、完美和精彩的。高斯说：“瑰丽的大厦建成之后，应该拆除杂乱无章的脚手架。”

高斯虽然有很高的社会地位，但一生生活俭朴。他智多言少，埋头苦干，不喜欢出风头，对那些不懂装懂的人非常厌恶。少年时期，人们就把高斯誉为“神童”和“天才”。他却说：“假若别人和我一样深刻和持续地思考数学真理，他们会做出同样的发现的。”

高斯 78 岁去世。格丁根大学的校园中矗立着一座高斯的塑像，塑像下特意砌了个正十七边形的底座。

谁说女的当不了数学家

1776年4月的第一天，一个小女孩在法国的巴黎出生了。爸爸给她起了个好听的名字，叫苏菲娅·热尔曼。

苏菲娅的少年时代，正赶上轰轰烈烈的法国大革命。巴黎是革命的中心。枪声、口号声响彻了整个城市的上空。

苏菲娅是独生女，是爸爸妈妈的掌上明珠。爸爸妈妈怕她到外面去出事；把她整天关在家里。整天待在家里多没意思呀！苏菲娅开始寻找消磨时光的办法。后来她终于找到了一个好办法，那就是读书。父亲有很多藏书，她一头扎到了书的海洋里。

书中的一个故事深深地打动了她。这个故事讲述古希腊著名科学家阿基米德，在罗马士兵踩坏他的沙盘上的几何图形时，大声呵斥罗马士兵，最后惨死在罗马士兵的刀下。苏菲娅想，为什么阿基米德在刀尖对准胸口时，想到的还是几何图形？阿基米德这样珍惜几何，几何学一定非常吸引人，非常有趣。我要学学几何，看看几何学里讲的都是些什么知识。

自学成才

苏菲娅开始自学几何学，她越学越有趣，越学越入迷，到后来发展到饭也忘了吃，觉也忘了睡。苏菲娅的父母看自己的宝贝女儿学数学着了魔，又听人家说学数学特别费脑子，容易把身体弄坏，这下子可着了急，不许苏菲娅学数学了。爸爸劝完了，妈妈劝，对苏菲娅讲，学数学对身体怎么怎么不好。可是，苏菲娅对数学已经入了迷，不让学已经不成了。

父母一看好言劝说不起作用，就来硬的了。苏菲娅不是晚上读书忘记睡觉吗？那就晚上不给她点灯。可是苏菲娅还是想办法搞到蜡烛，晚上偷偷起来，穿好衣服钻研数学。有一次又被父母发现了，第二天晚上，父母看着她上床之后，把苏菲娅的衣服也拿走，心想看你怎样起来学数学。苏菲娅先是假装睡着，过了一会儿又悄悄爬了起来，用被子裹好身体，拿出藏好的蜡烛，学了起来。第二天早上，父母来到苏菲娅的卧室一看，宝贝女儿披着被子趴在桌上睡着了。石板上写满了算式，画满了图形。老两口心疼得要命，但是也为苏菲娅钻研的精神所感动。从此，不但不反对女儿学数学，而且还鼓励她学习。苏菲娅就这样自学了代数、几何和微积分。

法国大革命后，巴黎办起了科技大学。“能上大学就太好了！”苏菲娅满怀信心前去报名投考。可是到了学校一看，校门口挂着一块牌子，上面写着“不收女生”。

难道女孩子就不能上大学？苏菲娅想不通。“进不了大学门，也一样学大学的课。”她弄来这个学校所有的数学讲义，自己刻苦钻研。在学习当中，她发现拉格朗日教授写的讲义最精辟。她很想同这位教授交换一下看法，可是又一想自己不是拉格朗日的学生呀，人家能和自己交换看法吗？她想了个主意，化名“布朗”，用这样一个男孩子的名字，把自己的见解写出来，寄给拉格朗日教授。

拉格朗日非常欣赏苏菲娅的论文，决定亲自登门拜访这位布朗先生。谁知一跨进苏菲娅的家门，迎接他的布朗先生竟是位亭亭玉立的姑娘，拉格朗日真是又惊又喜。从此，她在大数学家拉格朗日的指导下，向数学的高峰挺进了。

没见过面的朋友

被誉为欧洲数学王子的高斯，在数学上有许多重要的发现，比如“等分圆周”是一个2000年来悬而未决的问题，数学家们为这个问题伤透了脑筋，高斯却出色地解决了。他证明了边数是$2^{2^n}+1$型的素数（$n=0$，1，2，…）的正多边形才能用圆规直尺作出，其他素数的则不可能用尺规作出。高斯还给出了正十七边形的作图法，纠正了人们长期以来认为正十七边形不能用尺规作出的错误认识，轰动了整个数学界。1801 年高斯发表的“等分圆周问题”著名论文，由于内容深奥，连当时的许多数学家也看不懂。

苏菲娅反复钻研了高斯的这篇论文，得出不少新的结果。于是，她把这些心得写信给高斯，署名仍是布朗。高斯看到苏菲娅的信，很喜欢这位布朗先生，两个人就通起信来。高斯做梦也没想到布朗是位姑娘。

1807 年，普法战争爆发，拿破仑的军队占领了高斯的家乡汉诺威。这下可急坏了苏菲娅，她想起了阿基米德死在古罗马士兵之手，高斯会不会成为第二个阿基米德？当时攻占汉诺威的法军统帅培奈提是苏菲娅父亲的朋友。苏菲娅为了救护高斯，走访了培奈提将军，以罗马士兵杀死阿基米德这件悲惨的历史事实为教训，劝说培奈提将军，不要重演古罗马马塞拉斯统帅造成的悲剧。培奈提将军深为苏菲娅的言辞所感动，专门派一名密使去探望和保护高斯。

后来高斯打听出解救他的是一位法国女子苏菲娅，感到不可理解。最后才搞清楚这个苏菲娅就是和他一直通信的布朗先生。

女人的骄傲

苏菲娅在高斯的帮助下，数学水平又有了提高，她开始解决数学难题了。苏菲娅在攻克费马大定理上取得了成就。她证明了对于在 x、y、z 和互质的条件下，$n<100$ 以内的奇素数，费马大定理都是对的。这在当时是了不起的数学成就。

特别值得一提的是，有一位德国物理学家叫悉拉尼，他提出一个建立弹性曲面振动的数学理论问题。这个问题很难，许多数学家一时也无法解决。苏菲娅敢于攻难关，她对这个问题进行了研究，1811 年苏菲娅向法国科学院提交了第一篇论文，由于论据不够完善，未被接受；

1813 年苏菲娅向法国科学院递交了第二篇论文，科学院给予很高评价，但是问题没能全部解决；1816 年她向法国科学院递交了第三篇论文，出色地解决了这个问题，为此，她获得了法国科学院的最高荣誉——金质奖章。苏菲娅的成就震动了整个科学界，她被誉为近代数学物理的奠基人。数学家拉维看了苏菲娅的论文说："这是一项只有一个女人能完成，而少数几个男人能看懂的伟大研究！"

"穷裁缝"阿贝尔

你一定熟悉公式 $x=\frac{-b\pm\sqrt{b^2-4ac}}{2a}$，这是用根式表示一元二次方程 $ax^2+bx+c=0$（$a\neq0$）的求解公式。早在 16 世纪，人们又找到了三次与四次方程用根式表示的求解公式。很自然，数学家下一个目标是寻找用根式表示的一元五次方程的求解公式。

经过 200 多年艰苦的努力，所有的尝试都没有成功。怎么回事？难道一元五次方程不可能用根式求解？谁来回答这个问题？

"穷裁缝"阿贝尔

在挪威首都奥斯陆的皇家公园里矗立着一座青年人的塑像。在他清瘦、俊美的脸上，一对炯炯发光的眼睛视着前方。他就是第一个证明了一般的一元五次方程不可能用根式求解的人，19 世纪的挪威数学家阿贝尔。

阿贝尔 1802 年 8 月 5 日生于挪威首都奥斯陆附近，父亲是村子里的穷牧师。阿贝尔有七个兄弟姊妹，他排行老二。由于家境贫困，阿贝尔小时候上不起学，只是跟着父亲和哥哥学识字。13 岁的时候，阿贝尔得到一点奖学金，才有机会进学校接受正规教育。

阿贝尔 15 岁时，发生了一件事，这件事是阿贝尔一生的转折点。

事情是这样的：学校原来教数学的教师，是一个嗜酒如命的人，作风十分粗暴。他对于成绩不好的学生，不是耐心帮助，而是讽刺讥笑，甚至体罚。有一次，一名学生被他打伤，最后病倒死去，这件事引起学生家长的义愤，纷纷向教育当局抗议，最后这名数师被解雇。代替这名醉鬼教师来教数学的，是一位比阿贝尔只大七岁的年轻教师洪堡。洪堡当过挪威著名天文学家汉斯廷的助教，对教学方法很有研究。洪堡反对呆板枯燥的教学方法，采用启发式教学，尽量发挥学生独立学习的能力。洪堡常常出一些比较难的数学问题叫学生解决，鼓励那些肯于钻研的学生。

在洪堡的帮助下，阿贝尔对数学产生了浓厚的兴趣，他能解决一般同学解决不了的难题。第一学期末，洪堡对阿贝尔的评语是“一个优秀的数学天才”。阿贝尔沉迷于数学，他一头钻进图书馆找牛顿、达朗贝尔的书来读，把自己研究的一些收获记在一个大笔记本中。洪堡后来回忆说：“阿贝尔以惊人的热忱和速度向数学这门学科进军。在短时间内他学了大部分初等数学，在他的要求下，我单独给他讲授高等数学。过了不久他自己读法国数学家泊松的作品，读数学家高斯的书，特别是拉格朗日的书。他已经开始研究几门数学分支了。”阿贝尔 16 岁时发现数学家欧拉对二项式定理只证明了有理指数的情形，于是他给出了一般情况都成立的证明。

在学校里，阿贝尔和同学相处得很好，他并不因为数学教师对他的赞扬而傲视其他同学。由于营养不良，他面色苍白；由于贫穷，他衣服破烂得像个穷裁缝，同学们给他起了个外号叫“裁缝阿贝尔”。

敢于攀高

寻求一元五次或者更高次方程求根公式，在当时是数学的一个高峰。

阿贝尔着手考虑这个 200 年来没人能解决的问题。不久，他觉得自己找到了答案。他写出了一篇论文交给洪堡，洪堡看不懂他的论文，拿去给一些教授看，可是挪威没有人能看懂阿贝尔所写的东西。汉斯廷教授把阿贝尔的手稿寄给丹麦著名数学家达根，达根教授也说不出阿贝尔手稿有什么错误。但是，达根教授根据经验知道，一些大数学家长期解决不了的问题，不可能这么简单的解决。在回信中达根教授要求阿贝尔用实际例子来验证自己的方法是否正确，在信中他写道："即使你得到的结果最后证明是错误的，但是已显示出你是一个有数学才能的人。"

后来阿贝尔用实际例子验证，证明自己的发现是错误的。可是达根教授的鼓励，却给了阿贝尔很大力量，激励他继续攀登这个数学高峰。

逆 流 勇 进

阿贝尔 18 岁的时候，他父亲去世了，家境更加贫穷。洪堡希望阿贝尔上大学，他与教授和朋友们一起筹钱供阿贝尔读书，让他免费住宿。由于弟弟年小无人照顾，大学还特别准许阿贝尔带着他弟弟住在学校里，一边读大学一边照料弟弟。

贫穷、负担都没能动摇阿贝尔探索数学高峰的决心。他边学习边研究，一连在汉斯廷创办的科学杂志上发表了几篇很有价值的数学论文，受到数学界的重视。在此基础上，阿贝尔又猛攻五次方程的求解问题。

首先，阿贝尔成功地证明了下面的定理："可以用根式求解的方程，它的根的表达式中出现的每一个根式，都可以表示成该方程的根和某些单位根的有理函数。"

举个简单的例子：比如二次方程形式可表示为 $x^2+bx+c=0$，它是可以用求根公式求解的。它的根的表达式

$$x=\frac{-b\pm\sqrt{b^2-4c}}{2}$$

中只有一个根式 $\sqrt{b^2-4c}$。由韦达定理可知

$$b=-(x_1+x_2),$$

$$c=x_1\cdot x_2。$$

因此 $\sqrt{b^2-4c}=\sqrt{(x_1+x_2)^2-4x_1\cdot x_2}=|x_1-x_2|$，而 x_1-x_2（或 x_2-x_1）是方程根 x_1、x_2 的有理函数。

所谓单位根，就是若一个数的 n 次乘方等于 1，则称此数为 n 次单位根，例如 1，−1，i，−i 都是 4 次单位根。

接着阿贝尔就用这个定理证出：不可能用加、减、乘、除及开方运算和方程的系数来表示五次方程根的一般解。他的证明结束了人们 200 年的探索。

在当地印刷厂的帮助下，这篇论文被印制出来了。为了使更多的人了解，这篇论文是用法文写的；可是因为穷，为了减少印刷费，他把论文压缩成 6 页。

阿贝尔满怀信心地把自己的论文寄给外国的数学家，包括当时被誉为数学王子的高斯，希望能得到他们的支持。可惜文章太简洁了，没有人能看懂。当高斯收到这篇论文时，觉得不可能用这么短的篇幅，证明出这个世界著名的问题，结果高斯连信也没拆就放到书信堆去了。

阿贝尔大学毕业后，一直找不到工作。他向政府申请旅行研究金，到外国做两年研究，希望回来后，能找到一个正式职业。

1825 年他离开挪威，先到德国的汉堡，后来到柏林住了 6 个月。1826 年 7 月离开德国去法国，他在巴黎期间很难和法国大数学家谈论自己的研究成果，他们的年纪太大，对年轻人的工作并不重视。阿贝尔把自己的研究写成长篇论文，交给法国数学家勒让德。勒让德看不大懂，又转给了另一个数学家柯西。柯西只是随便翻了翻，就丢弃到一旁。这样，阿贝尔想在法国科学院发表这篇论文的想法落空了。

1827 年 5 月底阿贝尔回到了奥斯陆，他身无分文，还欠了债。为生活所迫，他只好去给人家补习功课，他不但帮人补习数学，还帮人补习德文、法文。

即使在这种状况下，阿贝尔也没放弃他心爱的数学研究，他对数学许多分支的发展都做出了重要的贡献。后来阿贝尔又发表了两个“关于五次以上方程不可能用根式求解”的证明。

贫穷和劳累使阿贝尔的身体越来越衰弱了。1828 年夏天，他持续高烧，而且咳嗽，他得了肺结核。他给德国工程师克勒的信中写道：“我已经病了一段时间了，而且被迫要躺在床上了。我很想工作，但是医生警告我，任何操心事都对我有极大的伤害。”

从 1829 年 3 月开始，阿贝尔病情恶化，他胸痛、吐血，时常昏迷，一直躺在床上。有时他想写数学论文，可是手不能提笔写字。1829 年 4 月 6 日，年仅 26 岁的阿贝尔离开了人间。阿贝尔是挪威人民的骄傲，也是我们学习的榜样。

一个奇才，决斗而死

150 多年前，1832 年 5 月 31 日清晨，法国首都巴黎近郊的一条道路旁边，默默地躺着一位因决斗而负重伤的青年。当人们把他送进医院后，不到一天，这个青年就离开了人间，他还不到 21 岁。

这个青年就是近代数学的奠基人，一个代数奇才，名叫伽罗瓦。伽罗瓦，1811 年 10 月 25 日出生在法国巴黎附近的一个小城市。父亲原来主管一所学校，后来被推选为市长。伽罗瓦从小就有强烈的好奇心和求知欲，对每一件新鲜事物总要寻根究底，虽然父母都受过很好的教育，有时也难以回答他的问题。不过，父母总是鼓励他说：“孩子，你问得好，让我们查查书，想一想。”父母还尽量抽空给伽罗瓦讲些科学家追求真理的故事，有时讲到深夜，父母已经很疲倦了，而伽罗瓦还在聚精会神地听，还不断提出问题。就这样，父母在伽罗瓦幼小心灵中撒下了为科学为真理而献身的种子。

在父母的教导下，伽罗瓦学习识字、看书，并且逐渐学会自己阅读。

有时，他一个人去图书馆看书，看书看入了神，直到管理员提醒他：“伽罗瓦，这儿都下班了，你该回家吃饭了。”他才恋恋不舍地离开图书馆。

研究数学

伽罗瓦15岁时进入巴黎的一所公立中学读书，他非常喜欢数学。当时，挪威青年数学家阿贝尔证明了“除了某些特殊的五次和五次以上的代数方程可以用根式求解外，一般高于四次的代数方程不能用根式来解”。这是一个延续了200年的数学难题。阿贝尔的杰出成就轰动了世界，可是有些问题他没来得及解决，比如怎样判断哪些方程可以用根式求解，哪些方程不能用根式解。由于阿贝尔不满27岁就过早地离开了人间，这些问题便成为遗留问题了。

阿贝尔的成就激励着伽罗瓦，五次方程问题使伽罗瓦产生了浓厚的兴趣，中学生伽罗瓦开始钻研五次方程问题。他研究大数学家拉格朗日、高斯、柯西和阿贝尔的著作，他特别喜欢读能够指出疑难问题的书，他说：“最有价值的科学书籍，是著作者在书中明白指出了他不明白的东西的那些书。遗憾的是，这还很少被人们所认识，作者由于掩盖难点，大多害了他的读者。”伽罗瓦通过阅读拉格朗日的《几何》，弄懂了数学的严密性。

1829年3月，17岁的伽罗瓦在《纯粹与应用数学》年刊上发表了一篇论文。这篇论文清楚地解释了拉格朗日关于连分式的结果，显示了一定的技巧。

在这篇论文发表的前一年，即1828年，伽罗瓦就把自己关于方程的两篇论文，送交法国科学院要求审查。科学院决定由数学家柯西和泊松来负责审查这个中学生的论文。由于柯西不重视，他把伽罗瓦的论文给丢了。1829年伽罗瓦又把自己研究成果写成论文，送交法国科学院。这次负责审查论文的是数学家傅立叶。不幸的是，傅立叶接到论文，还没来得及看，就病逝了，论文又不知下落了。

伽罗瓦的论文两次丢失，使他非常气愤，但是他没有因此而丧失信心，继续钻研方程问题。新的打击接踵而来，1829 年 7 月，伽罗瓦的父亲因持有自由主义政见，遭到政治迫害而自杀；一个月后，他报考在科学上有很高声望的多科工艺学院，由于拒绝采用考核人员提出的解答方法来解答问题，结果名落孙山，第二年再考，仍没有考上。他转而报考高等师范学院，因数学成绩出色，而被该校录取。这期间，他通过《数学科学通报》得知了阿贝尔去世的消息，同时发现在阿贝尔最终发表的论文中，有许多结论在他送交法国科学院的论文中曾提出过。

伽罗瓦这一阶段的研究十分重要，最主要的是他完整地引入了“群”的概念，并且成功地运用了“不变子群”的理论。这些理论着重解决了“任意 n 次方程的代数解问题”。运用这些理论，还可以解决一些多年来没有解决的古典数学问题。由伽罗瓦引入的“群”的概念，现在已经发展成近世代数的一个新分支——群论。

1831 年，伽罗瓦向法国科学院送交了第三篇论文，论文题目是《关于用根式解方程的可解性条件》。由于论文中提出的“置换群”这个崭新的数学概念和方法，连泊松这样著名的数学家也难看懂和不能理解，于是将论文退了回去，并劝告伽罗瓦写一份详尽的阐述。可惜，由于伽罗瓦后来投身政治运动，屡遭迫害，直到死也没完成这项工作。

投身革命运动

伽罗瓦刚上大学，就结识了几位共和主义的领导人。他越来越不能容忍学校的苛刻校规，他在一家刊物上发表了激烈抨击校长的文章。为此，被学校开除了。

伽罗瓦失学以后，一方面替别人补习数学维持生活，一方面投身到火热的民主革命运动。1831 年的 5 月和 7 月，他因参加游行和示威两次被捕入狱。在狱中他继续研究数学，修改关于方程论的论文，研究群论的应用和椭圆函数。

半年之后，由于霍乱流行，伽罗瓦从监牢转到一家私人医院中服刑。在医院里他继续研究，还写了几篇哲学论文。

由于传染病继续流行，伽罗瓦被释放了。但是反动派又设下圈套，以解决爱情争执为借口，让伽罗瓦与一个反动军官进行决斗。决斗中伽罗瓦受到致命伤，第二天就死去了。

决斗前夕，伽罗瓦已经预料自己的不幸结局。他连夜给朋友们写了几封信，请求朋友把他对高次方程代数解的发现，交给德国著名数学家雅可比和高斯，“恳求他们，不是对这些东西的正确性，而是对它的重要性发表意见。并且期待着今后有人能够认识这些东西的奥妙，做出恰当的解释”。在朋友们的帮助下，伽罗瓦的最后信件发表在1832年9月号的《百科评论》上，可惜没有引起人们的注意。

伽罗瓦死后14年，法国数学家刘维尔，从伽罗瓦弟弟手里得到伽罗瓦生前未公开发表的大部分论文手稿，并把它发表在自己创办的《数学杂志》上，这才引起数学家的注意。在伽罗瓦死后38年，法国数学家若当，写出了一部巨著《论置换与代数方程》，全面介绍伽罗瓦的工作，人们才真正认识了伽罗瓦。

伽罗瓦短暂的一生给数学留下了瑰宝，正如他给朋友的信中所写的那样：“记住我吧！朋友。为了使祖国知道我的名字，我的生命实在太不够了。除了我的生命，我的一切都已献给了科学，献给了广大群众。”

地图着色引出的数学问题

我先来讲一个有趣的传说：

从前有个国王，他担心死后五个儿子会因为争夺疆土而互相拼杀，临死前立下一份遗嘱。遗嘱中说，他死后可以把国土划分成五个区域，让每个王子统治一个区域，但是必须使任何一个区域与其他四个相邻，至于区域的形状可以任意划定。遗嘱中又说，如果在划分疆土时遇到了困难，可以打开我留下的锦盒，里面有答案。

国王死后，五个王子开始划分国土，他们各自寻找了个聪明人去画一幅符合老国王遗嘱的地图。可是，这些聪明人怎么也画不出五个区域中任意一个区域都和其他四个区域接壤的地图。

聪明人换了一拨儿又一拨，为了尽快瓜分国土，五位王子伤透了脑筋。可是，符合要求的地图还是没画出来！无可奈何，王子们同意打开老国王留下的锦盒，看看老国王怎样分法，有什么高招儿。

五个王子打开锦盒一看，里面没有地图，而是老国王的一封亲笔信。信中嘱咐五位王子要精诚团结、不要分裂，合则存、分则亡。这时，他们才明白，遗嘱中的地图是画不出来的。

这个古老的传说告诉我们，平面上的五个区域，要求其中每一个区域都与其余四个区域相邻是不可能的。地图上的不同国家或地区，要用不同的颜色来区别，那么绘制一张地图需要几种不同的颜色呢？如果地图上只有五个区域，由上面的传说可以知道只要四种不同颜色就够了。区域更多一些，四种颜色够用不够用呢？

1852 年，英国有一个年轻的绘图员法兰西斯·格斯里，他在给英国地图涂颜色时发现：如果地图上只有 5 个区域，相邻两个地区用不同颜色涂上，只需要四种颜色就够了。

格斯里把这个发现告诉了正在大学数学系里读书的弟弟，并且画了一个图给他看，这个图最少要四种颜色，才能把相邻的两部分分辨开，颜色的数目再也不能减少了。格斯里的弟弟相信这个发现是对的，但是却不能用数学方法加以证明，也解释不出其中的道理。

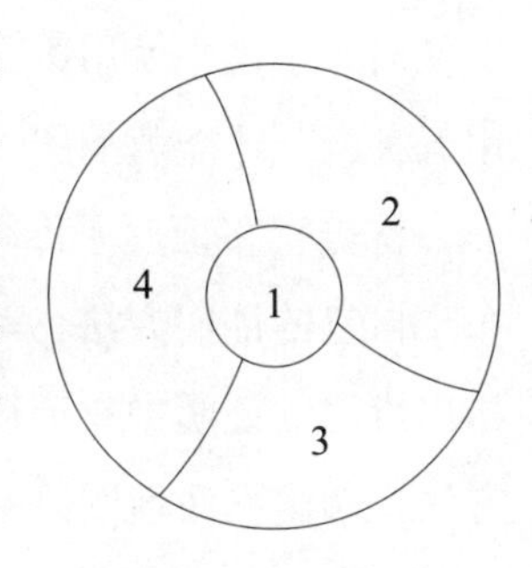

格斯里的弟弟把这个问题提给了当时著名数学家德·摩根。德·摩根也解释不了，就写信给另一名数学家哈密顿。德·摩根相信像哈密顿这样聪明的人（哈密顿少年时就会讲8种外语，数学和物理都很好）肯定会解决的。可是，哈密顿觉得这个问题太简单，没有去解决。

当时许多数学家都认为地图着色问题是很容易解决的。比如数学家闵可夫斯基，为人十分谦虚，偏偏有一次给学生讲课时，偶尔提到了这个问题，他把这个问题看轻了。闵可夫斯基在课堂上说："地图着色问题之所以一直没有获得解决，那仅仅是由于没有第一流的数学家来解决它。"说完他拿起粉笔，要当堂给学生推导出来，结果，没推出来。下一节课他又去试，又没推出来。一连几堂课下来毫无结果。有一天，天下大雨，他刚跨进教室，突然雷声轰响，震耳欲聋，他马上对学生说："这是上天在责备我狂妄自大，我证明不了这个问题。"这样才中断了他的证明。

1878年，著名的英国数学家凯莱把这个问题公开通报给伦敦数学会的会员，起名为"四色问题"，征求证明。

凯莱的通报发表之后，数学界很活跃，很多人都想一显身手。可是，没有一个证明站得住脚。

数学家斯蒂文曾设计了一个非常有趣的游戏，用于检验四色问题：

游戏由甲乙两个人参加，甲先画一个闭合曲线围成的区域，让乙填上颜色：乙填好颜色之后再画一个区域让甲填色……如此继续下去，尽量使对方不得不使用第五种颜色。时至今日还没有一个人找到一张必须用五种颜色才能填的图。

首先宣布证明了四色问题的是一个叫肯泊的律师。他于1879年公布了自己的证明方法。可是过了11年，一位29岁的年轻数学家赫伍德指出肯泊的证明中有漏洞，不能成立。接着赫伍德成功地使用了肯泊的方法证明出平面地图最多用五种颜色着色就够了，这就是著名的五色定理。赫伍德一生主要研究的就是四色问题，在以后60年的时间里，他发表了关于四色问题的7篇重要论文。他78岁退休，而在85岁时还向伦敦数学学会呈交了关于四色问题的最后一篇论文。他这种顽强的攻关精神是后人学习的榜样。

近100年来，人们一直在研究四色问题，也取得了一定成就。但是存在的一个最大困难是：数学家所提供的检验四色定理的方法太复杂，人们难以实现。比如1970年有人提出一个检验方案，这个方案用当时的电子计算机来算，要连续不断地工作10万个小时，差不多要11年，这个任务太艰巨了。

1976年9月美国数学学会公布一个震动的消息，美国数学家阿佩尔与哈肯，用3台高速电子计算机，运行了1200小时，作了100亿个判断，终于证明了四色定理是成立的。人类第一次依靠机器的帮助解决了延续124年的数学难题。用机器来代替人进行证明这一新事物开出了绚丽的花朵。

他的名字写进了世界著名数学家的名单之中

这个故事包括三段小故事，先讲第一段。

在芝加哥一家博物馆中有一张引人注目的名单，名单上开列的都是当今世界著名的数学家，在这当中有一个中国人的名字——华罗庚。

贫病交加的青少年时期

华罗庚1910年11月12日出生在江苏常州附近的金坛。华罗庚刚刚生下来，就被装在一个箩筐里，上面再扣上一个箩筐，说是这样一扣，灾难病魔就被隔在箩筐外面，可以消灾避难。“罗庚”这个名字，就是这么起的。

华罗庚15岁那年，从金坛县初中毕业，到了上海中华职业中学读书。由于家里比较穷，交不起饭费，只读了一年就读不下去了。当时和他一起念书的，许多是有钱人家的子弟，他们见华罗庚没钱交饭费，就讥笑他是“鲁蛋”。鲁蛋也就是穷光蛋。

华罗庚失学以后，只好回到家乡在小杂货店里充当记账，帮助做买卖。但是，他并没有和书本断绝来往，他被数学迷住了。他到处托人，借来一本《大代数》、一本《解析几何》和一本只有几十页的《微积分》。

人们经常看见华罗庚坐在柜台后面，一边放着算盘，另一边放着数学书。脸虽然朝着外面，眼睛却一直盯着书。有时顾客来买东西，人们问东他答西。由于他一心想着数学，回答问题常常是语无伦次，大家把他叫罗呆子。

他每天要花十几个小时钻研数学，晚上，小店关门了，还要在油灯下学习到深夜。

华罗庚的父亲看儿子如醉如痴地读书，可拿过书一看，又看不懂，于是就劝儿子要用心做买卖，不要再读这些看不懂的天书了。但是，几次劝说都没有用。他父亲一气之下，夺过儿子手中的书，要投进火炉中烧掉，幸亏母亲给抢了下来，才没把华罗庚最心爱的数学书化为灰烬。

华罗庚18岁时，他的初中老师王维克当上了金坛县初级中学的校长。王老师喜欢华罗庚的聪明好学，就叫他到学校当了会计兼事务。他离开了父亲的小杂货店，可以专心攻读那些“天书”了。

有一次，华罗庚借到一本名叫《学艺》的杂志，这本书第7卷第10号上刊载了苏家驹教授写的《代数的五次方程式之解法》一文。他看着看着，发现苏教授的论文错了。“教授的论文会错吗?”华罗庚有些不敢相信自己，仔细再看，是错了!

华罗庚跑去问王维克：“我能不能写文章，指出苏教授的错误?”

王维克回答：“当然可以。就是圣人，也会有错误!”

华罗庚在王维克校长的鼓励下，写出了批评苏教授的论文——《苏家驹之代数的五次方程式解法不能成立之理由》，寄给了上海《科学》杂志，那时华罗庚才 19 岁。

正当华罗庚风华正茂的时候，他不幸染上了伤寒病。病情十分严重，高烧持续不退，烧得他每天昏昏沉沉。父亲变卖家产，去苏州请来了老中医。老中医看完病，摇摇头说："他想吃什么，就给他吃点什么吧，他剩下的日子不多了。"听了医生的话，全家人抱头痛哭，以为华罗庚非死不可了。奇怪的是，在和病魔斗争中，华罗庚却胜利了！他从死神的魔掌中逃脱了出来。但是，也付出了高昂的代价，他的左腿骨弯曲变形，落下了残疾。疾病没有吓倒年轻的华罗庚，他病刚好就又拿起笔继续钻研数学。使他非常高兴的是，他批评苏教授的论文在《科学》杂志第 15 卷第 2 期上登出来了，这可是他向数学高峰迈进的起点啊！

华罗庚病好之后，继续在金坛县初中当会计，一面工作，一面研究数学。这时，在他的生活道路上出现了意想不到的转折。

攀登之路

在华罗庚的生活中，出现了什么大事呢？听我慢慢给你们讲。

华罗庚在《科学》杂志上发表的论文，被当时清华大学理学院院长熊庆来教授发现了。熊教授在数学界很有威望，他看华罗庚的文章观点准确、层次清楚、说理明白，很是欣赏。熊教授到处打听，华罗庚是谁？是哪个大学的高才生？可谁也不知道。最后才得知，原来是江苏小镇上的一个失学青年。

熊教授对一个自学青年能写出这样高水平的文章，感到十分震惊。觉得这样一个人才，经过系统地培养，一定能成为有作为的数学家。熊教授写信给华罗庚，请他到清华大学来。

华罗庚接到熊教授的信，心情十分激动，可是转念一想，自己只有初中文化水平，腿又有毛病，去中国的最高学府，能干点什么呢？再说自己一贫如洗，到哪里去找路费呢？经过再三思考，华罗庚复信熊教授，婉言谢绝了邀请。

熊教授爱才心切，又给华罗庚写了一封信说，你不来，我就去金坛拜访你！华罗庚接到这封信，再也待不住了，借了钱启程来北京了。

熊教授很喜欢这个浑身土气的青年。当时的清华大学是非常讲究学历的，华罗庚只是初中毕业，能干什么呢？熊教授让他当助理员，管管图书，收发公文，干一些杂事。其实最重要的是让他去教室同大学生们一起听课，课后，熊教授能亲自指导。

真像一条离开水的鱼，又投身到大海。华罗庚在知识的海洋里奋力搏击。他用了一年半的时间听完了数学系的课；他花了四个月时间自学英语，就可以阅读英文数学文献。24 岁他就能用英文写作，他用英文写了三篇论文，寄到国外，全部发表了。

华罗庚飞快地进步，使数学系的许多名教授瞠目结舌。清华大学教授会议研究，决定破格提升华罗庚做教员。他从此登上了大学的讲坛。

华罗庚天资过人吗？不是，他的天资并不算聪颖。他靠的是刻苦攻读。为了解算一道难题，他常常干一个通宵。人家学一天能懂的，他花两天把它弄通。是辛勤劳动的汗水培育出这朵开放在数学花园里的艳丽的花。

为了进一步培养，1936 年熊教授推荐华罗庚去英国剑桥大学深造。由于华罗庚没有大学文凭，不能当研究生，只能当旁听生。他在两年多时间里，相继写出了《论高斯的完整三角和估计的问题》等十几篇论文，引起英国数学界的注意。特别是关于“塔内问题”的论文，有新的突破，被誉为“华氏定理”。

有人劝华罗庚报考博士学位，但是在剑桥大学考取博士要花 7 年时间，特别是 1937 年 7 月 7 日，日本侵略者向中国发动了全面战争。他说:“学位于我如浮云。”华罗庚哪里坐得住呀！ 1938 年，毅然回归祖国。

当时，中国的上空黑烟滚滚，北京沦陷、上海沦陷……华罗庚到了昆明，在西南联大任教授。当时的教授，名字好听，实际上穷得很。华罗庚讲过一个笑话：一个小偷跟在一位教授后面，想偷东西。教授发觉了，回头对小偷说了一句话，我是教授。小偷一听，扭头就走，因为小偷知道教授身上没钱。真是教授教授，越教越瘦！

华罗庚住在昆明城外的一个小村庄里，他住在楼上，楼下是猪圈、牛棚，一到夜晚蚊虫乱飞，老鼠乱跑。牛靠在柱子上蹭痒痒，蹭得整座小楼都摇动。

就在这样艰苦的条件下，华罗庚用了 3 年时间写出了巨著《堆垒素数论》，他先写出中文稿，接着又翻译成英文稿。他把自己倾注了心血的巨著，呈交给国民政府中央研究院。送去后，很长时间没有回音，他几次去中央研究院打听书稿能不能出版，每次得到的答复总是“研究研究”。在华罗庚一再催促下，中央研究院答应把书稿退给他，可是一找，厚厚的一部书稿没了！

这个消息如同晴天的霹雳。华罗庚好长时间吃不下饭，睡不着觉，念念不忘丢失了的书稿。幸好，他还有一部英文稿。华罗庚把这部英文稿寄给了苏联科学院院士、著名数学家维诺格拉多夫。这位数学家非常欣赏他，组织人把它翻译成俄文，在苏联出版了。

1949 年以后，由于没有中文稿，又请人把《堆垒素数论》从俄文翻译成中文。一本中国人写的书，需要从外文翻译过来，这对旧中国真是一个极大的讽刺！

1945 年，华罗庚应邀访问了苏联。

1946 年，华罗庚应美国著名数学家魏尔教授邀请，访问美国。到了美国以后，美国伊利诺伊大学聘请华罗庚为终身教授，他在美国开始了新的研究。

赤子之心

华罗庚在美国当了终身教授，年薪一万美元，家里有四间卧室，两间浴室，还有一个可以容纳五六十人的大客厅。工作上，配备有四名助手，一名打字员。华罗庚在美国名声挺大，世界著名科学家爱因斯坦会见过他。

但是，一件震动世界的大事，使华罗庚的心情久久不能平静。中国解放了！中华人民共和国诞生了。作为一个中国人，一个在旧中国饱尝辛酸的科学家，怎么能不为中国的解放而激动啊！

要回祖国就要放弃在美国的优裕的生活条件和科研环境。可是，来自祖国的条条新闻，像磁石一样吸引着他！华罗庚下决心回国。许多人劝阻他，他却坚定地说："为了抉择真理，我们应当回去！为了国家民族，我们应当回去！为了为人民服务，我们也应当回去！"1950 年 3 月 16 日，华罗庚带着妻儿回到了北京。

华罗庚又回到清华大学当教授。由于刚刚解放，各方面的条件都很差。全家五口人挤在一间小房子里。有人曾问他："华先生，您不为自己回国感到后悔吗?"华罗庚坚定地说："不，我回到自己的祖国一点也不后悔!"

华罗庚回国以后，勤勤恳恳地工作，先后担任中国科学院数学研究所所长、中国科学技术大学副校长、全国人大常委会委员等职务。

华罗庚回国以后，继续向数学的高峰攀登，写出许多重要的论文，其中《典型域上的多元复变函数论》荣获我国自然科学奖一等奖。

华罗庚回国以后，非常注意培养青年数学家。他和王元应用代数数论，提出了数值积分的新的计算方法，被国外称为"华—王方法"。华罗庚发现陈景润很有发展前途，就建议把陈景润从福建调到了中国科学院数学研究所……

华罗庚不但埋头于数学研究，还十分重视数学的普及和应用。从

1965 年起在工农业生产中积极推广使用优选法和统筹法，给工农业生产解决了许多难题，节约了大量资金。他不顾年高体弱，亲自带领推广小分队，跑遍 20 多个省市。1975 年，由于过度劳累，在哈尔滨推广优选法时，患了急性心肌梗死，昏迷近 6 个星期。周总理派给自己看病的医生，去哈尔滨抢救。他脱离危险之后，毛主席亲自写信给华罗庚，表示慰问。

1979 年，华罗庚光荣地加入了中国共产党。同年，法国南锡大学授予华罗庚“荣誉博士”学位。

为了加强学术交流，69 岁的华罗庚应邀到英国、荷兰、法国、联邦德国四国讲学，受到各国学者的热烈欢迎和尊重。在法国讲学时，一位法国数学家为他举行家庭晚会。华罗庚一进门，发现桌上摆着一个大蛋糕，上面插着 69 支蜡烛。这时他才想起来了，今天是自己的 69 岁生日。按照外国习惯，华罗庚应当一口气吹灭这 69 支蜡烛。他哪有那么大的气力？不过盛情难却，他深吸一口气猛地一吹，说来也怪，69 支蜡烛真的同时灭了。华罗庚惊奇之余，发现法国科研部部长正跪在地上，帮助他吹哪！

1985 年，年逾古稀的华罗庚教授出访日本讲学，在生命的最后阶段，对数学还做出了非常有益的贡献。

从放牛娃到著名数学家

“人的一生看上去很长，但也很短，就看你怎么利用。如果献身于祖国的科学事业，而这事业又代代相传下去，那么，你的生命也仿佛延长了。”你知道这段充满哲理的话是谁说的吗？它是我国著名数学家苏步青教授发自肺腑之言。

从放牛娃到留学生

苏步青出生在一个苦人家，父亲靠出卖苦力维持一家生活。他从小给人家放牛，由于生活实在困难，姐姐给人家当了童养媳。

苏步青 9 岁上学，他深知上学的艰难，立志苦学。刚刚跨进中学的门槛的时候，他已经能把我国古典名著《左传》倒背如流了。他听老师说，《资治通鉴》是宋代大学者司马光主持编写的，全书 294 卷，记载了上起战国下至五代的历史，要想做个博古通今的学者，不可不读，苏步青便开始啃起大部头的《资治通鉴》。

有人说，老师讲课的好与坏，不仅直接影响着学生的学习兴趣，还往往决定了学生学习的志向。这话说得有道理。苏步青原来比较喜欢古诗词，可是，在温州中学读书时，学校来了一位留学日本的物理老师，这位老师不但课讲得好，还借给同学们许多杂志看，杂志上有不少数学题。这些有趣的数学题，像磁石一样吸引着苏步青，使他爱好文学的志向发生了动摇。接着中学的洪校长亲自给他们上《几何》，洪校长生动地讲课，把苏步青带进了变幻如云的几何空间，把他拉进了神奇的数学王国，他开始在数学中寻找新的乐趣。洪校长还在课上大讲科学救国，这一号召更激励了他。他立志学习数学。

1919 年，苏步青中学毕业之后，东渡到了日本。当时正赶上春季招生，只有东京高等工业学校一所大学招生。东京高等工业学校是日本名牌大学，报考人数多，竞争十分激烈。中国的留学生没有一年的准备，是不敢报考的。尽管苏步青到达日本时离考试只有 3 个多月了，他仍毅然报考了东京高等工业学校。数学试题包括算术、代数、几何、三角共 24 道题，要求 3 个小时答完，苏步青只用了 1 个小时，就准确地答完了，第一个交卷。他的速度，使监考老师十分吃惊。苏步青以优异的成绩考取了东京高等工业学校，又以优异成绩毕业。毕业前夕，学校训导长把他找去，交给他一封信，说：“苏先生，你有数学才能，应当得到深造。我写了一封介绍信，你拿信到东北帝国大学，找数学系主任，我祝你成功。”苏步青拿着信来到了东北帝国大学，系主任很客气地对他说：“苏先生，我们欢迎您。本校是非常重才的，希望您能考取本校。”看来，不经过考试是进不了这所学府大门的。

1924年，东北帝国大学只招收9名学生，而报考的却有90人，苏步青是唯一的中国留学生。考试结果，苏步青的微积分和解析几何都以满分——一百分的优异成绩名列第一。他跨进了数学系的大门。在东北帝国大学学习期间，国内政局动乱，有时根本没钱寄给留学生。苏步青只好利用星期六晚上给人家当家庭教师，挣点钱来维持学习生活。在学习期间，苏步青发表了第一篇论文《某个定理的扩充》，引起了校方的注意，接着又连续发表了30多篇论文，在微分几何方面取得了很大的成就，他获得了博士学位。

山洞讨论班

1931年，在日本学习了12年的苏步青回国。他满腔热忱，希望能为祖国的复兴尽一份力量。苏步青到了浙江大学教书，可是旧中国的教育事业非常落后，他的工资不够维持家庭生活。抗日战争爆发，浙江大学内迁，他的生活更苦了。全家住在贵州郊外的一所破庙里，白天要给学生上课，为全家的柴米油盐操劳；夜晚还得不到很好的休息。

在这样艰苦的条件下，苏步青并不灰心，他常用“长风破浪会有时，直挂云帆济沧海”的诗句鼓励自己。晚上，孩子们都睡下了，他在桐油灯下，继续研究微分几何。除了自己研究，他还带出了几个有前途的年轻人。在当时，想找一间屋子很困难，他挑选了四名学生，叫他们搬了两条木板凳，跟着他走进了附近的一个山洞。山洞里，地上乱石成堆，石壁上长满了青苔，洞顶上石笋倒悬，石缝里冒着水珠。由于阳光的折射，洞里倒是挺明亮。苏步青叫学生在板凳上坐好，然后指着山洞说：“你们看这儿好吗？我很喜欢这儿，这里是别有洞天啊！”他又说：“以后，这里就是我们的数学研究室。山洞虽小，数学的天地广阔。你们要确定自己的研究方向，定期做报告和进行讨论。”苏步青教授创立的专题讨论班，就是在这个小山洞里诞生和发展起来的。

桃李满天下

苏步青教授用自己的滴滴汗水，浇灌出一朵朵绚丽的数学新花。他在浙江大学任教期间，不少才华出众的青年，慕名投考浙江大学数学系。谷超豪就是其中的一个，他除了听苏教授的课，还要求参加专题讨论班。苏教授没有马上答应，而把一篇数学论文交给了他，要他在一个月内读懂。谷超豪以为看懂一篇文章并不难，可是，当他打开文章，头上立刻就冒汗了。这篇文章好像一幅没有文字说明的地图，不花费心血和汗水，就找不到通往目的地的道路。谷超豪心里明白，苏教授这样做除了要考查他的才智，还要考验他的毅力。他没有辜负教授的期望，圆满地解释了这篇论文。从此，谷超豪在苏步青教授和其他老一辈数学家的关怀下，飞快地成长起来了。新中国成立后，谷超豪去苏联进修，获得了博士学位，回国以后，在微分几何、微分方程和规范场论等几个方面取得了重要的突破。

“严师出高徒”，苏步青教授对自己的学生，要求是严格的。苏教授的研究生胡和生，是一位很有才能的女学生，苏教授很器重。有一次，教授把一本《黎曼空间曲面论》交给胡和生，要求她把这本书读懂，并且每星期在讨论班上做一次报告。这本书是德国一位著名的数学家写的，内容高深难懂。由于胡和生的德文不太好，她便对照德汉字典一页一页地阅读。一次为了准备报告，她一直读书到天色微明，刚刚合上眼休息了一下，只听“咚咚”的敲门声，拉开门一看，见苏教授站在门口，严厉地问：“为什么报告时间到了，你还不去?”胡和生只是想自己闭一下眼睛，谁想睡过了头。苏教授没继续批评她，因为从还亮着的灯看出，她又干了通宵。尽管如此，苏教授仍然叫她到会去做报告。

苏教授严格要求学生，更严格要求自己。

粉碎“四人帮”之后，复旦大学数学系恢复了专题讨论班。每次讨论班活动，年纪已有77岁的苏步青教授都来参加。1978年8月20日，上海下了通宵暴雨。第二天上午，复旦大学校园内水深过膝，一片汪洋，一会儿，又刮起了大风。这样恶劣的天气，大家以为苏教授不会来参加讨论会了。可是，会议刚要开始，大家看到苏教授打着雨伞已经站在教室的门口。苏教授的行动像一团火，投进了讨论班全体成员的心。

苏步青教授是有国际威望的数学家，他在“仿射微分几何”“射影微分几何”“共轭网理论”“K展空间几何”方面都有很高的水平，他写的《一般空间微分几何》获得1956年国家自然科学奖。

苏步青教授为祖国培养了一大批成就卓著的数学家，现在，全国数学理事会中就有15名理事曾是苏教授的学生，真可谓“桃李满天下”啊!

顽童成了数学家

1980年初春的一天，美国加州大学圣塔芭芭拉分校的一个阶梯教室里，一位中国数学家正在做学术报告。报告一结束，教室里响起了热烈的掌声，这所大学数学系主任，走上讲台，紧紧握住报告人的手，激动地说：“在美国我最佩服马恺，马恺是第一流数学家。今天听了您的报告，我感到您的许多研究成果可以和马恺媲美。您就是中国的马恺!”这位报告人是我国著名的数学家、上海数学会理事长、复旦大学数学系教授夏道行。

顽童迷上了数学

夏道行于1930年出生在江苏泰州。父亲是位小学教师，尽管用微薄的工资养活一家八口人已经十分艰苦了，可是他父亲宁愿自己再苦些，也要供子女们读书。夏道行五岁就进了学校，因为个头矮，背起书包来，书包竟垂到膝盖。

上学的第一天，父亲教给他一首唐诗：“三更灯火五更鸡，正是男儿读书时。黑发不知勤学早，白首方悔读书迟。”夏道行的小脑瓜挺灵，读了几遍就能背诵了。从进小学到上初中，他早晚攻读，成绩始终名列前茅。

一上初二，夏道行突然变得贪玩了。有一次，他跟同伴们一起掏鸟窝，从树上摔了下来，好几天不能动弹；上课也走神，老师讲课他不听，偷偷在下面看《三侠五义》《江湖奇侠传》等武侠小说。学习成绩直线下降，差一点留级。

有一件事深深地教育了夏道行，使他幡然悔悟。教他们几何的冯老师，没有右臂，写字用左手写，同学们始终不知道冯老师受过什么伤害。有一次，冯老师在课堂上举起了残缺的右臂，嘴唇哆嗦着，一字一顿地问大家：“同学们，你们知道我的右臂是怎么残废的吗？”他脸色惨白，从紧闭的嘴唇迸出一句话：“是被日本鬼子炸断的。”冯老师声泪俱下，“为什么日本鬼子敢欺负我们？还不是因为我们的祖国贫穷、落后。你们要刻苦学习，将来为国雪耻啊！……”听着听着，夏道行悄悄地将小说塞进书包，从此上课时他再也不开小差了。

数学老师仿佛是个导游，将同学们带到一座座瑰丽的数学迷宫前，几何空间的玉楼琼阁，三角公式中的峰回路转，代数运算里的神奇变幻，这一切都令夏道行心驰神往，使他入迷。他除了完成老师布置的作业外，还自己阅读和钻研许多数学书。夏道行对每一道几何题，都想办法用几种不同的方法来解。对疑难问题，他做了卡片。自己不会做的题目，他从来不急于问别人，总是反复琢磨，靠自己的智慧来解决。

由于夏道行刻苦学习，各科成绩提高很快，数学特别突出。一些使同学们望而生畏的数学难题，到了夏道行的手里，很快就算出了答案，他的数学才能受到老师和同学们的称赞。

15 岁那年夏道行高中毕业了。妈妈希望他投考法学院，将来当个官，好不再受穷；爸爸则希望接他的班，当一名中学教师。那时，夏道行刚刚读完《居里夫人传》，居里夫人为科学献身的精神深深打动了夏道行的心，他下定决心，要像居里夫人那样，用科学为人类造福，毅然选择了数学作为他终生的事业。

攀登高峰，要有坚实的基础

夏道行考上了江苏学院数学系。他牢记住法国著名数学家奈伊玛克的一句名言："如果你要在科学上有所发现，决不能只懂得科学的一两章。"要求自己把书读深读透，不仅要知其然，还要知其所以然。他制订了一个阅读三四十本书的计划，这些书一半是老师布置的，一半是自己选择的。为了保证读书计划的完成，他和一位要好的同学将铺盖搬到教室里，早起晚睡，夜以继日地苦读。他知道，学数学只读书是不成的，还要多做题，做一定数量的难题。

对一个十几岁的少年，要实现这样的读书计划是很不容易的。每当有些放松的时候，他就想起居里夫人，想起居里夫人的话："我们应该不虚度一生"。夏道行坚持读下去，他做了一万多道题。对重要的几门基础课，他还专找难题来做。后来的实践证明，这种自我训练对他的研究工作很有帮助。

夏道行大学毕业，同时考取了北京大学和浙江大学的研究生，最后他选择了浙江大学陈建功教授作为自己的导师。给著名数学家陈建功当研究生，这可不是一件容易事。夏道行一报到，陈建功教授就交给他一篇法国数学家马迪的论文，要求他就这篇论文在一周内提出自己的论文。一见面就来个"下马威"。

夏道行学过总共不到 30 学时的法文，要翻译马迪这篇论文有很多困难。另外，数学家写论文，只写证明的主要步骤，好多中间过程都省略不写，这需要自己重新推证，把中间过程补齐。马迪这篇论文还引用了其他论文的结果，夏道行还需要把被引用的论文找来读懂。

他迎着困难上，在图书馆度过了难忘的七天，从容地回答了陈建功教授提出来的许多问题，陈教授高兴地想："他有钻研精神，有发展前途！"

实现为祖国争光的夙愿

1952年，夏道行研究生毕业，被分配到复旦大学数学系任教。早在他当研究生时，就发表了《关于单叶函数之系数》一重要论文，表现了在函数论研究中非凡的才华。1972年美国数学家弗兹·吉拉特提出了一个重要不等式，其实这个不等式在夏道行上述论文中早已提出过。现在把这个不等式称为"弗兹·吉拉特—夏道行不等式"。

夏道行在复旦大学一面教课，一面继续函数论的研究。他证实了著名数学家戈鲁辛的两个猜测。1976年，在国际函数论会议上，这一卓越成果由数学家做过专题介绍，获得了很高的评价。他所建立的函数被国外数学界称为"夏道行函数"；他所建立的数学方法，近20年来广泛被国内外数学家引用。

由于他在数学方面突出的成就，26岁时被提升为副教授。1957年国家派夏道行去国外进修，他又在算子理论方面闯出了新的路子。1961年夏道行提出"亚正常算子"理论，以后美国、瑞士和罗马尼亚等国数学家在研究中纷纷运用了这一理论。

夏道行是学数学的，然而他花在物理上的时间几乎不比数学少。他与著名美籍物理学家、诺贝尔物理学奖获得者杨振宁博士合作研究规范场的数学结构，取得了很大成就。杨振宁博士称赞夏道行教授说："西欧、北美有许多和夏道行研究同样方向的人，他们远远没有夏道行的工作深入。"

夏道行谈到自己在数学物理方面研究时，深有体会地说："学生时代，容易对知识产生兴趣，记忆力也强，尽可能地开拓、扩大知识面是很有好处的。拿数学来说，它就同物理、化学、生物、经济等有密切地联系，没有这些方面的知识，数学的应用就很成问题。一些人年龄大了，兴趣面往往会收缩，这样就会妨碍自己的发展。"

近年来，夏道行除了著书立说和培养博士研究生外，还为国际学术交流做了大量的工作。1979 年，夏道行被选为第八届国际数学物理学会的顾问委员。他的两本专著已在国外翻译出版。夏道行正在向前飞奔，向更高的山峰攀登！

立志摘取明珠的人

在数学皇冠上，有一颗耀眼的明珠，那就是著名的"哥德巴赫猜想"。200 多年来，多少世界有名的数学家想解决这个问题，都没有成功。现在在伸向这颗明珠的无数双手中，有一双手距离明珠最近，那就是我国著名数学家陈景润的一双勤奋的手。

陈景润是福建人，他父亲是个邮政局的职员，母亲一共生了 12 个孩子，可是只活了 6 个，陈景润排行老三，既不大也不小。母亲终日劳动，也顾不上疼他、爱他，再加上日寇和国民党的烧杀抢掠，给陈景润的幼小心灵留下了创伤。他性格孤僻，个子矮小。

陈景润非常爱读书，在中学和小学时是班上有名的读书迷，同学们都佩服他背诵书本的本事。他说："我读书不只满足于读懂，而是要把读懂的东西背得滚瓜烂熟，熟能生巧嘛！"他把数、理、化的许多定义、定理、公式全装进脑子里，等需要时拿来就用。

有一次化学老师要求同学把一本书都背下来。背下一本书？可伤透脑筋了。但是，陈景润却不以为然，他说，这怕什么？多花点功夫就可以记下来。果然，没过几天，他就把整本书背了下来。不过，陈景润最感兴趣的还是数学。

陈景润性格孤僻，少言寡语，可是这没有妨碍他的勤学好问。为了深入探求知识，他主动接近老师，请教问题或借阅参考书。为了不耽误老师的时间，他总利用下课后老师散步或放学的路上，跟老师一边走，一边请教数学问题。他自己说："只要是谈论数学，我就滔滔不绝，不再沉默寡言了。"

陈景润的高中是在英华中学念的。在这所中学里有一位数学老师叫沈元，他曾是清华大学航空系主任。这位沈老师知识渊博，课上给学生们讲许多吸引人的数学知识。有一次，他向学生讲了个数学难题，叫"哥德巴赫猜想"。

哥德巴赫本来是普鲁士驻俄罗斯的一位公使，他的爱好是钻研数学。哥德巴赫和著名数学家欧拉经常通信，讨论数学问题，这种联系达 15 年之久。

1742 年 6 月 7 日，哥德巴赫写信告诉欧拉，说他想发表一个猜想：每个大偶数都可以写成两个素数之和。同年 6 月 30 日欧拉给他回信说："每一个偶数都是两个素数之和，虽然我还不能证明它，但我确信这个论断是完全正确的。"可是欧拉和哥德巴赫一生都没能证明这个猜想。以后的 200 年里，也没有哪位数学家把它攻克。

沈老师又说，中国古代出过许多著名的数学家，像刘徽、祖冲之、秦九韶、朱世杰等。你们能不能也出一个数学家？昨天晚上我做了个梦，梦见你们当中出了个了不起的人，他证明了哥德巴赫猜想。

沈老师最后一句话引得同学们哈哈大笑。陈景润却没笑，他暗下决心，一定要为中国争光，立志攻克数学堡垒。

福州的英华中学，当时是文、理分科的。特别喜欢数学的陈景润偏偏选读文科班，他是有他的想法的。陈景润想，文科班所学的数、理、化都比理科班浅，这样就可以集中最大精力去攻读数学中更高深的知识。

他自学了大学的《微积分学》、哈佛大学讲义《高等代数引论》，以及《范氏大代数》等。

陈景润考入厦门大学之后，更加用功了。他看大学的书本又大又厚，携带阅读十分不方便，就把书拆开。比如，他就把华罗庚教授的《堆垒素数论》和《数学导论》拆成一页一页的，随身带着读。陈景润坐着读，站着读，躺着读，蹲着读，一直把一页一页的书都读烂了。

大学毕业之后，陈景润到北京当了一段时间的数学教师，后来又回到厦门大学，在图书馆工作。这下子陈景润可有时间研究他喜爱的数学了。由于夜以继日地攻读，身体底子又不好，再加上舍不得吃，节省下来的钱买书，他得了肺结核和腹膜结核病。一年住了六次医院，做了三次手术。

疾病的折磨，攀登道路的艰险，都没有吓倒瘦小的陈景润。他写出了数论方面的论文，寄到中国科学院数学研究所。华罗庚看了他的论文，从论文中看出陈景润是位很有前途的数学天才，建议把陈景润调到数学研究所，从事专门数学研究，陈景润欢喜若狂。

他到数学研究所以后，在许多著名数学问题，比如圆内整点问题、华林问题、三维除数问题上都取得了重要成果。陈景润开始研究"哥德巴赫猜想"，准备摘取这颗数学皇冠上更大、更光彩夺目的明珠。

前人在哥德巴赫猜想上，已经做了许多工作：

1742 年，哥德巴赫提出每个不小于 6 的偶数都可以表示为两个素数之和，比如 6＝3＋3，24＝11＋13，等等。

有人对偶数逐个进行了检验，一直验算到三亿三千万，发现这个猜想都是对的。但是，偶数的个数无穷，几亿个偶数代表不了全体偶数。因此，对全体偶数这个猜想是否正确，还不能肯定。

20 世纪初，数学家发现直接攻破这个堡垒很难，就采用了迂回战术。先从简单一点的外围开始，如果能先证明出，每个大偶数都是两个"素数因子不太多的”数之和，然后逐步减少每个数所含素数因子的个数，直到最后，每个数只含一个素数因子，也就是说，这两个数本身就是素数，这不就证出了哥德巴赫猜想了吗?

1920年，挪威数学家布朗证明了每一个大偶数都可以表示为两个“素数因子个数都不超过9的”数之和。简记为（9+9）;

1924年，数学家拉特马赫证明了（7+7）；1932年，埃斯特曼证明了（6+6）; 1938年和1940年，布赫斯塔勃相继证明了（5+5），(4+4)；1958年我国青年数学家王元证明了（2+3）；1962年王元和山东大学的潘承洞教授又证明了(1+4)；1965年，维诺格拉多夫等人证明了(1+3)。包围圈越缩越小，工作越来越艰巨，每往前走一步都是异常困难的。

1966年5月，陈景润向全世界宣布，他证明（1+2)，离最终目的（1+1)，只有一步之遥了。由于陈景润的证明过程太复杂，有200多页稿纸，他的证明过程没有全部发表。数学要求准确、简洁，陈景润不满足于现有的成果，他要简化自己的证明过程。

“文化大革命”开始了，陈景润被限制了生活的自由。后来虽然放松了一点，但是不允许他继续从事数学研究，把他屋里的电灯拆走了，灯绳剪断了。

黑暗怎么能遮住陈景润内心的光明？陈景润买了一盏煤油灯，把窗户用纸糊严，继续研究。可是，疾病使他虚弱到了极点。

毛主席和周总理知道了陈景润的工作和处境，把他送进医院，使他获得了新的生命力。1973年他全文发表了《大偶数表为一个素数及一个不超过二个素数的乘积之和》这篇论文。

陈景润的论文，在国际数学界得到了极大的反响。英国数学家哈勃斯丹和联邦德国数学家李希特的著作《筛法》正在校印，他们见到陈景润的论文后，要求暂不付印，在书中加了一章“陈氏定理”。一个数学家写信给陈景润说：“你移动了群山!”

悬赏十万马克求解的数学问题

有一个著名的数学难题，至今世界上还没有人能够解决，这就是“费马问题”，也叫费马大定理。

费马 1601 年生于法国的图卢兹，他的职业是律师而不是一个专业数学家。他的所有数学著作在生前都没有发表，他是通过与其他学者通信而广泛地参与了数学研究活动。费马未加证明地提出了许多富有洞察力的猜想，这些猜想在他去世后很久才陆续被数学家证明。到 1840 年，只剩下一个猜想还没被证明，就是著名的费马大定理。

费马大定理内容很简单：当整数 n 大于 2 时，方程 $x^n+y^n=z^n$ 不存在整数解，其中 x、y、z 不等于 0。

当 $n=2$ 时，方程就变成了 $x^2+y^2=z^2$，是我们熟悉的勾方加股方等于弦方，勾股定理。这时方程 $x^2+y^2=z^2$ 是有整数解的，比如 $x=3$，$y=4$，$z=5$，也就是“勾三股四弦五”。而且 $n=2$ 时整数解还不止一组哪，比如 $x=5$，$y=12$，$z=13$；再比如 $x=6$，$y=8$，$z=10$，等等。这些整数解可以用一组公式来表达：

$$x=m^2-n^2,$$

$$y=2mn,$$

$$z=m^2+n^2。$$

其中 m、n 为不相等的整数。

尽管 $n=2$ 时，方程 $x^n+y^n=z^n$ 有无穷多组整数解，但是，费马预言，只要 n 大于 2，方程 $x^n+y^n=z^n$ 连一组非 0 的整数解也没有。

费马是怎么想起这件事的呢？事情是这样的。

1621 年，公元 3 世纪希腊著名数学家丢番图的《算术》一书刚刚译成法文，费马从书店买了一套。他在这本书中看到了丢番图关于方程 $x^2+y^2=z^2$ 有多少组正整数解的讨论，就在书页的空白处写了一行旁注：“另一方面，不可能把一个立方数表示为两个三次方数之和。一般来说，一个次数大于 2 的方幂不可能是两个同次方幂之和。我确实发现了这个奇妙的证明，但是书的页边太窄了，写不下。”

费马写出的结论对不对呢？他没有给出证明，可是他声称确实发现了这个奇妙的证明。费马死后，他的儿子整理了他的全部遗稿和书信，遗憾的是也没有找到关于这个问题的证明，因此，这个问题就成了悬而未决的费马问题。

费马问题的迷人之处，在于它的内容如此简单，如此容易理解，即使具有一般数学知识的人好像也能解决。比如要证明 $x^3+y^3=z^3$ 没非零整数解，前十个正整数的立方是 1，8，27，64，125，216，343，512，729，1000。不难看出其中没有一个数可以表示为另外两个立方数之和。借助于电子计算机甚至可以证明 10 位以内数的立方，不可能是其他两个立方数之和。困难的是整数有无穷多个，不管用什么样的电子计算机也不可能对无穷多个数进行检验。

费马问题引起了数学家的注意。许多大数学家为解决费马问题花费了不少心血，也取得了一定的进展。

1770 年，大数学家欧拉证明了当 $n=3$ 时，结论是对的。

1823 年，数学家勒让德证明了当 $n=5$ 时，结论也对。

1839 年，拉梅证明 $n=7$ 时，费马的结论也对。

特别值得一提的是，靠自学成才的法国女数学家苏菲娅·热尔曼证明了如果 P 是奇素数（即除掉 2 的素数），$2P+1$ 也是素数，那么 $x^p+y^p=z^p$ 没有整数解。这样对于小于 100 的所有奇素数这个问题就算解决了。

研究费马大定理最有成就的要算德国数学家库默尔，他几乎用了一生的时间来研究这个问题。虽然他没有最终解决，但是提出了一整套的数学理论，推动了数学的发展。法国科学院为了表彰库默尔的贡献，给他发了奖。

有趣的是，有的数学家自以为解决了费马问题而欣喜若狂，但是后来有人指出证明中有错误，结果是一场空欢喜。比如数学家拉梅在法国科学院的一次会议上，宣布自己已经证明出费马大定理，但是当他讲解自己的证明方法时，数学家刘维尔当场就指出他的证明是行不通的，使拉梅感到十分困窘。数学家勒贝格晚年也沉迷于解决费马问题，他向法国科学院呈上一篇论文，说用他的理论可全部解决这个问题。法国科学院十分高兴，如果勒贝格真能解决，法国就可以向全世界宣布：这个300年前由法国人提出来的世界难题，最终由本国人解决了。法国科学院组织了一批数学家仔细地研究了勒贝格的论文，发现其证明也是错误的。勒贝格拿着退回来的论文不甘心地说："我想，我这个错误是可以改正的。"但是，直到他死，也没解决这个问题。

1900年，德国著名数学家希尔伯特，总结了当时数学界还没解决的重大问题，提出了23个数学难题，费马问题被列为第十个问题。

1908年，德国的一位数学爱好者沃尔夫斯凯尔提出，在公元2007年以前，谁能解决费马问题，就奖给他十万马克奖金。现在，时间已经过去70多年了，仍然没有一个人能获得此奖。

前几年，美国数学家大卫·曼福特证明了方程$x^n+y^n=z^n$如果有整数解，那么这样的整数是非常大，而且是非常少的；这样的整数解数值之大，不仅超过现有大型计算机的计算能力，还远远超过从长远看来能够设想的任何计算机的能力。但是，他终究没有彻底解决这个难题。距2007年还有20多年时间了，这十万马克的奖金不知能否有人获得?

（1994年，英国数学家安德鲁·怀尔斯等成功地证明了费马大定理，并于1998年获得了菲尔兹奖。——编辑注）

智力竞赛和数学接力赛

智 力 竞 赛

下面给出的一些题目，分（一）（二）两组。（一）组题目比较简单，适合初中一、二年级用；（二）组题目要难一些，可供初三及高中同学使用。

（一）

（1）请你在一分钟之内算出下面的题目。

$$\frac{12345678987654321}{123456789\times 123456789-123456790\times 123456788}=?$$

（2）将下面算式里的字母换成数字。

$$\begin{array}{r} a\,b\,8\,b\,6 \\ -\quad a\,e\,7\,4 \\ \hline c\,d\,3\,d \end{array}$$

（3）请将下图相同字母用线连接起来，但线条不得交叉。

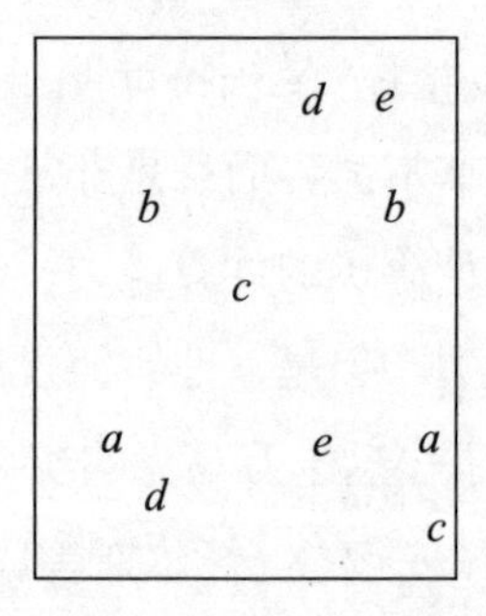

（4）为了庆祝国庆，同学们制了 13 盏花灯，准备挂在大礼堂里。教数学的张老师走来，要求他们将花灯排成 12 行，每行有 3 盏灯。这可把同学们难住了。

你能帮他们想个办法吗?

（5）请将右下的算式补全。

（6）快车从甲地开往乙地，慢车同时从乙地开往甲地。两车在丙地相遇后 1 小时，快车就开到了乙地。又过了 3 小时，慢车才开到甲地。问快车比慢车快多少?

（7）某校有 400 名学生，他们当中至少有 30 多名学生能够找到和自己同一天生日的同学。这话对吗?

（8）小方问小圆种了几盆花。小圆说：“我全部花盆的 $\frac{4}{5}$，再加上 $\frac{1}{5}$ 盆，就是我种花的盆数。”小圆种了几盆花?

（9）某学校组织了一个旅行团，共 85 人。其中 68 人带了面包，56 人带了水果，14 人什么也没带。既带了面包又带了水果的有多少人?

（10）请将下式的汉字翻成数字。

早起身体好
× 　　　早
好好好好好好

（11）大正方形的面积是小正方形的几倍？大正三角形面积是小正

三角形的几倍?

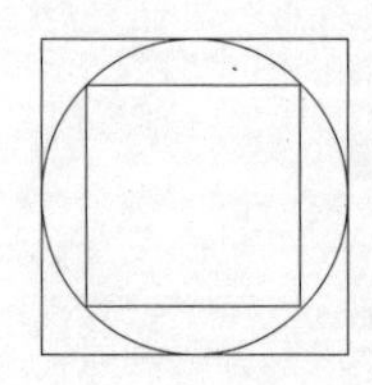

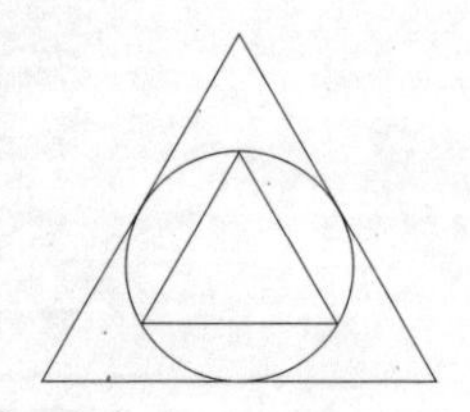

（12）老赵、老钱和老孙，他们是教师、律师和医生。老钱比教师矮一些，老赵比医生高一些，老孙比医生矮一些。他们谁是教师，谁是律师，谁是医生?

（13）某人骑自行车到某地开会，如果以每小时15千米的速度赶去，虽然可以早到半小时，但是比较吃力。如果以每小时10千米的速度骑去，就会迟到半小时。请问他应以多大速度骑去才正好合适?

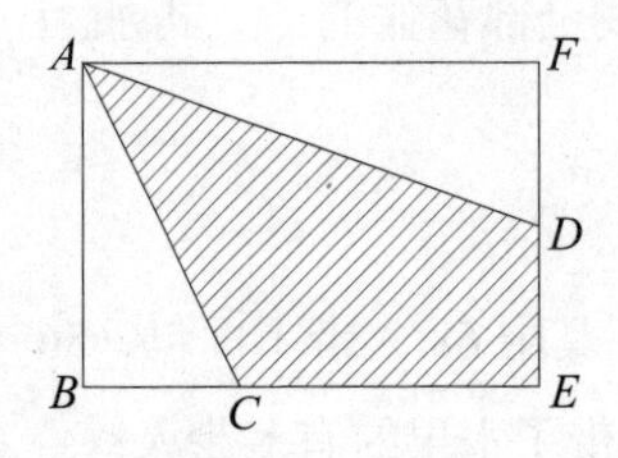

（14）长方形长与宽的比为3∶2，$\triangle ABC$的面积为6cm^2，C又把BE分成1∶2，D为EF中点，求阴影部分的面积。

（15）请将下式的汉字变成数字。

蚕吐丝蜂酿蜜×7＝蜂酿蜜蚕吐丝×6

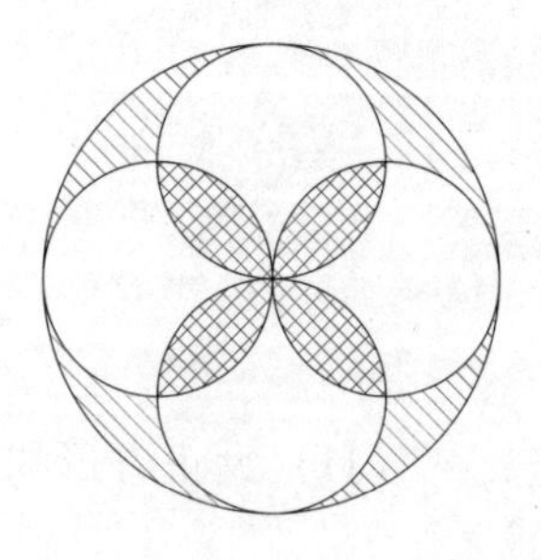

（16）大圆里面套着四个小圆，大小圆间有四片空地，四小圆间有四块重叠的部分。是空地面积大呢？还是重叠部分大?

(17) 在下面的算式里，相同的字母代表相同的数字，不同的字母代表不同的数字。请你将它们换成数字。

$$\begin{array}{r} a\ a\ a \\ b\ b\ b \\ +\ c\ c\ c \\ \hline a\ c\ c\ b \end{array}$$

(18) 有一班学生，体育优秀的有 34 人，美术优秀的有 26 人，音乐优秀的有 18 人，体育、美术都优秀的有 9 人，音乐、美术都优秀的有 4 人，体育、音乐都优秀的有 3 人，三门全优的有 6 人。

这一班学生有多少人?

(19) 小方、小圆、小柱一同去吃早点。小圆买了 4 个馅饼，小柱买了 6 个馅饼，三个人平分吃完了。小方拿出一块钱要他们两人分。

小柱对小圆说:“你买了 4 个馅饼，我买了 6 个馅饼，你分 4 角钱，我分 6 角钱好了。”

小圆笑道:“那怎么行呢?”同时提出了正确的分法。

你知道小圆是怎样说的吗?

(20) 请将下面算式里的汉字换成数字。

$$\begin{array}{r} \text{客上天然居} \\ \times\quad\quad\quad \text{变} \\ \hline \text{居然天上客} \end{array}$$

(21) 小柱家的房子有几个大圆柱是砌在墙里面的，外面露出了一点儿。小柱量了一下：露出墙 2 寸厚、8 寸宽。

小柱想知道圆柱直径多少，你能帮他算出来吗?

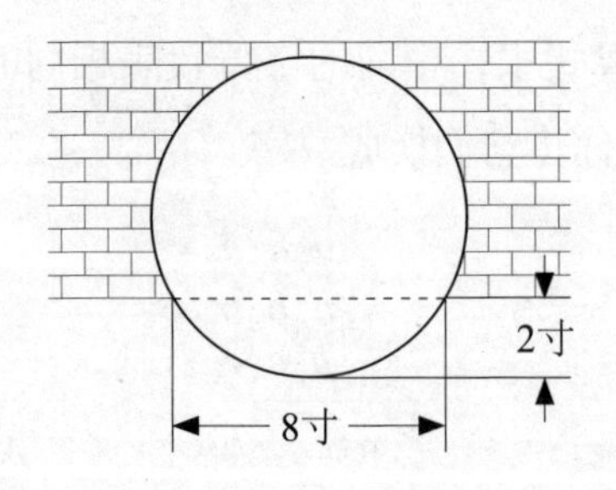

（22）小柱的爸爸给小柱 1 元钱，要他去买 20 张邮票，而且 4 分、8 分、1 角的都要有。小柱应当各买几张呢？

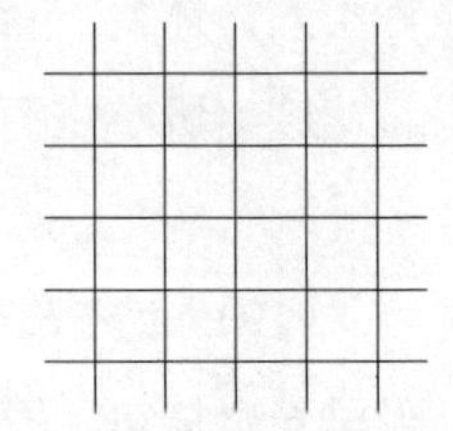

（23）在一个小城市里，横竖各有五条马路，公安局打算在十字街头设五个岗哨，可以望见全市所有路面，问有多少种安排方法？

（二）

（1）为什么少了一元钱？

班上组织春游，班长买回一元钱 2 斤的苹果 30 斤，又买回一元钱 3 斤的梨 30 斤。为了使每个同学既能吃到苹果又能吃到梨，他把两种水果混在一起分给大家，两元钱给 5 斤，一元钱给 2.5 斤。

水果分完以后，班长一数钱，发现少了一元钱。班长一想，没有人少交钱啊！怎么会少了一元钱呢？

（2）区分轻重球

有六个外形一模一样的彩色球，红、黄、蓝各两个。每两个球中都有一重一轻，三个重球的重量是相同的，三个轻球的重量也是相同的。请用一架没有砝码的天平区分轻重，仅限称两次。

（3）分西瓜

12 位同学分吃 7 个同样大小的西瓜。在切西瓜时，大家一致同意西瓜不要切得块数太多，即每个西瓜不许切得多于 4 块。问应该怎样切才合适？

（4）有一位老汉，因感谢梁山好汉除暴安民，有心要送一份厚礼。天，他带了些好马来到梁山。在山下碰到了梁山泊最后一名好汉金毛犬段景柱，就把全部马匹的一半送给了他。段景柱再三推让，总算收下了；作为回礼，他又退回一匹马给老汉。老汉继续上山，路上又遇到鼓上蚤时迁，就把剩下的马匹的一半送给他。时迁也答应收下，作为回礼，也退回一匹马。

说也真巧，一路上，老汉从第 108 名、第 107 名、第 106 名……一个一个地倒着次序遇到梁山好汉，他一个不漏地按着他送马的原则，给每位好汉送礼，而每位好汉也都是收下一半后再退回一匹给老汉。最后一直送到第一名好汉及时雨宋江。宋江也是收一半马匹后再退还一匹给老汉。此时，老汉身边还剩下两匹马。请问：这位老汉上山时共带了几匹好马？

（5）为什么少了一美元？

三个旅客同住美国某旅馆的一个房间，每人拿出 10 美元作为预付房租费交给了旅馆的收款人。后来收款人发觉这个房间的房租应是 25 美元，就叫来旅馆的侍者，交给他五张 1 美元的钞票，让他退给三个旅客。侍者在半路上起了贪心，把 2 美元装进了自己的腰包，退给旅客每人一美元。

现在让我们回过头来算一算：三个旅客每人付了房租 9 美元，共 27 美元，加上侍者扣下的 2 美元，总共是 29 美元。那么，还有 1 美元哪里去了呢？

(6) 分核桃

三个小朋友共 $17\frac{1}{2}$ 岁，按各人岁数的比例分 770 个核桃。要是甲得 4 个，乙就分得 3 个；甲得 6 个，丙就分得 7 个。请问，三个小朋友各几岁？每人分得几个核桃？

(7) 下一个是什么图形？

在逻辑排列中，下一个应是什么图形？

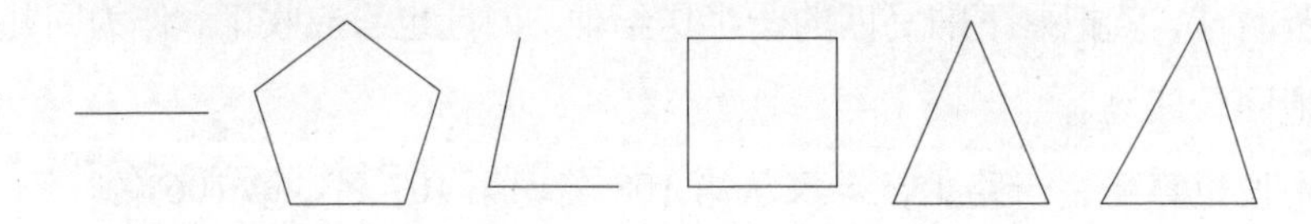

(8) 哪天去办事合适？

下个星期我要办几件事，包括买书、参观展览、去银行交房费和看病。书店星期三休息，银行星期六和星期日关门，展览馆只在星期一、三、五展出，医院星期二、五、六开门。我哪一天去才能办完全部的事呢？

(9) 3^{2000} 天以后

今天是星期日，问 3^{2000} 天后是星期几？

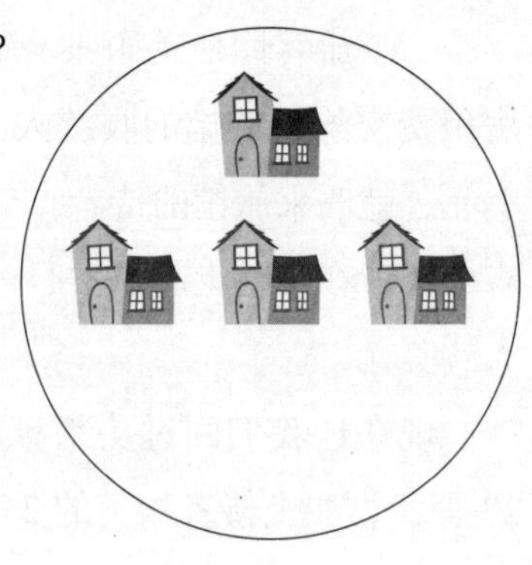

(10) 分地又分圆

一块圆形土地上住了四家人。现在各家要造一个院墙，院墙围的面积正好平分圆面积。问他们是如何围的？

(11）表哥的年龄

小毅去表哥家串门，小毅问表哥的年龄。表哥说：“我今年的年龄刚好是我出生那年的公元数中四个数字之和。”你说小毅的表哥今年多大年龄（以 1984 年为准)?

(12）翻译斗兽棋等式

知道象和猫各代表 0~9 十个数字中的一个，请你把下面的斗兽棋等式翻译成算术等式。

(13）这个班有多少人?

一个班全班学生都懂外语，懂英俄日三种外语的 1 人，懂英俄两种外语的 4 人，懂英日两种外语的 5 人，懂俄日两种外语的 3 人，懂英语的 23 人，懂日语的 17 人，懂俄语的 11 人，问这个班有多少人?

(14）如何过沙漠

在某一沙漠边沿，两位考古工作者想穿过这片沙漠到另一边的小镇去考古。这片沙漠虽不大，要穿过它也需要 10 天时间。但是，每人随身只能携带 8 斤粮食和 8 斤水，而每人每天起码要消耗 1 斤粮食和 1 斤水。由于当地又没有骆驼可租用，使他们在旅途中因无法得到粮食和水的补充而不能安全抵达沙漠另一边。当然，当地的民工是有的，但他们每人也只能携带 8 斤粮食和 8 斤水，请你帮助考古工作者穿过这片沙漠。

(15）换汽水

某汽水厂规定：用 3 个空汽水瓶可以换一瓶汽水。某同学买了 10

瓶汽水，问他总共可以喝到几瓶汽水?

(16) 猜珠宝

有金、银、铅盒子各一只，每只盒子前面各写有一句话，且这三句话中只有一句是真话。现在知道有一颗珠宝装在其中某一只盒子里，请你猜猜珠宝在哪只盒子里?

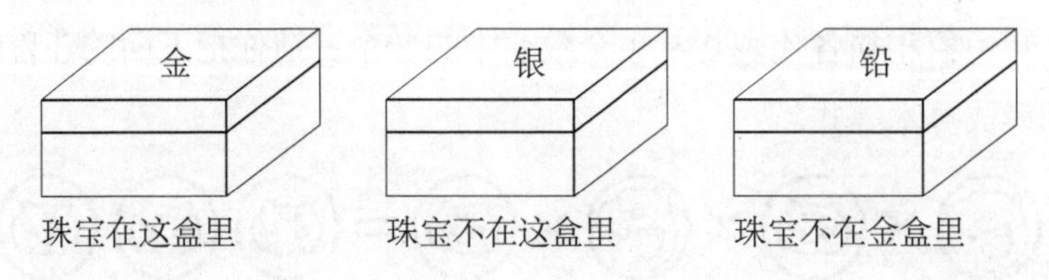

(17) 一次找出来

有 10 箱滚珠，其中 9 箱的滚珠每个都重 1 两，只有一箱的滚珠重 9 钱。请你想办法只称一次就把装有 9 钱重滚珠的那个箱子找出来。

(18) 各有几只鸡?

小毅家养了九只鸡，其中白鸡、黑鸡和花鸡各三只，并且有 A、B、C 三个鸡窝。

一天晚上，鸡全进窝后，小毅发现了三件有趣的事：第一件，鸡窝 C 比鸡窝 B 里多一只鸡，鸡窝 B 又比鸡窝 A 里多一只鸡；第二件，A 窝没有白鸡，B 窝没有黑鸡，C 窝没有花鸡；第三件，没有一个鸡窝的所有鸡都具有相同颜色。

你能根据以上三件事，很快说出 A、B、C 三个鸡窝内各有多少只鸡?它们的毛色各是什么?

(19) 哪只表准?

有 5 只手表，每昼夜表 3 比表 2 慢 3 分钟，表 4 比表 3 慢 1 分钟，

表5比表1慢1分钟，表3比表5慢1分钟。如果将5只手表的时间加起来再除以5，得出的就是准确的时间。已经知道这5只手表中只有一只是准时的，其他表都有快有慢，请你指出哪只表是准确的。

（20）末位数是几?

请你说出3^{100}的末位数是几?

（21）组成直角

请你用3根直木棒，组成12个直角。

（22）四个人赛跑

A、B、C、D四个人赛跑，一共赛了四次，其中A比B快的有三次，B比C快的有三次，C比D快的有三次。你也许会想，D跑得最慢，而实际上D比A快的也有三次。你来解释这是怎样一回事?

（23）他到底几岁?

一个人生于公元前10年，死于公元10年，死的那一天正好是他生日的前一天。请问，他到底几岁?

（24）来了多少人?

参加会议的人都两两彼此握手，有人统计了一下，一共握了36次手。请问到会多少人?

（25）哈利神的名字

印度佛教中有一个神叫哈利神，他长有四只手，他的四只手交换着拿狼牙棒、铁饼、莲花、贝壳。哈利神四只手的四样东西排列不同，他就有不同的名字。那么哈利神可以有多少种不同的名字?

（26）用铁丝捆地球

假设地球上无山、无海，是个大圆球。现在要沿着赤道把地球捆上一圈细铁丝。由于赤道长四万千米，铁丝长也是四万千米。

把铁丝从某处切断，中间接上一米长的铁丝。此时，铁丝就变成了与地球等距离的圆环，问圆环与地球的间隔有多大?

数学接力赛

数学接力赛跟田径接力赛很相似。可以把参加人分成五个人一小组，把题目写在黑板上，由每组出一个人上黑板去做。

主持人事先宣布，每小组的每个人，必须答一道题，也只能答一道题，在规定时间内答完。答对一题得一分，答错一题扣去一分，最后按得分多少排定小组的名次。

下面按年级各给出四组题目，可供四个小组同时比赛用。

初一

第一组题目

（1） $1-\{-1-[-1+(-1)]\}=$

（2） $-3+(-3)^2+(-3)^3=$

（3） $10-0.6\times(-\frac{5}{7})+(-\frac{2}{7})\div\frac{2}{3}=$

（4） $-a-(3a-12b)+(12b-6a)=$

（5） 解方程 $15-(7-5x)=2x+(5-3x)$。

第二组题目

（1） $(-0.3)^2+1.1^2=$

(2) $-1+\{1-[1-(-1)]\}=$

(3) $(-\frac{3}{4}a^3b^3c)\div(-\frac{1}{2}a^2b^2c)=$

(4) $1\frac{2}{3}-(-\frac{2}{3})^2\div\frac{1}{3}-2^2\times(-\frac{1}{7})=$

(5) 解方程 $3x-(4-2x)=\frac{1}{3}(2x-3)$。

第三组题目

(1) $-1-\{1-[1-(-1)]\}\times(-1)=$

(2) $-(-4)^2\div(-0.2)^3=$

(3) $\frac{1}{2}-(\frac{2}{3}-1\frac{1}{4})\times\frac{3}{5}\div(-1\frac{3}{4})=$

(4) $6x-\{4x+[2x-(3x+5x+7-1)+3]-8\}=$

(5) 解方程 $(x+1)(x+2)-(x+3)(x+4)=0$。

第四组题目

(1) $-1-\{1-[1-(-1)]^2\times(-1)\}\times(-1)=$

(2) $(-1)^3+(-2)^2+3=$

(3) $[-3^2\times2+(-2)^3\times3-4\times(-6)]\div(-3)^2=$

(4) $(7a^2+2a-b^2)+(3a+b^2-2a^2)+(b^2-4a-4a^2)=$

(5) 解方程 $\frac{x}{a}+\frac{x}{b}+\frac{x}{c}=1$ $(ba+bc+ca\neq0)$。

初 二

第一组题目

(1) 计算 $(x^2+xy+y^2+x-y+1)\cdot(x-y-1)$。

(2) 分解因式 $ab-a+b-1$。

(3) 解方程组 $\begin{cases}2y-3x=0,\\5x-3y-2=0。\end{cases}$

(4) 若把正方形的各边增加 2 尺，则面积增大 100 平方尺，问原正方形面积多大?

(5) 计算$\frac{1}{2a+3b}+\frac{1}{2a+3b}$。

第二组题目

(1) 计算 $(a^2+b^2+c^2-bc-ab-ca)\cdot(a+b+c)$。

(2) 分解因式 $10xy+5y^2+6x+3y$。

(3) 解方程组$\begin{cases}x+y=11,\\y+z=13,\\z+x=12。\end{cases}$

(4) 袋中有各种钱币若干，设 5 角的张数是 1 元张数的两倍，1 角的张数是 1 元张数的三倍。如果袋内总钱数是 11 元 5 角，问三种钱币各多少张?

(5) 化简 $\frac{(x^6-y^6)(x+y)}{(x^3+y^3)(x^4-y^4)}$。

第三组题目

(1) 计算 $(b+x)(b-x)(b^2+x^2)$。

(2) 分解因式 $ad+ce+bd+ae+cd+be$。

(3) 解方程组$\begin{cases}xy-y=0,\\3x-8y+5=0。\end{cases}$

(4) 父亲现年龄为儿子的四倍，20 年后父亲为儿子年龄的两倍。问父子现在年龄各多少岁?

(5) 化简 $\frac{a}{(a-b)(a-c)}+\frac{b}{(b-c)(b-a)}+\frac{c}{(c-a)(c-b)}$。

第四组题目

(1) 计算 $(x^2+x+1)(x^2-x+1)(x^4-x^2+1)$。

（2）分解因式 $(7a^2+2b^2)^2-(2a^2+7b^2)^2$。

（3）解方程组 $\begin{cases}10x+\dfrac{6}{y}=5,\\ 15x+\dfrac{10}{y}=8。\end{cases}$

（4）有两位数，其数字和为 14，若颠倒数字的次序，则较原数增加 18，问原数是多少？

（5）计算 $\left(\dfrac{1}{a^3}-\dfrac{1}{a^2}+\dfrac{1}{a}\right)(a^4+a^3)$。

初 三

第一组题目

（1）化简 $\dfrac{\lg\lg N^{10}}{1+\lg\lg N}$（$N>0$，$N\neq1$）。

（2）计算 $\sqrt{\sqrt{3}+\sqrt{3-\sqrt{3}}}\cdot\sqrt{\sqrt{3}-\sqrt{3-\sqrt{3}}}$。

（3）两个连续整数的平方和等于 481，求此二数。

（4）计算 $\left(3^0\times\dfrac{16}{81}\right)^{-\frac{3}{4}}\cdot\dfrac{\sqrt{x}\cdot\sqrt[3]{x^2}}{x\sqrt[6]{x}}$。

（5）已知方程 $10x^2+4x+m^2-3m+2=0$ 有一个根是 0，求 m。

第二组题目

（1）计算 $3^{1+\log_3 5}$。

（2）有理化分母 $\dfrac{2}{1-\sqrt{2}+\sqrt{3}}$。

（3）三个连续整数，其中两两相乘之和等于 587，求此三个连续数。

（4）计算 $\dfrac{4\sqrt[3]{4xy^2}\cdot\sqrt{2x}}{6\sqrt[6]{16x^5y^3}}$。

（5）求作一元二次方程，它的根是方程 $x^2+6x+8=0$ 各根的两倍。

第三组题目

(1) 计算 $10^{1-\lg\frac{2}{3}}$。

(2) 有理化分母 $\frac{12}{3+\sqrt{5}-2\sqrt{2}}$。

(3) 某分数的分子比分母多2，此分数又比其倒数多 $\frac{24}{35}$，求此分数。

(4) 化简 $x\sqrt{x\sqrt{x\sqrt{x}}}$。

(5) 求作二次方程，它的每个根都比方程 $x^2+6x+8=0$ 的根少2。

第四组题目

(1) 计算 $100^{0.5+\lg\sqrt{3}}$。

(2) 有理化分母 $\frac{4}{\sqrt[3]{9}-\sqrt[3]{3}+1}$。

(3) 甲、乙两人由互相垂直的两条直路的交点出发，各走一条路。甲每小时行3千米，乙每小时行4千米。问经过多少小时，甲乙相距30千米?

(4) 计算 $\sqrt{\frac{3y}{x}}\cdot\sqrt[3]{\frac{3x^2}{y}}$。

(5) 已知方程 $4x^2+b^2x-4x-1=0$ 的两根符号相反，求 b 值。

高 一

第一组题目

(1) 比大小：$(\frac{5}{4})^{-3}$ 和 $(\frac{5}{4})^{-2}$。

(2) 化简 $\sin(30°+\alpha)+\sin(30°-\alpha)$。

(3) 求 $y=\sqrt{3x-x^3}$ 的定义域。

(4) 解不等式 $(x+2)(x+3)>(x+2)^2$。

(5) 有银与铜的合金1千克，其中含银2份，铜3份。问需要加铜多少千克，能使合金中银占3份，铜占7份。

第二组题目

（1）比大小：$(\frac{2}{3})^{-0.8}$ 和 $(\frac{2}{3})^{-0.7}$。

（2）化简 $\sin(45^\circ+\theta)-\sin(45^\circ-\theta)$。

（3）求 $y=(x-2)\sqrt{\frac{1+x}{1-x}}$ 的定义域。

（4）解不等式 $2^{-x}>32$。

（5）边长为 2 的正方形，将各角截去，使得余下的恰好是一个正八边形。问此正八边形的边长是多少?

第三组题目

（1）比大小：$(\frac{1}{2})^{1.5}$ 和 1。

（2）化简 $\cos(60^\circ-\varphi)-\cos(60^\circ+\varphi)$。

（3）求 $y=\lg(x^2-4)$ 的定义域。

（4）解不等式 $\log_2 x<5$。

（5）将长方形的周围镶以 5 寸宽的边。长方形的面积是 168 平方寸，镶边的面积是 360 平方寸，求原长方形的长与宽。

第四组题目

（1）比大小：$\left(\frac{1}{3}\right)^{-\frac{1}{3}}$ 和 $\left(\frac{1}{3}\right)^{\frac{1}{3}}$。

（2）化简 $\frac{\cos(\alpha+\beta)+\cos(\alpha-\beta)}{\sin(\alpha+\beta)+\sin(\alpha-\beta)}$。

（3）求 $y=\lg(x+2)+\lg(x-2)$ 的定义域。

（4）解不等式 $-x^2+6x-8<0$。

（5）甲、乙、丙三人合作完成一工程需要 1 小时 20 分钟。若每人单独去做时，丙所用时间是甲的 2 倍，或比乙多 2 小时，问三人单独完成各需多少时间?

高　二

第一组题目

(1) 求适合下列不等式的 x 值。

$$\log_x 7 < \log_x 9$$

(2) 已知 $\operatorname{tg}\alpha + \operatorname{ctg}\alpha = 10$，求 $\operatorname{tg}^2\alpha + \operatorname{ctg}^2\alpha$。

(3) 已知等比数列 2，6，…这个数列的第几项等于 486？

(4) 在 160 与 5 之间插入 4 个中间项，使之成为等比数列。

(5) 解方程：$2\sqrt{\frac{x}{a}} + 3\sqrt{\frac{a}{x}} = \frac{b}{a} + \frac{6a}{b}$。

第二组题目

(1) 求适合下列不等式的 x 值。

$$\log_x \frac{3}{4} < \log_x \frac{1}{3}$$

(2) 已知 $\operatorname{tg}\alpha + \operatorname{ctg}\alpha = 10$，求 $\operatorname{tg}^3\alpha + \operatorname{ctg}^3\alpha$。

(3) 已知一等差数列的第 54 项与第 4 项分别是 -61 和 64，求第 23 项。

(4) 有成等比数列的三个数，它们的和是 19，积是 216，求这三个数。

(5) 解方程：$3^{2x-1} = \frac{1}{81}$。

第三组题目

(1) 已知 $\log_3 x - 1 > 0$，求 x。

(2) 已知 $\sin\alpha + \cos\alpha = p$，求 $\sin\alpha - \cos\alpha$。

(3) 已知等差数列的首项是 5，末项是 45，其和是 400，求项数及公差。

(4) 公比是 3 的等比数列各项之和为 728，又知道末项是 486，求首项。

(5) 解方程：$\left(\frac{2}{3}\right)^{2x} \cdot \left(\frac{27}{8}\right)^{x-1} = \frac{2}{3}$。

第四组题目

（1）已知 $\log_{\frac{2}{3}}x-1>0$，求 x。

（2）已知 $\sin\varphi=\frac{\sqrt{a^2+b^2}}{a+b}$，求 $\cos\varphi$。

（3）成等差数列的三个数的和为 27，三个数的平方和为 293，求这三个数。

（4）一等比数列前 6 项之和是前 3 项之和的 9 倍，求公比。

（5）解方程：$\log_2\log_3\log_4 x=0$。

高 三

第一组题目

（1）比大小：$3\lg 0.723$ 和 $\lg 0.723$。

（2）计算 $\operatorname{tg}(\arcsin\frac{\sqrt{2}}{2})$。

（3）解方程：$\log_2\log_3\log_5 x=0$。

（4）求 $(2x-y)^7$ 中第六项的系数。

（5）一个火车站上有 8 股岔道，问停放三列客车有几种方法?

第二组题目

（1）比大小：$\log_3 3.9$ 和 $\log_3 3.92$。

（2）计算 $\operatorname{tg}(\operatorname{arccot}\sqrt{3})$。

（3）解方程：$x^{\lg x^2}=x^2$。

（4）求 $(x+a)^8$ 展开式中最大的系数。

（5）八个学生参加象棋比赛，每人都要和其余的人比赛两盘，在这次比赛中学生们总共赛几盘?

第三组题目

（1）比大小：$\log_{\frac{1}{2}}0.7$ 和 $\log_{\frac{1}{2}}0.75$。

(2) 计算$\text{ctg}\left[\arccos\left(-\frac{\sqrt{2}}{2}\right)\right]$。

(3) 解方程：$10^{x+\lg 2}=20$。

(4) 求$(2x-y)^6$展开式中的第五项。

(5) 六件东西，分成两堆，一堆两件，另一堆四件。能有几种分法?

第四组题目

(1) 比大小：$\log_9 7$和$\log_7 9$。

(2) 计算$\sin\left[\text{arctg}\left(-\frac{1}{\sqrt{3}}\right)\right]$。

(3) 解方程：$x^{2+\lg x}=0.1$。

(4) 在$(x+\frac{1}{x})^6$展开式中，求不含x的项。

(5) 凸n边形可以画出几条不同的对角线?

智力竞赛答案

(一)

(1) 这道题的分母得1，答案就是分子。

(2)
$$\begin{array}{r} 10806 \\ -\ 1574 \\ \hline 9232 \end{array}$$

(3)

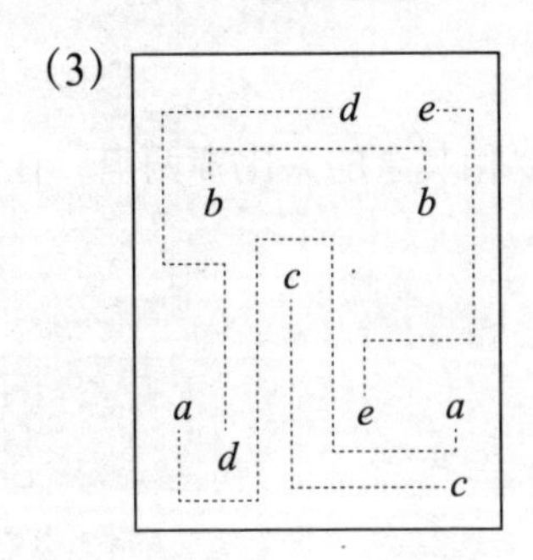

(4)

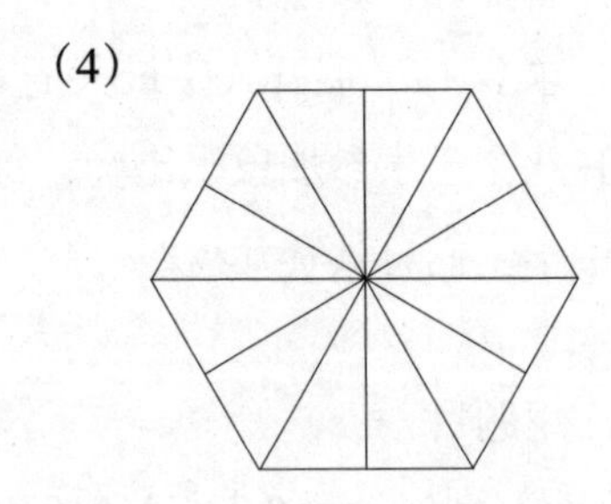

（5）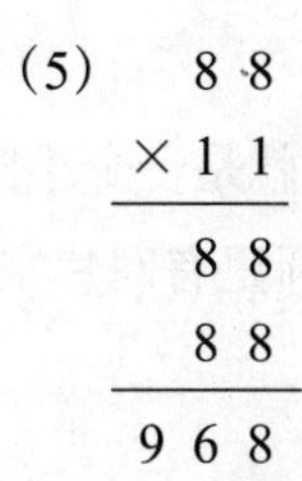
$$\begin{array}{r} 88 \\ \times\ 11 \\ \hline 88 \\ 88\ \ \\ \hline 968 \end{array}$$

（6）快一倍。

（7）这话是对的。因为一年有 365 天或 366 天，所以至少有 35 或 34 个学生可以找到和自己同一天生日的同学。

（8）一盆。

（9）85 人中 14 人水果、面包都没带，那么有 71 人带了面包或水果，或者都带了。现在知道 68 人带了面包，56 人带了水果，总共 124 人，比 71 人多了 53 人，这 53 人就是两样都带了的。

（10）
$$\begin{array}{r} 79365 \\ \times\qquad 7 \\ \hline 555555 \end{array}$$

（11）将小正方形转 90°、小三角形转 60°，就可以看出大正方形是小正方形的两倍，大三角形是小三角形的四倍。

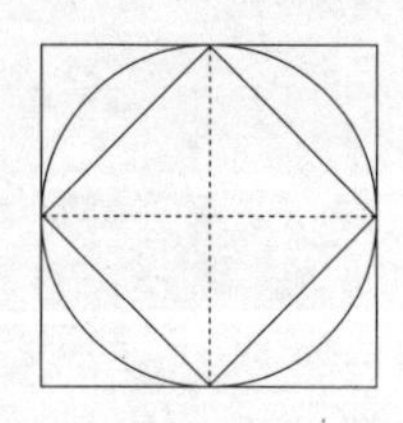

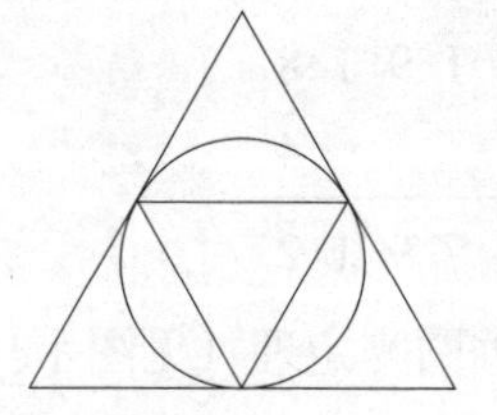

（12）老钱是医生，老赵是教师，老孙是律师。

（13）每小时 12 千米。

（14）$\triangle ABC$ 的面积占长方形的 $\frac{1}{6}$，$\triangle ADF$ 的面积占 $\frac{1}{4}$，则阴影部分占 $\frac{7}{12}$。$\triangle ABC$ 面积为 $6cm^2$，则阴影部分的面积为 $6\div\frac{1}{6}\times\frac{7}{12}=21$（$cm^2$）。

(15) $461538\times7=538461\times6$。

(16) 大圆半径是小圆半径的两倍，那么大圆面积就是一个小圆的四倍，也就是等于四个小圆面积的和。现在小圆在大圆里有四片空地，又有四块重叠的部分，它们的面积必然是相等的。

(17)
$$
\begin{array}{r}
111\\
888\\
+\ 999\\
\hline
1998
\end{array}
$$

(18) 这一类题目，画个图就清楚了，见图。

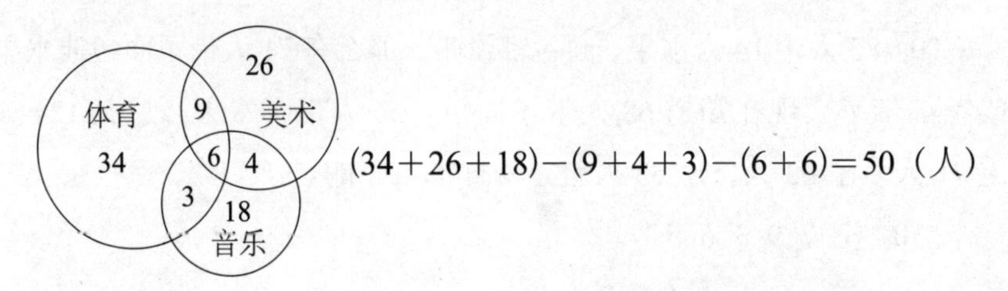

$(34+26+18)-(9+4+3)-(6+6)=50$（人）

(19) 小圆说：“每人吃了$3\frac{1}{3}$个馅饼，值一元钱。每个馅饼3角钱。我买了4个馅饼，自己吃了$3\frac{1}{3}$个，只拿出了$\frac{2}{3}$个馅饼给小方吃，所以我只能拿两角钱。小柱拿出了$2\frac{2}{3}$个馅饼，所以应当得8角钱。”

(20)
$$
\begin{array}{r}
21978\\
\times\quad 4\\
\hline
87912
\end{array}
$$

(21) 根据圆幂定理（见图示）：

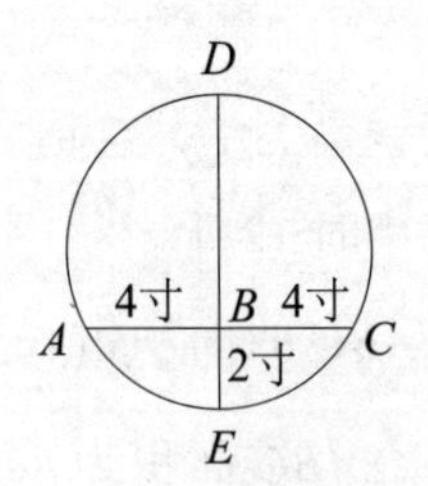

$AB\cdot BC=DB\cdot BE$

$DB=\dfrac{AB\cdot BC}{BE}=\dfrac{4\cdot4}{2}=8$（寸）

直径 $DE=DB+BE$

$=8$ 寸$+2$ 寸$=1$ 尺

(22) 用 x、y、z 代表 4 分、8 分、1 角邮票的张数。按小柱爸爸的要求：

$$\begin{cases} x+y+z=20 & \cdots\cdots\cdots\cdots\cdots\cdots① \\ 4x+8y+10z=100 & \cdots\cdots\cdots\cdots\cdots\cdots② \end{cases}$$

②－① ×4 得 $4y+6z=20$，

$y=\frac{10-3z}{2}$，y 必须是正整数，所以 $z=2$，$y=2$，$x=16$。

4 分的 16 张，8 分和 1 角的各两张。

(23) 第一个岗哨可以在最上面五个十字街头里随便挑一个，所以有 5 种可能。第二个岗哨只能在第二条马路上剩下的 4 个交叉路口挑，也就只有 4 种可能了。同样道理，第三个岗哨只有 3 种可能；第四个，2 种可能；第五个，1 种可能。总共有：$5\times4\times3\times2\times1=120$（种）安排法。

举例如下：

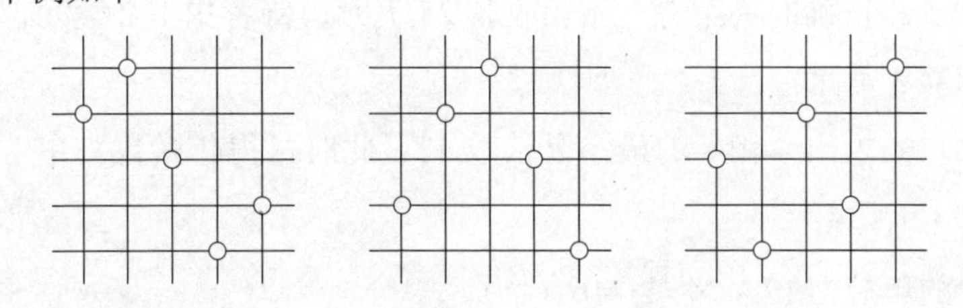

(二)

(1) 苹果一斤 $\frac{1}{2}$ 元，梨一斤 $\frac{1}{3}$ 元，各 30 斤，混合后每斤应卖 $(\frac{1}{2}+\frac{1}{3})\div2=\frac{5}{12}$（元），而班长每斤只收 $0.4=\frac{2}{5}$（元）。这样，每斤少收 $\frac{5}{12}-\frac{2}{5}=\frac{1}{60}$（元），总共 60 斤，少收一元。

(2) 第一次，在天平两端分别放上红、黄和蓝、黄四个球，若平衡，便知每边为轻重各一；第二次留两个黄球比较轻重，进而红、蓝球哪个重也就明白了。如果第一次天平不平衡，重的一边的黄球必为重球，给它做上记号。再把两个黄球移到一端，一红一蓝移到另一端，这时称量会有三种可能：

①黄球一端重，则红、蓝为轻球；

②黄球一端轻，则红、蓝为重球；

③平衡，则红、蓝两球中，第一次处于下沉一端的那个球为重球，另一个就是轻球。

（3）七个西瓜十二个人分，每人应分得$\frac{7}{12}$个瓜。

$\frac{7}{12}=\frac{3}{12}+\frac{4}{12}=\frac{1}{4}+\frac{1}{3}$可以把4个西瓜各切成3块，剩下的3个西瓜各切成4块。总共有12块三分之一个西瓜，12块四分之一个西瓜，每个同学各拿1块。

（4）老汉只带了两匹好马上山。

（5）旅客支付的27美元中已经包括侍者扣下的2美元，不能再重复相加了。正确的答案是：旅馆收款25美元，侍者扣下2美元，旅客收到退款3美元。

（6）先求出4和6的最小公倍数12。此时可得年龄比，甲∶乙∶丙＝12∶9∶14。

甲的年龄为$17\frac{1}{2}\times\frac{12}{35}=6$（岁），

分核桃$770\times\frac{12}{35}=364$（个）；

乙的年龄为$17\frac{1}{2}\times\frac{9}{35}=4\frac{1}{2}$（岁），

分核桃$770\times\frac{9}{35}=198$（个）；

丙的年龄为$17\frac{1}{2}\times\frac{14}{35}=7$（岁），

分核桃$770\times\frac{14}{35}=308$（个）。

（7）应该填一个四边形。图形是两组互相间隔排列的。第一组的线条数是1，2，3；第二组线条数为5、4、3。下一个图形该排第一组的4，按逻辑排列应该排四边形。

（8）星期五去才能办完全部事。可以先写出从星期一到星期日7天，然后依书店、银行、展览馆、医院顺序，凡休息日就把相应的星期几划掉，最后剩下的就是可以办完全部事的日子。

（9）7 天为一周，3^{2000} 除以 7 余下不足 7 的数，就是所求的星期几。

由牛顿二项式可得 $3^{2000}=9^{1000}=(7+2)^{1000}=7^{1000}+C_{1000}^{1}\times 7^{999}\times 2+\cdots+C_{1000}^{999}\times 7\times 2^{999}+2^{1000}$。因此，在 $(7+2)^{1000}$ 的展开式中不含因数 7 的，只有最后一项 2^{1000}。

另一方面，$2^{1000}=2^{999}\times 2=(2^3)^{333}\times 2=8^{333}\times 2=(7+1)^{333}\times 2=2\times 7^{333}+2C_{333}^{1}7^{332}+\cdots+2C_{333}^{332}\times 7+2$，其中不含 7 的唯一一项是 2。所以 3^{2000} 被 7 除，余 2。也就是说，3^{2000} 天后是星期二。

（10）做一个小的同心圆，其半径是大圆的一半。再沿半径方向建 3 道直墙，夹角为 120°。

（11）表哥 20 岁。由于表哥一定是 20 世纪的人，可设表哥为 $19xy$ 年出生，其中 x 和 y 是小于 10 的自然数。

由题设可列出：

$$1984-19xy=1+9+x+y,$$

$$x=\frac{2(37-y)}{11}。$$

由于 x 是自然数，所以 $37-y$ 必须是 11 的整数倍。因此，$y=4$，得 $x=6$。小毅表哥 1964 年出生，今年 20 岁。

（12）两边用猫棋去除，右端得 111，此时情况如图。

而 1111 只有一种质因数分解法，就是 $3\times 37=111$。所以象棋代表 3，猫棋代表 7。原来等式是 $3\times 7\times 37=777$。

（13）可以按题设条件先画个图。在图中心填上懂三种外语的人数，再填懂两种外语的人数（注意要减掉懂三种外语的人数），最后再填上只懂一种外语的人数（注意要减掉懂三种外语，减掉懂包括本门外语的二种外语的人数）。把圈内所有数字相加，即得全班人数：

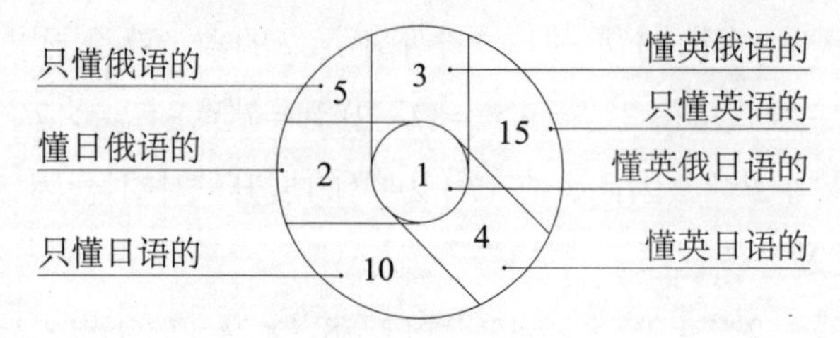

$$1+2+3+4+5+10+15=40（人）。$$

（14）两位考古工作者雇用一个民工，每人带上 8 斤粮食和 8 斤水，走了两天后，他们请民工回去，并给他 2 斤粮食和 2 斤水，供他在回去的路上吃。这时两位考古工作者每人还剩有 6 斤粮食和 6 斤水，民工携带粮食和水还剩各 4 斤。于是他们将民工所剩的粮食和水，平分给自己，则每人又携带 8 斤粮食和 8 斤水了，而剩下的路程也只有 8 天了。本题方法不止一种。

（15）如果可以借一个空瓶，用完后再还，这个同学能喝到 15 瓶汽水。10 瓶汽水喝完后，可换回 3 瓶汽水，还剩 1 个空瓶。喝完 3 瓶汽水，又可换回一瓶汽水。这瓶汽水喝完了，手里还有两个空瓶，借一个空瓶还可换回一瓶汽水，待喝完后把空瓶还给人家，共喝 15 瓶汽水。

（16）金盒与铅盒前面所写的两句话的意思是截然相反的，因此这两句话必然是一真一假。由于三句话中只能有一句真话，所以银盒上写的一定是假话，珠宝必在银盒里。另外，金盒前写的是假话，铅盒前写的是真话。

（17）先把十个箱子从 1 到 10 编上号，然后按下面方法取出滚珠：1 号箱取出 9 个滚珠，2 号箱取出 8 个滚珠，3 号箱取出 7 个滚珠……把取出的滚珠一起放到秤上，称出是 x 斤 y 两 z 钱。装九钱重滚珠的箱子一定是 z 号箱子。

因为在总重量里出现 z 钱，这一定是九钱重滚珠造成的。按上述取法，用取出的九钱重滚珠的数目，乘以 9 所得的个位数字，恰好等于箱子的编号。

（18）A 窝里有一黑、一花共 2 只鸡，B 窝里有二花、一白共 3 只鸡，C 窝里有二白、二黑共 4 只鸡。

可设 B 窝里有 x 只鸡。则 A 窝里有（$x-1$）只鸡，C 窝里有（$x+1$）只鸡。由 $(x-1)+x+(x+1)=9$，得 $x=3$，说明 A、B、C 窝里分别有 2、3、4 只鸡。

因为 A 窝里没有白鸡，而且两只鸡的颜色又不相同，必然是一黑、一花；

由于 B 窝里没有黑鸡，余下的两只黑鸡全在 C 窝里。又由于 C 窝里没有花鸡，余下的两只花鸡全在 B 窝里。因此 B 窝里有二花、一白，C 窝里有二黑、二白。

（19）手表 5 是准确的。

设表 2 的时间为 a 分钟，则表 3 就是 $a-3$，表 4 是 $(a-3)-1$，表 5 是 $(a-3)+1$，表 1 是 $a-3+1+1$。整理，按表 1、2、3、4、5 顺序，相应时间为 $a-1$，a，$a-3$，$a-4$，$a-2$。

准确时间为 $\frac{1}{5}\times[(a-1)+a+(a-3)+(a-4)+(a-2)]=a-2$。这是表 5 的时间，所以表 5 是准确的。

（20）$3^{100}=(3^4)^{25}=(81)^{25}$，由于最后一位数字是 1，自乘 25 次末位数字仍旧是 1。所以 3^{100} 的末位数为 1。

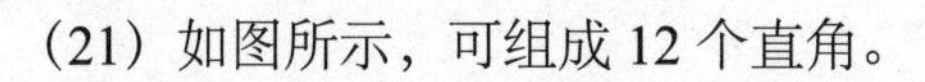
（21）如图所示，可组成 12 个直角。

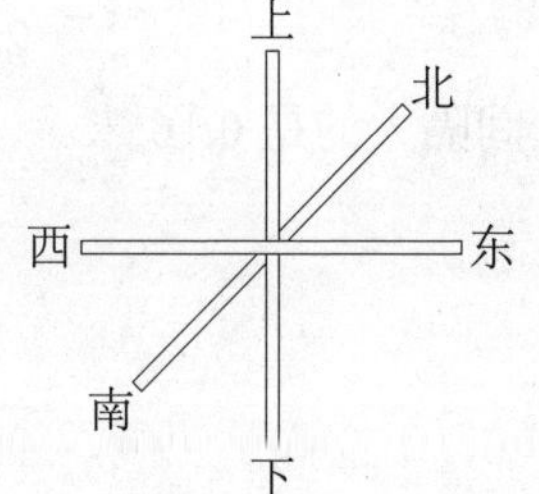

(22) 实际上四个人跑四次的名次如下：

名　次	1	2	3	4
第一次	A	B	C	D
第二次	B	C	D	A
第三次	C	D	A	B
第四次	D	A	B	C

(23) 18 岁。因为公元没有零年，元年指的是公元 1 年，因此，公元前他活了 9 年。又由于他死的那一天正好是生日的前一天，这样差一天就差了一年，因此他公元后也只活了 9 年。合在一起，活了 18 年。

(24) 可设来了 x 个人，每人都与（$x-1$）个人握手，但是甲与乙握手的同时，乙也与甲握手了。因此，共有 $\frac{x(x-1)}{2}$ 次握手。

$$\frac{x(x-1)}{2}=36,$$

$$x^2-x-72=0,$$

$$x_1=9,\ x_2=-8。$$

来了 9 个人。

(25) 共有 $4\times3\times2\times1=24$（种）不同的名字。

(26) 设地球半径为 R，地球与铁丝环的间隙为 x，则

$$2\pi(R+x)=40000001。$$

$$\because\ 2\pi R=40000000,$$

$$\therefore\ 2\pi x=1。$$

$$x=\frac{1}{2\pi}=\frac{1}{6.28}\approx0.16\ (米)$$

间隔大约是 0.16 米。

数学接力赛答案

初 一

第一组题目答案

（1）0　（2）-21　（3）10　（4）$-10a+24b$　（5）$x=-\frac{1}{2}$

第二组题目答案

（1）1.3　（2）-2　（3）$\frac{3}{2}ab$　（4）$\frac{19}{21}$　（5）$x=\frac{9}{13}$

第三组题目答案

（1）-2　（2）2000　（3）$\frac{3}{10}$　（4）$8x+11$　（5）$x=-\frac{5}{2}$

第四组题目答案

（1）4　（2）6　（3）-2　（4）a^2+a+b^2　（5）$x=\frac{abc}{ba+bc+ac}$

初 二

第一组题目答案

（1）$x^3-y^3-3xy-1$　（2）$(a+1)(b-1)$　（3）$x=4$，$y=6$

（4）576 平方尺　（5）$\frac{2}{2a+3b}$

第二组题目答案

（1）$a^3+b^3+c^3-3abc$　（2）$(2x+y)(5y+3)$　（3）$x=5$，$y=6$，$z=7$

（4）一元的 5 张，五角的 10 张，一角的 15 张

（5）$\frac{x^2+xy+y^2}{x^2+y^2}$

第三组题目答案

（1）b^4-x^4　（2）$(d+e)(a+b+c)$

(3) $x=-\frac{5}{3}$，$y=0$ 或 $x=1$，$y=1$

(4) 父现年 40 岁，子现年 10 岁

(5) $\frac{ab-ac-ab+bc+ac-bc}{(a-b)(b-c)(a-c)}=0$

第四组题目答案

(1) x^8+x^4+1　(2) $45(a^2+b^2)(a+b)(a-b)$　(3) $x=\frac{1}{5}$，$y=2$

(4) 68　(5) a^3+1

初　三

第一组题目答案

(1) 1　(2) $\sqrt[4]{3}$　(3) 15，16 或 −16，−15　(4) $3\frac{3}{8}$

(5) $m_1=1$，m_2-2

第二组题目答案

(1) 15　(2) $\frac{1}{2}(\sqrt{6}-\sqrt{2}+2)$

(3) 13，14，15 或 −15，−14，−13　(4) $\frac{2}{3}\sqrt[6]{2^3y}$

(5) $x^2+12x+32=0$

第三组题目答案

(1) 6　(2) $1+\sqrt{5}+\sqrt{10}-\sqrt{2}$　(3) $\frac{7}{5}$　(4) $x\sqrt[8]{x^7}$

(5) $x^2+10x+24=0$

第四组题目答案

(1) 30　(2) $\sqrt[3]{3}+1$　(3) 6 小时　(4) $\sqrt[6]{3^5xy}$　(5) $b=\pm 2$

高 一

第一组题目答案

（1）$\left(\frac{4}{5}\right)^{-3}<\left(\frac{4}{5}\right)^{-2}$ （2）$\cos\alpha$

（3）$x\in[-\infty，-\sqrt{3}]\cup[0，\sqrt{3}]$ （4）$x>-2$ （5）$\frac{1}{3}$千克

第二组题目答案

（1）$\left(\frac{2}{3}\right)^{-0.8}>\left(\frac{2}{3}\right)^{-0.7}$ （2）$\sqrt{2}\sin\theta$ （3）$x\in[-1，1)$

（4）$x<-5$ （5）$2(\sqrt{2}-1)$

第三组题目答案

（1）$\left(\frac{1}{2}\right)^{1.5}<1$ （2）$\sqrt{3}\sin\varphi$ （3）$x\in(-\infty，-2)\cup(2，+\infty)$

（4）$x<32$ （5）12 寸，14 寸

第四组题目答案

（1）$\left(\frac{1}{3}\right)^{-\frac{1}{3}}>\left(\frac{1}{3}\right)^{\frac{1}{3}}$ （2）$\operatorname{ctg}\alpha$ （3）$x\in(2，+\infty)$

（4）$x>4$ 或 $x<2$ （5）甲 3 小时，乙 4 小时，丙 6 小时

高 二

第一组题目答案

（1）$x>1$ （2）98 （3）第六项 （4）80、40、20、10

（5）$x_1=\frac{b^2}{4a}$，$x_2=\frac{9a^3}{b^2}$

第二组题目答案

（1）$0<x<1$ （2）970 （3）$16\frac{1}{2}$ （4）4、6、9 （5）$x=-\frac{3}{2}$

第三组题目答案

（1）$x>3$　（2）$\sqrt{2-p^2}$　（3）$n=16$，$d=2\frac{2}{3}$　（4）2　（5）$x=2$

第四题目答案

（1）$0<x<\frac{2}{3}$　（2）$\pm\frac{\sqrt{2ab}}{a+b}$　（3）4、9、14　（4）2　（5）$x=64$

高　三

第一组题目答案

（1）$3\lg 0.723<\lg 0.723$　（2）1　（3）$x=125$　（4）-84
（5）$A_8^3=336$

第二组题目答案

（1）$\log_3 3.9<\log_3 3.92$　（2）$\frac{\sqrt{3}}{3}$　（3）$x_1=1$，$x_2=10$
（4）70　（5）$2C_8^2=56$

第三组题目答案

（1）$\log_{\frac{1}{2}} 0.7>\log_{\frac{1}{2}} 0.75$　（2）-1　（3）$x=1$　（4）$60x^2y^4$
（5）$C_6^2=15$

第四组题目答案

（1）$\log_9 7<\log_7 9$　（2）$\frac{\sqrt{3}}{2}$　（3）$x=0.1$　（4）20　（5）C_n^2-n